U0169568

# 传感器与检测技术（第2版）

主　编　齐晓华　魏冠义

副主编　刘　爽　乔龙图

西南交通大学出版社
·成都·

图书在版编目（CIP）数据

传感器与检测技术 / 齐晓华，魏冠义主编. 2 版
. 一成都：西南交通大学出版社，2023.7
ISBN 978-7-5643-9380-9

Ⅰ.①传… Ⅱ.①齐… ②魏… Ⅲ.①传感器－检测
－高等职业教育－教材 Ⅳ.①TP212

中国国家版本馆 CIP 数据核字（2023）第 126622 号

Chuanganqi yu Jiance Jishu

**传感器与检测技术**

**（第 2 版）**

主编　齐晓华　魏冠义

责任编辑　　王 旻
特邀编辑　　王玉珂
封面设计　　何东琳设计工作室

出版发行　　西南交通大学出版社
　　　　　　（四川省成都市金牛区二环路北一段 111 号
　　　　　　西南交通大学创新大厦 21 楼）
邮政编码　　610031
发行部电话　028-87600564　028-87600533
官网　　　　http://www.xnjdcbs.com
印刷　　　　成都中永印务有限责任公司

成品尺寸　　185 mm × 260 mm
印张　　　　18
字数　　　　448 千
版次　　　　2018 年 1 月第 1 版　　2023 年 7 月第 2 版
印次　　　　2023 年 7 月第 3 次
定价　　　　49.00 元
书号　　　　ISBN 978-7-5643-9380-9

课件咨询电话：028-87600533

# 《传感器与检测技术》
# 校企合作编写组成员

**郑州铁路职业技术学院：**

齐晓华　魏冠义　刘　爽　乔龙图
王文超　张玉芳　栗鹏飞

**郑州地铁集团有限公司：**

袁艳玲　柴　亮　　张继哲

# 第2版前言

随着传感器与检测技术的快速发展，传感器化身为人类与机器、人类与自然环境的外延器官。传感器技术及新材料研发、信息技术、通信技术、智能化、集成化及网络化快速发展，传感器与检测技术未来的应用领域也越来越丰富，它在科研、生产及生活的智能化发展中发挥着重要作用。本书根据教育部关于进一步加强高职高专教育教学质量的通知精神，紧跟行业发展步伐并不断开展企业调研，在与机电技术及轨道交通领域相关企业紧密合作的基础上编写完成。

党的二十大报告指出，教育、科技、人才是全面建设社会主义现代化国家的基础性、战略性支撑。教育的根本任务是立德树人，故在本书的编写过程中，加强对学生工匠精神的培养，融入了课程思政等内容。

本书编写团队在教学中不断进行知识更新及经验总结，在第1版的基础上进行了认真修订，教材注重现代高等职业教育所要求的先进性、科学性和教育教学适用性，避开过深的理论分析和公式推导，重点体现教材的趣味性及自主学习的条理性，注重高等职业教育的兴趣引领和应用创新培养，教材内容突出典型传感器在生产生活领域的应用实例。本书在各模块设置清晰的学习目标、有趣的任务引领，每个模块还设置了展望角作为拓展内容，让学生及时了解相关领域传感器的发展动态，了解行业领军人物的事迹，不断激发学生的科技创新意识，增强学生的民族自豪感和社会责任感。

本书着重介绍工业、科研、生活中常用传感器的工作原理、结构类型、测量转换电路及传感器的典型应用。全书共设置13个模块，包括传感检测技术概述、电阻传感器、电容传感器、电感传感器、电涡流传感器、热电偶传感器、压电传感器、光电传感器、霍尔传感器、超声波传感器、数字式位置传感器、新型传感器及传感检测技术综合应用等。本书理论知识比较全面，在内容设置上符合高职教育理论够用但不繁多的原则，传感器的应用实例贴近实际，可提高学生的学习兴趣。本书可作为高等职业教育机电类、电气类及相近专业的教材，可作为生产管理人员及其他工程技术人员的参考用书，比较适合安排学时48~56学时的传感检测技术类课程选用。

本书由郑州铁路职业技术学院教师团队和郑州地铁集团有限公司工程师共同编写完成，校企双方在课程资源共建共享、技术互通融合方面深厚的合作基础为教材编写提供了有力支持。本书由齐晓华、魏冠义担任主编，刘爽、乔龙图担任副主编，齐晓华负责教材总体规划和全文统稿。其中，郑州铁路职业技术学院的齐晓华编写绪论、模块二、模块八的单元一、单元二及单元五，栗鹏飞编写模块一及附录部分，乔龙图编写模块三及模块四，王文超编写模块五、模块六，刘爽编写模块七、模块九，魏冠义编写模块十、模块十一，张玉芳编写模块十二、模块十三的单元一至单元四；郑州地铁集团有限公司的张继哲编写模块八的单元三，袁艳玲编写模块八的单元四，柴亮编写模块十三的单元五，他们在本教材的编写中还参与教材规划、教材图文资料整理、课程的数字资源制作及校企合作协调沟通等工作，对他们的辛苦付出表示感谢。

在本书修订过程中，教学团队还精心开发了微课视频、动画视频等，读者可以通过扫描教材中的二维码扫码自主学习，也可在"智慧职教 MOOC 学院"平台上开展线上学习，通过微课视频、动画、课件、习题及互动学习获取智慧职教 MOOC 学院颁发的专属学习证书。可通过多种途径加入本课程智慧职教 MOOC 学院学习平台，读者可以下载"智慧职教 icve"应用（新版）APP，登录后在主界面点击 MOOC，显示所有课程，搜索"传感检测技术"（郑州铁路职业技术学院），点击加入课程学习。

本书在材料搜集及编写过程中，得到了许多专家和同行的大力支持，也参阅了许多国内外公开出版的著作及文献，在此一并表示感谢。传感检测技术发展迅速，应用领域日益广泛，由于编者水平有限，本书难免存在疏漏或不妥之处，敬请广大读者提出宝贵意见，我们将认真听取并及时改正。

编　者

2023 年 4 月

# 第1版前言

本书根据教育部关于进一步加强高职高专教育教学质量的通知精神,紧跟行业发展步伐,在与生产实践紧密联系的基础上编写。在本书编写过程中,力图体现现代教育所要求的先进性、科学性和教育教学适用性,避开过深的理论分析和公式推导,崇尚课程内容的简洁、生动,突出传感器在生产生活中的应用。本书重点体现教材的趣味性及学生自主学习的条理性,图文并茂,并引入较多的应用实例,各模块均设置了有趣的课前导读,以增强学生的阅读兴趣。

本书着重介绍工业、科研、生活中常用传感器的工作原理、结构类型、测量转换电路及传感器的典型应用。全书共13个模块,包括传感检测技术基础知识、电阻传感器、电容传感器、电感传感器、电涡流传感器、热电偶传感器、压电传感器、光电传感器、霍尔传感器、超声波传感器、数字式位置传感器、其他传感器、现代检测技术及综合应用等内容。本书理论知识比较全面,在内容设置上符合高职教育的理论够用但不繁多的原则,传感器的应用实例贴近实际,可提高学生的学习兴趣。本书可作为高等职业教育机电类、电气类及相近专业的教材,也可作为生产管理人员及其他工程技术人员的参考用书,比较适合安排48~54学时的传感检测技术类课程选用。

本书由郑州铁路职业技术学院的齐晓华、魏冠义、戴明宏任主编,齐晓华负责全书的统稿。其中模块一由李春亚编写;模块二、模块十由齐晓华编写;模块三、模块四及模块五的单元一由张君霞编写;模块五的单元二、三、四由杨辰飞编写;模块六、模块七及模块九由刘海娥编写;模块八由戴明宏编写;绪论及模块十一由张勇编写;模块十二、模块十三及附录一、二由魏冠义编写。本书在编写过程中,得到了许多专家和同行的大力支持,也参阅了许多国内外公开出版的著作及文献,在此一并表示感谢。由于传感检测技术发展迅速,应用领域日益广泛,作者水平所限,本书难免存在疏漏或不妥之处,敬请广大读者批评指正。

编 者

2018年1月

# 《传感器与检测技术》数字资源列表

| 序号 | 模块名称 | 资源名称 | 资源类型 | 页码 |
|------|----------|----------|----------|------|
| 9 | 光电传感器 | 光电效应及光电元件 | 微课视频 | 133 |
| | | 认识光电开关 | 微课视频 | 145 |
| | | 光电传感器的应用 | 微课视频 | 147 |
| | | 光纤传感器 | 微课视频 | 154 |
| | | 热释电传感器 | 二维动画 | 168 |
| 10 | 霍尔传感器 | 霍尔传感器 | 微课视频 | 181 |
| | | 常用转速传感器 | 微课视频 | 188 |
| 11 | 超声波传感器 | 认识超声波传感器 | 微课视频 | 197 |
| | | 超声波传感器的应用 | 微课视频 | 204 |
| | | 超声波测厚仪 | 二维动画 | 205 |
| | | 超声波无损探伤 | 微课视频 | 211 |
| | | 超声波探伤原理 | 二维动画 | 214 |
| 12 | 数字式位置传感器 | 角编码器 | 微课视频 | 220 |
| | | 光栅传感器 | 微课视频 | 226 |
| | | 光栅位移传感器原理 | 二维动画 | 228 |
| | | 磁栅传感器和容栅传感器 | 微课视频 | 234 |
| 13 | 新型传感器 | 新型传感器简介 | 微课视频 | 241 |
| 14 | 传感检测技术综合应用 | 传感器在工业机器人中的应用 | 二维动画 | 255 |
| | | 传感器在现代汽车中的应用 | 二维动画 | 258 |
| | | 传感器在数控机床中的应用 | 二维动画 | 262 |
| | | 传感器智能家居中的应用 | 二维动画 | 265 |
| | | 传感器在物联网技术中的应用 | 二维动画 | 267 |

# 目　录

# 绪　论

在现代信息社会的一切活动领域中，无论日常生活、工业生产还是科学实验，处处都离不开传感器与检测技术。检测（Detection）是利用各种物理、化学效应，选择合适的方法与装置，将生活、生产、科研等各方面的有关信息通过检查与测量的方法赋予定性或定量结果的过程。

## 一、传感器技术

传感检测技术涵盖了多种技术，关键的是传感器技术和检测技术。随着新技术革命的到来，世界开始进入了信息时代。传感器是构成现代信息技术的三大支柱之一，人们在利用信息的过程中，首先要获取信息，而传感器是获取信息的主要手段和途径。现代信息技术的三大支柱，传感器技术负责信息采集相当于人的"感官"，通信技术负责信息传输，相当于人的"神经"，而计算机技术负责信息处理，相当于人的"大脑"。

目前传感器涉及的领域包括现代大工业生产、基础科学研究、宇宙开发、海洋探测、军事国防、环境保护、资源调查、医学诊断、智能建筑、汽车、家用电器、生物工程、商检质检、公共安全甚至文物保护等极其广泛的领域。

现代大工业生产质量涉及质量监控、自动检测、过程控制的四大参量（流量、压力、温度、液位），基础科学研究涉及超高温、超高压、超低温、超高真空、超强磁场检测，航空航天领域研究涉及宇宙飞船的飞行速度、加速度、位置、姿态、温度、气压、磁场、振动测量等。"阿波罗 10"飞船对 3 295 个参数进行检测，其中涉及温度传感器 559 个、压力传感器 140 个、信号传感器 501 个、遥控传感器 142 个，可以说整个宇宙飞船就是多种高性能传感器的集合体。

智能建筑包括三大基本要素（3A）包含楼宇自动化系统 BAS（Building Automating System）、通信自动化系统 CAS（Communication Automating System）及办公自动化系统 OAS（Office Automating System）。其中楼宇自动化系统是智能建筑的重要组成部分，计算机通过中继器、路由器、网络、显示、网关控制管理各种机电设备；智能建筑还包括空调制冷、给水排水、变配电系统、照明系统、电梯等，实现以上功能的传感器涉及温度、湿度、液位、流量、压差、空气压力等检测。在安全防护方面包括防盗、防火、防燃气泄漏、CCD 监视器、烟雾传感器、气体传感器、红外传感器、玻璃破碎传感器、门禁管理系统、感应式 IC 卡识别、指纹识别等，还有水、电、气、热量通过传感器实现远程抄收与管理系统。

现代家用电器大家都非常熟悉，包含的传感器有电视机、空调、风扇的红外遥控器，傻瓜照相机、数码相机中的自动曝光装置，电饭煲、电冰箱使用的温度传感器，抽油烟机上的气敏传感器，全自动洗衣机中水位、浊度传感器等。随着传感器技术的发展，未来世界还会有智能房屋（自动识别主人，太阳能提供能源）、智能衣服（自动调节温度）、智能公路（自动显示、记录公路的压力、温度、车流量）、智能汽车（无人驾驶、卫星定位）等。

在2023年春节期间，我国中央电视台推出了系列节目《传感中国》，通过传感器这一细小的高科技领域，透视我国近些年高科技产业的快速发展，并详细介绍了传感器技术在春运、南水北调、农业、物流、智慧城市等关系国计民生的重大工程中发挥的巨大作用。

在《传感中国》第一期：分秒为计、守护回家路——高铁道路桥梁中的亿万传感器中，借助安装在智能制造装备上的传感器，以全新的视角和技术手段，带我们感知了平常背后的不寻常。智能复兴号列车在经过地质极不稳定的山区时，平均每3 min钻过1个隧道，对时速350 km的列车来说面临着巨大挑战，隧道内的空气受骤然挤压，释放出强烈的气压波冲击列车，为何车内的乘客却几乎毫无察觉，纪录片解读了列车平稳度过的秘密，轨道上设置定位信息装置，让列车得知前方进入隧道，藏在车体头部的传感器感知压差变化，指挥进风、排风阀门瞬间关闭，让车内气压不受外界变化影响。黑暗隧道内列车快速行驶，肉眼无法识别细微的安全隐患，正是依靠监测车轮及轨道的传感器的自动预警来排除的。在列车高速横跨大渡河的兴康特大桥时，桥面称重系统称重，主梁各部位的传感器收集桥面振动频率、幅度数据，并将这些信息融合历史数据，计算出大桥当下和未来的承载能力。同时，感知环境危险的传感器监测地动、风吹等细微变化，在分秒间、方寸内守护着人们的安全。

在《传感中国》第三期：来自远方的甘甜——南水北调国家工程中，一杯长江水，跨越了千里，一路上穿越黄河、度过冰期，在超过十万个传感器的守护下奔流而来。在起点处的河南渠首，自动取水设备采集水样，经过预处理后通过一条50 m的管路，进入一个个在线监测仪器内。监测各项指标，最多时会有89项指标，实时汇总到监测平台中。两条平行的隧洞，深埋黄河之下23 m。每条隧洞中，密密麻麻上千个传感器环绕着上下左右每一个方向。最近时每隔3 m，就会有一个监测压力的传感器，测量着细微的应力变化。即便是产生0.01 mm的偏移，调度人员都能精准掌握，及时将出现预警的隧洞内停止输水，保障南水继续从另外一个隧洞中穿过，……正是在这样的十万多个传感器和7000多个摄像头的守护下，让南水经过重重难关仍然拥有着最初的甘甜。

在《传感中国》第五期：变"聪明"的城市——传感器在重庆市智慧城市建设中的应用，道路面上，比如汽车在行驶过程中，车辆的后视镜，会将车辆前后所有各类交通信息实时甚至提前发送给司机。进入主路是否有行驶车辆，会提前预报；车道后方有超车行为，会提前预报；前方有车辆打开双闪灯等交通事件发生，会提前预报；前方路口有行人过街，需要等多久红灯，也会提前预报。如此智能的背后，是重庆两江新区220 km干线道路，安装了500多套各类路侧感知器，毫米波雷达、激光雷达等设备。当司机行驶在道路上，车辆真实的行驶轨迹、道路运行状况，在智慧城市的大屏上，也实时被模拟呈现出来。在智慧城市的地下，每间隔200 m就布设一系列成套的传感监测设备，包含消防、空气监测、管线温度监测、人员位置感知等等，共计1万多个。智慧运维系统的地下管廊，不仅像穿上了一套"智慧外套"，还拥有了一个"大脑"，能实现自检，还能与维护人员进行线上、线下联动，精准定位和精细修复。

## 二、检测技术

检测技术是现代化领域中很有发展前途的技术，它在国民经济中起着极其重要的作用。

### （一）检测技术是保证产品质量检验和质量控制顺利进行的有效手段

对工业产品进行质量评价，首先要借助于多种适合不同产品质量检测特性的检测工具来进行定量衡量，然后再根据相关质量监测标准对产品品质进行定性评价。

传统的检测技术是在产品加工之后，主要用以定量判断产品合格与否。但随着检测技术的发展，现代检测技术可以进行在线系统检测，即检测和生产加工同时进行。通过检测可以及时掌握生产加工过程中生产条件的变化对产品品质的影响，并对产生这种影响的因素进行实时分析控制，从而达到提高产品质量，改善、改进制造工艺的目的，从根本上保证了产品质量检验和质量控制的有效进行。

### （二）检测技术是现代企业实施生产过程动态管理的重要保障

为满足大型设备负载安全以及经济运行的需要，在生产的重要环节关键部位，安装传感器等检测分析装置，对运行中的设备状况、生产工艺流程实施动态检测，从而达到对生产过程动态管理的目的。

例如电力、石油、化工、机械等行业的一些大型设备，通常都在高温、高压、高速和大功率状态下运行，保证这些关键设备的正常运行具有十分重要的意义。为此，通常设置故障检测系统对温度、压力、流量、转速、振动和噪声等多种参数进行长期动态检测，以便及时发现异常情况，加强故障预防，达到早期诊断的目的。这样做可以避免严重的突发事故，保证设备和人员的安全，提高经济效益。

随着计算机网络技术的发展，这类检测系统已经发展成故障自诊断系统。采用计算机网络来对检测到的信息进行实时分析、判断，针对可能的故障开展早期诊断，并给以及时的自动报警或自动采取相应的对策措施来消除产生故障的因素，保证生产过程顺利进行。

### （三）检测技术是自动化控制系统中不可缺少的重要技术之一

任何生产过程都可以看作是由物流和信息流组合而成的反映物流的数量、状态和趋向的信息流，是管理和控制物流的依据。为了有目的地对生产过程进行控制，首先必须通过检测手段获取物流在生产过程中的有关信息，然后对检测到的信息进行分析判断和利用，继而实现生产过程的自动控制。因此，自动检测技术是自动化系统中实现物流向信息流转换的不可缺少的重要技术基础。

### （四）检测技术是一门内容丰富、技术手段多样的现代综合技术

工业检测涉及的内容见表0-1。从表中可以看出，为了达到对各种量的有效测量，需要研制各种传感器与检测设备，这不仅涉及物理、化学、数学等基础理论研究与应用，而且在对这些测量结果进行有效分析、判断、处理等过程中，更涵盖了机械、电子、信息、自动控制等技术领域的理论更新与应用技术的推广、普及与提高。

（五）检测技术的发展和完善推动着现代科学技术的进步

科学研究工作，一般是利用已知的规律对实验的结果进行概括、推理，从而对新研究的对象取得定量的概念，并发现它的规律性，然后上升到理论。因此，现代检测手段所能达到的水平在很大程度上决定了科学研究的深度和广度。检测技术达到的水平越高，提供的信息越丰富、越可靠，科学研究取得突破性进展的可能性就越大。

表 0-1　工业检测涉及的内容

| 被测量类型 | 被测量 | 被测量类型 | 被测量 |
|---|---|---|---|
| 热工量 | 温度、热量、比热容、热流、热分布、压力（压强）、压差、真空度、流量、流速、物位、液位、界面 | 物体的性质和成分量 | 气体、液体、固体的化学成分、浓度、黏度、湿度、密度、酸碱度、浊度、透明度、颜色 |
| 机械量 | 直线位移、角位移、速度、加速度、转速、应力、应变、力矩、振动、噪声、质量（重量） | 状态量 | 工作机械的运动状态（启停等）、生产设备的异常状态（超温、过载、泄漏、变形、磨损、堵塞、断裂等） |
| 几何量 | 长度、厚度、角度、直径、间距、形状、平行度、同轴度、粗糙度、硬度、材料缺陷 | 电工量 | 电压、电流、功率、电阻、阻抗、频率、脉宽、相位、波形、频谱、磁场强度、电场强度、材料的磁性能 |

现代化生产和科学技术的发展也不断地对检测技术提出新的要求和课题，成为促进检测技术向前发展的动力。科学技术的新发现和新成果不断应用于检测技术中，也有力促进了检测技术自身的现代化。

总之，检测技术与现代化生产和科学技术的密切关系，使它成为一门十分活跃的技术学科，几乎渗透到人类的一切活动领域，并对社会劳动生产率的提高和科技进步起着越来越重要的作用。

## 三、传感检测系统的基本组成

一个完整的检测系统通常由传感器、信号处理电路、数据处理装置、执行机构和显示器等几部分组成，分别完成信息获取、转换、处理和显示等功能，当然还包括电源和传输通道等不可缺少的部分。图 0-1 为人体信息测控工程原理框图，图 0-2 为传感检测系统基本组成框图，传感器工作原理类似人的感官。

图 0-1　人体信息测控工程原理框图

图 0-2　传感检测系统基本组成框图

（一）系统框图

系统框图是将系统中的主要功能或电路的名称画在方框内，按信号的流程，将几个方框用箭头联系起来，有时还可以在箭头上方标出信号的名称。在产品说明书、科技论文中，利用框图可以较简明、清晰地说明系统的构成及工作原理。

对具体的检测系统或传感器而言，必须将框图中的各项内容赋予具体的内容。

（二）传感器（Transducer）

广义来讲，传感器是一种能把特定的信息（物理、化学、生物）按一定规律转换成某种可用信号输出的器件和装置。狭义来讲，传感器是能把外界非电量转换成电量输出的器件。

我国国家标准（GB/T 7665—2005）对传感器（transducer）的定义是"能够感受规定的被测量并按照一定规律转换成可用输出信号的器件和装置"。

传感器的含义：它是由敏感元件和转换元件构成的一种检测装置，能按一定规律将被测量转换成电信号输出，传感器的输出与输入之间存在确定的关系。

（三）信号处理电路

信号调理电路包括放大（或衰减）电路、滤波电路、隔离电路等。其中放大电路的作用是把传感器输出的电量变成具有一定驱动和传输能力的电压、电流或频率信号等，以推动后级的显示器、数据处理装置及执行机构工作。

（四）显示器

目前常用的显示器有 4 类：模拟显示、数字显示、图像显示及记录仪等。模拟量是指连续变化量，模拟显示是利用指针对标尺的相对位置来表示读数的，常见的有毫伏表、微安表、模拟光柱等。

数字显示目前多采用发光二极管（LED）和液晶屏（LCD）等，以数字的形式来显示读数。前者亮度高、耐震动，可适应较宽的温度范围；后者耗电省、集成度高。目前还研制出了带背光板的 LCD，便于在夜间观看 LCD 的内容。图像显示是用 CRT 或点阵 LCD 来显示读数或通过被测参数的变化曲线、图表或彩色图等形式来反映整个生产线上的多组数据。记录仪主要用来记录被检测对象的动态变化过程，常用的记录仪有笔式记录仪、高速打印机、绘图仪、数字存储示波器、磁带记录仪、无纸记录仪等。

（五）数据处理装置

数据处理装置用来对测试所得的实验数据进行处理、运算、逻辑判断、线性变换，对动态测试结果作频谱分析（幅值谱分析、功率谱分析）、相关分析等，完成这些工作必须采用计算机技术。

（六）执行机构

所谓执行机构通常是指各种继电器、电磁铁、电磁阀门、电磁调节阀、伺服电动机等，它们在电路中是起通断、控制、调节、保护等作用的电器设备。许多检测系统能输出与被测量有关的电流或电压信号，作为自动控制系统的控制信号，去驱动这些执行机构。

## 四、传感检测技术的发展趋势

21世纪人类全面进入信息电子化的时代，随着人类探知领域和空间的拓展，使得人们需要获得的电子信息知识日益增加，这要求加快信息传递的速度和增强信息处理的能力，因而要求与此相对应的信息技术中的三大核心技术——传感器技术、通信技术和计算机技术必须跟上人类信息化飞速发展的需要。传感器领域的主要技术将在现有基础上予以延伸和提高，并加速新一代传感器的开发和产业化。

目前，传感器广泛应用于社会发展及人类生活的各个领域，如工业自动化、农业现代化、航天技术、军事工程、机器人技术、资源开发、海洋探测、环境监测、安全保卫、医疗诊断、交通运输、家用电器等。其中压力传感器、温度传感器、流量传感器、水平传感器已表现出成熟市场的特征。流量传感器、压力传感器、温度传感器的市场规模最大，分别占到整个传感器市场的21%、19%和14%。根据有关部门对我国传感器行业市场规模的测算，2016—2019年，中国智能传感器行业市场规模CAGR（Compound Annual Growth Rates，复合年均增长率）约为16.4%，随着我国3C电子、新能源汽车等领域对传感器需求的愈加旺盛和未来下游市场的高速发展，前瞻产业研究院预计未来5年传感器制造行业CAGR将达到19%，预计2026年中国传感器行业市场规模将达到7 082亿元。

微电子机械系统技术将成为21世纪传感器领域中带有革命性变化的高新技术。采用MEMS（Micro Electro Mechanic System，微机电系统）制作的微传感器与微系统，具有划时代的微小体积、低成本、高可靠等独特的优点，预计由微传感器、微执行器以及信号和数据处理装置集成的微系统将很快进入商业市场。新型敏感材料将加速开发，纳米材料与技术的发展，微电子、光电子、生物化学、信息处理等各学科、各种新技术的相互渗透和综合利用，可望研制出一批新颖、先进的传感器，如新一代光纤传感器、生物传感器、诊断传感器、超导传感器、焦平面阵列红外探测器、智能传感器以及模糊传感器等。敏感技术发展的总趋势是小型化、集成化、多功能化、智能化和系统化。传感器自诞生以来，大致经历了结构型、固体型、智能型3个阶段，随着各类技术的进步，前两类传感器逐渐无法满足对数据采集、处理等流程的需求，融合了AI技术的智能传感器开始受到关注。

（一）我国智能传感器行业发展加速

自20世纪开始，我国开始智能传感器领域的探索。20世纪80年代至2010年，我国对于智能传感器的研究不断深入。2013年起，智能传感器行业扶持政策陆续出台，重点为使传感器及智能仪器仪表实现微型化、数字化、模块化、网络化；2017年，工信部制定了《智能传感器产业三年行动计划（2017—2019年）》，明确传感器产业的发展目标和方向。伴随物联网和智能制造的兴起，智能传感器得到了广泛的关注。

（二）智能传感器主要应用于汽车电子、工业制造等领域

从应用领域看，目前我国智能传感器产品主要应用于汽车电子、工业制造、网络通信、消费电子和医疗领域，占比分别为24.2%、21.1%、21%、14.7%和7.2%。汽车电子对智能传感器的应用占比最大，汽车对智能传感器的需求类型还在持续拓展，如针对新能源汽车电池冷却用冷媒泄漏监测的气体传感器，随着新能源车产销量逐年扩大，可能迎来发展机遇。

（三）我国智能传感器市场规模持续上升

根据我国信通院的数据，我国智能传感器市场规模从2015年的106亿美元上升至2019

年的 137 亿美元，产业生态逐渐趋于完备，设计制造，封测等重点环节均由骨干企业布局。2020 年，我国智能传感器行业市场规模在 148 亿美元左右。

## （四）智能传感器国产化率稳步提升

我国国内厂商智能传感器总产值占比从 2016 年的 13% 快速提升到 2020 年的 31%，显著高于行业增速，未来随着国内厂商技术持续迭代、产品线进一步丰富、市场认知度持续提升，智能传感器市场国产化率有望进一步提高。

## （五）我国智能传感器行业前景广阔

智能传感器在工业 4.0 时代扮演着十分重要的角色。随着物联网在工业领域的应用推广，智能传感器在其中的应用越来越广泛。物联网、移动互联网等新兴产业的快速发展为智能传感器行业带来巨大发展契机。我国智能传感器行业前景广阔，预计到 2028 年我国智能传感器行业市场规模有望达到 2 400 亿元。

## 五、本课程的任务和学习方法

本书的学习任务是：理解传感检测技术的基本知识，在阐明传感器测量原理的基础上，逐一了解各种传感器如何将非电量转换为电量，掌握相应的测量转换、信号处理电路和应用。结合实际介绍传感器在各类检测系统中的应用，培养学生使用各类传感器的技巧和能力，使学生掌握常用传感器的工程测量方法和实验研究方法，了解传感器技术的发展动向。通过本课程的学习，读者能够获得正确分析使用常用传感器的基本知识、基本理论及基本技能，初步具备对简单检测系统的传感元件选型和调试能力，为学习相关专业课程及参与技术改造奠定必要的基础。高等职业教育面临着新一轮的挑战和机遇，工科类应用型人才培养应注重学生自主研学、主动探索，突出对学生创新意识和创新思维的培养，本书重视引导学生运用专业知识解决问题、善于思考勇于创新，鼓励学生各展所长、积极参与，培养其良好的工程素质和创新能力。

本书涉及的学科面广，需要有较广泛的专业知识和适当的理论知识。学好这门课程的关键在于理论联系实际，要举一反三，富于联想，善于借鉴，关心和观察周围的各种机械、电气、仪表等设备，重视实践，活学活用。本书传感器种类比较多，涉及知识点多、信息量大，主要体现教材的趣味性及学生能自主学习的条理性，教材图文并茂，引入较多的应用实例，每模块设置比较有趣的任务引领，课后设计科技展望，为学生打开学习传感器新技术的视野。本书介绍典型的工业传感器类型有十余种，如何以任务引领、兴趣导入、创新思考的方式开展教学呢，通过传感器的巧妙应用及应用创新引导让学生思考让工业自动化程度更高、生产设备更先进、生产生活更便捷的新途径。建议根据课程内容，在教学设计中充分考虑传感器的趣味性及应用价值，教学设计中引入传感器实物并结合实训室基础条件开展理实一体化教学，不断增强专业课程的教学效果。

传感检测技术的应用涉及各行各业，技术发展日新月异，因此读者在学习过程中，除了学习各模块的知识外，还要掌握上网查阅资料的技巧，通过搜集网络有关资料练习撰写学术小论文和调研报告，这种学习方法有利于读者掌握最新的技术发展和学科动态。

# 模块一　传感检测技术基础知识

 **学习目标**

1. 掌握检测的定义、测量的基本概念和分类；
2. 掌握测量误差的定义及分类方法；
3. 掌握传感器的定义和作用、传感器的组成与分类方法；

生活中的传感器　　　传感检测基础知识

4. 熟悉传感器的静态特性和动态特性的定义，掌握传感器在选型过程中应考虑的基本特性。

**思政素养**

培养学生科学严谨、踏实勤奋的学习习惯及勇于探索、精益求精的工匠精神。

**任务引领**

人们为了从外界获取信息，必须借助于感觉器官。而单靠人们自身的感觉器官，在研究自然现象和规律以及生产活动中它们的功能就远远不够了。可以说，传感器是人类五官的延伸，又称之为电五官。新技术革命的到来，世界开始进入信息时代。在利用信息的过程中，首先要解决的就是要测量准确可靠的信息，而传感器是获取自然和生产领域中信息的主要途径与手段。在现代工业生产尤其是自动化生产过程中，要用各种传感器来监视和控制生产过程中的各个参数，使设备工作在正常状态或最佳状态，并使产品达到最好的质量。传感器早已渗透到诸如工业生产、宇宙开发、海洋探测、环境保护、资源调查、医学诊断、生物工程，甚至文物保护等极其广泛的领域。可以毫不夸张地说，从茫茫的太空，到浩瀚的海洋，以至各种复杂的工程系统，几乎每一个现代化项目，都离不开各种各样的传感器。那么，传感器是如何定义和分类的呢？它有哪些基本特性？就让我们带着问题，一起遨游到传感检测技术基础知识的海洋中，拓宽视野、开启探索传感器的新征程吧。

**知识背景**

传感器种类繁多，涉及国防、工业、农业及日常生活等各个领域，结构简单，性能稳定，成本低廉，在许多行业得到了广泛应用。本模块学习的传感器基础知识主要包括测量的基本概念和方法，测量的误差及分类，传感器的定义、组成、作用、分类，以及传感器的应用领域和基本特性等。通过本模块的学习，你将会系统获知什么是传感器，传感器可以实现哪些功能，传感器的组成结构以及如何进行选型。

# 单元一　检测技术概述

所谓检测就是人们借助于仪器、设备，利用各种物理效应，采用一定的方法，将客观世界的有关信息通过检查与测量获取定性或定量信息的认识过程。这些仪器和设备的核心部件就是传感器，传感器是感知被测量（多为非电量），并把它转化为电量的一种器件或装置。检测包含检查与测量两个方面，检查往往是获取定性信息，而测量则是获取定量信息。

## 一、测量的基本概念及方法

测量（Measurement）就是借助专门的仪器设备，采用一定方法取得某一客观事物定量数据资料的认识过程。

对于测量方法，从不同的角度出发，有不同的分类方法。

### （一）静态测量和动态测量

根据被测量是否随时间变化，可分为静态测量和动态测量。例如用激光测距仪测量两栋大楼间的距离，用电子秤称量重物就属于静态测量；而用光导纤维陀螺仪测量火箭的飞行速度，用压电式振动传感器监测设备的振动状态就属于动态测量。

### （二）直接测量和间接测量

根据测量的手段不同，可分为直接测量和间接测量。用标定的仪表直接读取被测量的测量结果，该方法称为直接测量。例如，用磁电式仪表测量电流、电压，用离子敏场效应晶体管测量 pH 值和甜度等。间接测量的过程比较复杂，首先要对与被测量有确定函数关系的量进行直接测量，将测量值代入函数关系式，经过计算求得被测量。

### （三）模拟式测量和数字式测量

根据测量结果的显示方式，可分为模拟式测量和数字式测量。要求精密测量时，绝大多数测量均采用数字式测量。

### （四）接触式测量和非接触式测量

根据测量时是否与被测对象接触，可分为接触式测量和非接触式测量。例如红外线测温、超声波测距离等属于非接触式测量，用汽车衡测量汽车的载重量就属于接触式测量。非接触式测量不影响被测对象的运行工况，是目前发展的趋势。

### （五）在线测量和离线测量

为了监视生产过程或在生产流水线上监测产品质的测量称为在线测量，反之则称为离线测量。例如，现代自动化机床采用边加工、边测量的方式就属于在线测量，它能保证产品质量的一致性。离线测量虽然能测量出产品的合格与否，但无法实时监控生产质量。

## 二、测量误差及分类

测量的目的是希望得到被测事物的真实测量值——真值。但是，在实际测量中并不能绝对精确地测得被测量的真值，即总会出现误差。出现误差的原因有很多，如测量系统及标准量具本身精度有限；实验手段不完善，有些方法在理论上就是近似的；测量者的知识和技术水平有限；多数被测量值不可能用一个有限数字表示出来；被测量是随时间变化的；外界噪声的干扰等。因此，测量的目的仅在于根据实际需要得到被测量真值的逼近值。测量值与真值的差异程度称为误差，实际计算中用相对真值代替真值。对某一被测量用精度高一级的仪表测得的值，可视为精度低一级仪表的相对真值。

### （一）绝对误差和相对误差

#### 1. 绝对误差

绝对误差定义为示值与被测量真值之差，即

$$\Delta x = A_x - A_0 \tag{1-1}$$

式中，$\Delta x$ 为绝对误差；$A_x$ 为示值，具体应用中可以用测量结果的测量值、标准量具的标称值代替；$A_0$ 为被测量的真值。真值 $A_0$ 一般很难得到，所以通常用实际值 $A$ 代替被测量的真值 $A_0$，因而绝对误差更有实际意义的定义是

$$\Delta x = A_x - A \tag{1-2}$$

#### 2. 相对误差

相对误差用来说明测量精度的高低，又可分为如下几种：

（1）实际相对误差　实际相对误差定义为绝对误差 $\Delta x$ 与实际值 $A$ 的百分比，即

$$\gamma_A = \frac{\Delta x}{A} \times 100\% \tag{1-3}$$

（2）示值相对误差　示值相对误差定义为绝对误差 $\Delta x$ 与示值的百分比，即

$$\gamma_x = \frac{\Delta x}{A_x} \times 100\% \tag{1-4}$$

（3）满度相对误差　满度相对误差定义为仪器量程内最大绝对误差 $\Delta x_m$ 与测量仪器满度值 $A_m$ 的百分比，即

$$\gamma_m = \frac{\Delta x_m}{A_m} \times 100\% \tag{1-5}$$

满度相对误差也叫满度误差或引用误差，满度误差实际上给出了仪表各量程内绝对误差的最大值，即

$$\Delta x_m = \gamma_m \times A_m \tag{1-6}$$

我国电工仪表的准确度等级 $S$ 就是按满度相对误差 $\gamma_m$ 分级的，依次划分成 0.1、0.2、0.5、1.0、1.5、2.5 及 5.0 七级。例如，某电压表 $S = 0.5$，即表明它的准确度等级为 0.5 级，也就是它的满度相对误差不超过 0.5%，即 $|\gamma_m| \leqslant 0.5\%$，或习惯上写成 $\gamma_m = \pm 0.5\%$。

一般而言，测量仪器在同一量程不同示值处的绝对误差实际上未必处处相等，但对使用者来讲，在没有修正值可利用的情况下，只能按最坏的情况处理，即认为仪器在同一量程各

处的绝对误差为常数且等于 $\Delta x_m$，人们把这种处理叫作误差的整量化。由示值相对误差和满度相对误差表达式可以看出，为了减小测量中的示值误差，在进行量程选择时应尽可能使示值接近满度值，一般以示值不小于满度值的 2/3 为宜。

由式（1-4）和式（1-5）得出的为减小示值误差而使示值尽可能接近满度值的结论，只适合于正向刻度的一般电压表、电流表等类型的仪表，而对于测量电阻的普通型欧姆表，上述结论并不成立，因为欧姆表是反向刻度，且刻度是非线性的。可以证明此种情况下示值与刻度的中值接近时，测量结果的准确度最高。

在实际测量操作时，一般应先在大量程下测得被测量的大致数值，而后选择合适的量程再进行测量，以尽可能减小相对误差。

**例 1-1**　某压力表精度为 2.5 级，量程为 0 ~ 1.5 MPa，测量结果显示为 0.70 MPa，试求：1）可能出现的最大满度相对误差 $\gamma_m$；2）可能出现的最大绝对误差 $\Delta x_m$ 为多少 kPa？3）可能出现的最大示值相对误差 $\gamma_x$。

**解**　1）可能出现的最大满度相对误差可以从精度等级直接得到，即 $\gamma_m = 2.5\%$。

2）$\Delta x_m = \gamma_m \times A_m = 2.5\% \times 1.5 \text{ MPa} = 0.0375 \text{ MPa} = 37.5 \text{ kPa}$

3）$\gamma_x = \dfrac{\Delta x_m}{A_x} \times 100\% = \dfrac{0.037\,5}{0.7} \times 100\% = 5.36\%$

由上例可知，$\gamma_x$ 总是大于（满度时等于）$\gamma_m$。

**例 1-2**　现有 0.5 级的 0 ~ 300 °C 和 1.0 级的 0 ~ 100 °C 的两个电子温度计，要测量 80 °C 的温度，试问采用哪一个温度计好？

**解**　用 0.5 级表测量时，可能出现的最大示值相对误差为

$$\gamma_x = \frac{\Delta x_{m1}}{A_x} \times 100\% = \frac{300 \times 0.5\%}{80} \times 100\% = 1.875\%$$

若用 1.0 级表测量时，可能出现的最大示值相对误差为

$$\gamma_x = \frac{\Delta x_{m1}}{A_x} \times 100\% = \frac{100 \times 1.0\%}{80} \times 100\% = 1.25\%$$

计算结果表明，用 1.0 级表比用 0.5 级表的示值相对误差反而小，所以更合适。由上例可知，在选用仪表时应兼顾精度等级和量程，通常希望示值落在仪表满度值的 2/3 以上。

## （二）粗大误差、系统误差和随机误差

### 1. 粗大误差

明显偏离真值的误差称为粗大误差，也叫过失误差。粗大误差主要是由于测量人员的粗心大意及电子测量仪器受到突然且强大的干扰所引起的。如测错、读错、记错、外界过电压尖峰干扰等造成的误差。就数值大小而言，粗大误差明显超过正常条件下的误差。当发现粗大误差时，应予以剔除。

### 2. 系统误差

在相同测量条件下多次测量同一物理量，其误差大小和符号保持恒定或按某一确定规律变化，此类误差称为系统误差。系统误差是有规律的，可以通过实验的方法或引入修正的方法计算修正，也可以重新调整测量仪表的有关部件予以消除。

### 3. 随机误差

在同一条件下，多次测量同一被测量，会发现测量值时大时小，误差的绝对值及正、负以不可预见的方式变化，该误差称为随机误差，也称偶然误差，它反映了测量值离散性的大小。随机误差是测量过程中许多独立的、微小的、偶然的因素引起的综合结果。

存在随机误差的测量结果中，虽然单个测量值误差的出现是随机的，既不能用实验的方法消除，也不能修正，但是就误差的整体而言，服从一定的统计规律。因此通过增加测量次数，利用概率论的一些理论和统计学的一些方法，可以掌握看似毫无规律的随机误差的分布特性，并进行测量结果的数据统计处理。在许多场合可以发现，由于存在随机误差，所以对同一被测量进行多次等精度测量，其结果每次均不同。

如果测量次数 $n \to \infty$ 时，则无限多的直方图的顶点中线的连线就形成一条光滑的连续曲线，称为高斯误差分布曲线或正态分布曲线。

对正态分布曲线进行分析，可以发现有如下规律：

（1）有界性：在一定的条件下，随机误差的测量结果 $x_i$ 有一定的分布范围，超过这个范围的可能性非常小。当某一次测量结果的误差超过一定的界限后，即可认为该误差属于粗大误差，应予以剔除。

（2）对称性：$x_i$ 对称地分布于图中的 $\bar{x}$ 两侧，当测量次数增多后，$\bar{x}$ 两侧的误差相互抵消。

（3）集中性：绝对值小的误差比绝对值大的误差出现的次数多，因此测量值集中分布于算术平均值 $\bar{x}$ 附近。人们常将剔除粗大误差后的 $\bar{x}$ 看成测量值的最近似值。

$$\bar{x} = \frac{1}{n}\sum_{i=1}^{n} x_i = \frac{x_1 + x_2 + x_3 + \cdots + x_n}{n} \tag{1-7}$$

### （三）静态误差和动态误差

#### 1. 静态误差

被测量不随时间变化时测得的误差称为静态误差。前面讨论的误差多属于静态误差。

#### 2. 动态误差

当被测量随时间迅速变化时，系统的输出量在时间上不能与被测量的变化精确吻合，这种误差称为动态误差。动态误差是由于检测系统对输入信号响应滞后，或对输入信号中不同频率成分产生不同的衰减和延迟所造成的。动态误差值等于动态测量和静态测量所得误差的差值。

对用于动态测量、带有机械结构的仪表而言，应尽量减小机械惯性，提高机械结构的谐振频率，才能尽可能真实地反映被测量的迅速变化。

# 单元二　传感器基础知识

本单元主要介绍传感器的定义、作用、组成、分类和基本特性，传感器的测量误差与准确度，弹性敏感元件的作用、特性和种类。

# 一、传感器的定义与作用

## （一）传感器的定义

什么是传感器？演员在舞台上演唱时要用传声器（话筒），传声器就是把声波（机械波）转换成电信号的传感器。传感器是指能感受规定的被测量，并按照一定的规律转换成可用输出信号的器件或装置。表1-1中列出了部分传感器的输入量、输出量及其转换原理。从表1-1可以看出，传感器就是利用物理效应、化学效应、生物效应，把被测的物理量、化学量、生物量等非电量转换成电量的器件或装置。

**表 1-1　传感器的输入量、输出量及其转换原理**

| | | 输入量 | | 转换原理 | 输出量 |
|---|---|---|---|---|---|
| 物理量 | 机械量 | 几何学量 | 长度、位移、应变、厚度、角度、角位移 | 物理定律或物理效应 | 电量（电压或电流） |
| | | 运动学量 | 速度、角速度、加速度、角加速度、振动、频率、时间 | | |
| | | 力学量 | 力、力矩、应力、质量、荷重 | | |
| | 流体量 | | 压力、真空度、流速、流量、液位、黏度 | | |
| | 温度 | | 温度、热量、比热 | | |
| | 湿度 | | 湿度、露点、水分 | | |
| | 电量 | | 电流、电压、功率、电场、电荷、电阻、电感、电容、电磁波 | | |
| | 磁场 | | 磁通、磁场强度、磁感应强度 | | |
| | 光 | | 光度、照度、色、紫外光、红外光、可见光、光位移 | | |
| | 放射线 | | X、α、β、γ射线 | | |
| 化学量 | | | 气体、液体、固体分析、pH、浓度 | 化学效应 | |
| 生物量 | | | 酶、微生物、免疫抗原、抗体 | 生物效应 | |

## （二）传感器的作用和应用领域

### 1. 传感器的作用

人对外界的感受有触觉、视觉、听觉、嗅觉和味觉。在科学技术领域，对自然界的各种物质信息都需要通过传感器进行采集。如图1-1所示，人们把电子计算机比作人的大脑，把传感器比作人的五种感觉器官，执行器比作人的四肢，便制造出了工业机器人。尽管传感器与人的感觉器官相比还有许多不完善的地方，但在诸如高温、高湿、深井、高空等环境及高精度、高可靠性、远距离、超细微等方面是人的感觉器官所不能代替的。因此，传感器的作用可包括信息的收集、信息数据的交换及控制信息的采集三个方面。

**图 1-1　人机对应关系**

## 2. 传感器的应用领域

传感器不仅充当着计算机、机器人、自动化设备的"感觉器官"及机电结合的接口，而且已渗透到军事和人类生命、生活、生产的各个领域，从太空到海洋，从各种复杂的工程系统到人们日常生活的衣食住行，都已经离不开各种各样的传感器。

（1）传感器在制造业中的应用。在石油、化工、电力、钢铁、机械等工业生产中，需要及时检测各种工艺参数的相关信息，并通过电子计算机或控制器对生产过程进行自动化控制。如图 1-2 所示，传感器是一个自动控制系统中必不可少的环节。

**图 1-2　微机化检测与控制系统的基本组成**

（2）传感器在汽车中的应用。在汽车上，温度、压力、流量、湿度、气体、位置、速度、加速度、扭矩等各种各样的传感器已经得到了广泛应用。利用传感器检测的信息，实现发动机燃油喷射系统的精确控制，以保障汽车安全行驶。

（3）传感器在智能建筑中的应用。采用新材料、新信息及通信技术的智能建筑是现代楼宇建设的发展趋势。在智能建筑物的各个方面，如信息和通信系统、交通管理、加热与通风及空气调节（HAVC）、能源管理、个人安全与保障系统、维护管理、灵巧的居室装置以及新的智能建筑结构，都要应用各种传感器。

（4）传感器在家用电器中的应用。现代家庭中，用电厨具、空调器、电冰箱、洗衣机、电热水器、安全报警器、吸尘器、电熨斗、照相机、音像设备等都用到了传感器。

（5）传感器在安全防范中的应用。火灾、盗窃，不断地给人类生命和财产安全带来极大的威胁。安全防范技术在世界各国已经形成产业。防火、防盗，广泛应用了光电、热电、压电、气体、红外、超声波、微波及图像等传感器。

（6）传感器在机器人中的应用。在生产用的工业机器人中，传感器用来检测机械臂的位置和角度，在智能机器人中，传感器用作视觉和触觉等。传感器占机器人成本的 1/2 以上。

（7）传感器在人体医学上的应用。在医疗上应用传感器可以对人体温度、血压、心脑电波及肿瘤等进行准确地测量与诊断。

（8）传感器在环境保护中的应用。为保护环境，研制用以监测大气、水质及噪声污染的传感器，已为世界各国所重视。

（9）传感器在航空航天中的应用。在飞机及火箭等飞行器上，要使用传感器对飞行速度、加速度、飞行距离及飞行方向、飞行姿态进行检测。

（10）传感器在遥感技术中的应用。在飞机及卫星等飞行器上利用紫外、红外光电传感器及微波传感器探测气象、地质等；在船舶上利用超声波传感器进行水下探测。

（11）传感器在军事方面的应用。利用红外探测仪可以探测地形，发现地物及敌方各种军事目标；红外雷达具有搜索、跟踪、测距等功能，可以搜索几十到上千千米内的目标；其他还有红外制导、红外通信、红外夜视、红外对抗等。

3. 传感器的发展趋势

（1）系统化。传感器是信息识别和处理技术的重要组成部分，将传感技术与计算机技术、通信技术协同发展。系统地考虑传感技术、计算技术、通信技术之间的独立性、相融性、依存性。而智能网络化传感器正是这种发展趋势的主要标志之一。

（2）创新化。创新化主要包括利用新原理、新效应、新技术。如利用新材料开发新型传感器，如利用纳米技术制作纳米传感器，与传统传感器相比，尺寸减小、精度提高、性能大大改善，为传感器的制作提供了许多新方法。如利用纳米材料的巨磁阻效应，科学家们已经研制出各种纳米磁敏传感器；研发特种用途、特种环境、特殊工艺的传感器，如在高温、高压、耐腐蚀、强辐射等环境的传感器、3D 打印技术的传感器、柔性传感器及量子传感器等。

（3）微型化。在自动化和工业应用领域，要求传感器本身的体积越小越好。传感器的微型性是指敏感元件的特征尺寸为毫米（mm）—微米（um）—纳米（nm）类传感器。传感器的微型化绝不仅仅是特征尺寸的缩微或减小，而是一种有新机理、新结构、新作用和新功能的高科技微型系统，其制备工艺涉及 MEMS 技术、IC 技术、激光技术、精密超细加工技术等。

（4）智能化。传感器的智能化是指传感器具有记忆、存储、思维、判断、自诊等人工智能。其输出不再是单一的模拟信号，而是经过微处理器后的数字信号，甚至具有执行控制功能。随着 5G 通信、大数据、AR、VR、云计算等技术的发展，传感器也迎来一个新的智能化时代。智能传感器广泛应用于消费电子、新型高端汽车、工业检测与控制、智能医用、智能农业、智能交通等领域。

（5）无源化。传感器多为非电量向电量的转化，工作时离不开电源，在野外现场或远离电网的地方，往往用电池或太阳能供电，研制微功耗的无源传感器是必然的发展方向，既节省能源，又能提高系统寿命。

（6）网络化。网络化是指传感器在现场实现 TCP/IP 协议，使现场测控数据就近登录网络，在网络所能及的范围内实时发布和共享信息。要使网络化传感器成为独立节点，关键是网络接口标准化。目前已有有线网络化传感器和无线网络化传感器。

## 二、传感器的组成与分类

（一）传感器的组成

从功能上讲，传感器通常由敏感元件、转换元件及转换电路组成，如图 1-3 所示。

图 1-3　传感器的组成

敏感元件是指传感器中能直接感受（或响应）被测量的部分。在完成非电量到电量的变换时，并非所有的非电量都能利用现有手段直接转换成电量，往往是先变换为另一种易于变成电量的非电量，然后再转换成电量。如传感器中各种类型的弹性元件，常被称为弹性敏感元件。

转换元件是指能将感受到的非电量直接转换成电量的器件或元件。如光电池将光的变化量转换为电动势，应变片将应变转换为电阻量等。转换电路是指将无源型传感器输出的电参数量转换成电量。常用的转换电路有电桥电路、脉冲调宽电路、谐振电路等，它们将电阻、电容、电感等电参数转换成电压、电流或频率等电量。

实际上，有些传感器的敏感元件可以直接把被测非电量转换成电量输出，如压电晶体、光电池、热电偶等。通常称它们为有源型传感器，辅助电源为无源传感器的转换电路提供电能。

## （二）传感器的分类

传感器的种类很多，目前尚没有统一的分类方法，下面介绍几种常用分类方法。

### 1. 按输入量分类

输入量即被测对象，传感器可分为物理量传感器、化学量传感器和生物量传感器 3 大类。其中，物理量传感器又可分为力传感器、温度传感器、速度传感器、压力传感器和位移传感器等等。这种分类方法给使用者提供了方便，容易根据被测对象选择所需要的传感器。

### 2. 按工作原理分类

按传感器的工作原理来分，通常有电阻式、电感式、电容式、压电式、光电式、霍尔式、热敏、气敏、湿敏和磁敏等等。这种分类方法清楚地指明了传感器的原理，便于学习和研究。

### 3. 按输出信号的形式分类

按输出信号的形式，传感器可分为开关式、模拟式和数字式。

### 4. 按输入和输出的特性分类

按输入和输出特性，传感器可分为线性和非线性两类。

### 5. 按能量转换的方式分类

按转换元件的能量转换方式，传感器可分为有源型和无源型两类。有源型也称能量转换型或发电型，它将非电量直接变成电压量、电流量、电荷量等，如磁电式、压电式、光电池、热电偶等。无源型也称能量控制型或参数型，它将非电量变成电阻、电容、电感等量。

## 三、传感器的基本特性

传感器的特性参数有很多，且不同类型的传感器，其特性参数的要求和定义也各有差异，但都可以通过其静态特性和动态特性进行全面描述。

### （一）传感器的静态特性

静态特性表示传感器在被测各量值处于稳定状态时的输入与输出的关系。它主要包括灵敏度、分辨力（或分辨率）、测量范围及误差特性。

### 1. 灵敏度

灵敏度是指稳态时传感器输出量变化量和输入量变化量之比，用 $K$ 表示，即

$$K = \frac{\mathrm{d}y}{\mathrm{d}x} \approx \frac{\Delta y}{\Delta x} \qquad\qquad (1\text{-}8)$$

线性传感器的灵敏度 $K$ 为一常数，非线性传感器的灵敏度随输入量的变化而变化。从输出曲线上看，曲线斜率越大，曲线越陡，灵敏度越高。

### 2. 分辨力

传感器在规定的测量范围内能够检测出的被测量的最小变化量称为分辨力。它往往受噪声的限制，所以噪声电平的大小是决定传感器分辨力的关键因素。

实际中，分辨力可用传感器的输出值代表的输入量表示。模拟式传感器以最小刻度的一半所代表的输入量表示；数字式传感器则以显示值的最后一位所代表的数值表示。注意不要与分辨率混淆。分辨力是与被测量有相同量纲的绝对值，而分辨率则是分辨力与量程的比值。

### 3. 测量范围和量程

在允许误差范围内，传感器能够测量的下限值（$y_{\min}$）到上限值（$y_{\max}$）之间的范围称为测量范围，表示为 $y_{\min} \sim y_{\max}$；上限值与下限值的差称为量程，表示为 $y_{F.S} = y_{\max} - y_{\min}$。如某温度计的测量范围是 $-20 \sim 100\,^{\circ}\mathrm{C}$，量程则为 $120\,^{\circ}\mathrm{C}$。

### 4. 误差特性

传感器的误差特性包括线性度、迟滞、重复性、零漂和温漂等。

（1）线性度。线性度即非线性误差，设计者和使用者都希望非线性误差越小越好。为了便于对传感器进行标定和数据处理，要求传感器的特性为线性关系，而实际的传感器特性常呈非线性，这就需要对传感器进行线性化。传感器的静态特性是在标准条件下校准（标定）的，即在没有加速度、振动、冲击及温度为（$20 \pm 5$）$^{\circ}\mathrm{C}$、湿度不大于 85% RH、标准大气压条件下，用一定等级的设备，对传感器进行反复循环测试，得到的输入和输出数据用表格列出或画出曲线，这条曲线称为校准曲线。传感器的校准曲线与理论拟合直线之间的最大偏差（$\Delta L_{\max}$）与满量程值（$\Delta y_{F.S}$）的百分比称为线性度，用 $\gamma_L$ 表示，即

$$\gamma_L = \pm \frac{\Delta L_{\max}}{\Delta y_{F.S}} \times 100\% \qquad\qquad (1\text{-}9)$$

由此可知非线性误差是以一定的拟合直线为基准算出来的，拟合直线不同，所得线性度也不同。图 1-4 所示为常用的两种拟合直线，即端基拟合直线和独立拟合直线。

（a）端基拟合直线 （b）独立拟合直线

**图 1-4 传感器拟合直线示意图**

① 端基拟合直线是由传感器校准数据的零点输出平均值和满量程输出平均值连成的一条直线。由此所得的线性度称为端基线性度。这种拟合方法简单直观、应用较广，但拟合精度很低，尤其对非线性比较明显的传感器，拟合精度更差。

② 独立拟合直线方程是用最小二乘法求得的，在全量程范围内各处误差都最小。由此所得的独立线性度也称最小二乘法线性度。这种方法拟合精度最高，但计算很复杂。

（2）迟滞。迟滞是指在相同工作条件下，传感器正行程特性与反行程特性的不一致的程度，如图 1-5 所示。其数值为对应同一输入量的正行程和反行程输出值间的最大偏差 $\Delta H_{max}$ 与满量程输出值的百分比，用 $\gamma_H$ 表示，即

$$\gamma_H = \pm \frac{\Delta H_{max}}{y_{F.S}} \times 100\% \tag{1-10}$$

或用其一半表示。

（3）重复性。重复性是指在同一工作条件下，输入量按同一方向在全测量范围内连续变化多次所得特性曲线的不一致性，如图 1-6 所示。在数值上用各测量值正、反行程标准偏差最大值 $\sigma$ 的 2 倍或 3 倍与满量程的百分比表示，记作 $\gamma_K$，即

$$\gamma_K = \pm \frac{c\sigma}{\gamma_{F.S}} \times 100\% \tag{1-11}$$

式中，$c$ 为置信因数，取 2 或 3。置信因数取 2 时，置信概率为 95%，置信因数取 3 时，置信概率为 99.73%。

图 1-5　传感器的迟滞特性

图 1-6　传感器的重复性

从误差的性质讲，重复性误差属于随机误差。若误差完全按正态分布，则随机误差的标准误差 $\sigma$，可由各次校准测量数据间的最大误差 $\Delta_{im}$ 求出，即

$$\sigma = \sqrt{\frac{\sum_{i=1}^{n} \Delta_{im}^2}{n-1}} \tag{1-12}$$

式中，$n$ 为重复测量的次数。

（4）零漂和温漂。传感器无输入（或某一输入值不变）时，每隔一定时间，其输出值偏离原示值的最大偏差与满量程的百分比，即为零漂。温度每升高 1 ℃，传感器输出值的最大偏差与满量程的百分比，称为温漂。

## 5. 稳定性

稳定性包括稳定度和环境影响量两个方面。稳定度指的是仪表在所有条件都不变的情况下，在规定的时间内维持其示值不变的能力。稳定度一般以仪表的示值变化量和时间的长短之比来表示。例如，某仪表的输出电压值在 5 h 内的最大变化量为 1.0 mV，则稳定度表示为 1.0 mV/5 h。环境影响量仅指由外界环境变化而引起的示值变化。示值的变化由两个因素构成：一是零漂；二是灵敏度漂移。

## 6. 电磁兼容性

电磁兼容性是指电子设备在规定到的电磁干扰环境中能按原设计要求而正常工作的能力，而且向处于同一环境中的其他设备释放的电磁干扰也不超过允许的范围。对检测系统来说，主要考虑在恶劣的电磁干扰环境中，系统必须能正常工作，并能取得精度等级范围内的正确结果。

## 7. 可靠性

可靠性是反映检测系统在规定的条件下，在规定的时间内是否耐用的一种综合性的质量指标。常用的可靠性指标有以下几种：

故障平均间隔时间（MTBF）：它是指两次故障间隔的时间。

平均修复时间（MTTR）：它是指排除故障所花费的时间。

故障率（λ）：它通常用故障率变化曲线来衡量。

### （二）传感器的动态特性

动态特性是描述传感器在被测量随时间变化时的输出和输入的关系。对于加速度等动态测量的传感器必须进行动态特性的研究，通常是用输入正弦或阶跃信号时传感器的响应来描述的，即传递函数和频率响应。

 展望角

20 世纪开始，我国开始智能传感器领域的探索。2013 年起，智能传感器行业扶持政策陆续出台，国家四部委于 2013 年发布《加快推进传感器及智能仪器仪表产业发展行动计划》，重点为使传感器及智能仪器仪表实现微型化、数字化、模块化、网络化；2016 年 8 月，国务院发布《"十三五"国家科技创新规划》，提出了发展工业传感器，进行工业传感器核心器件、传感器集成应用等方面的技术攻关，提高工业传感器产业的技术创新能力；2017 年，工业和信息化部制制了《智能传感器产业三年行动计划（2017—2019 年）》，明确传感器产业的发展目标和方向。我国应用于声学、惯性、压力等领域的智能传感器产品已取得一定的成就，应用于工业控制、汽车、医疗、海洋等领域的智能传感器产品也正在加速研发，我国智能传感器市场规模从 2017 年的 814.1 亿元上升至 2021 年的 1 113.4 亿元，到 2023 年市场规模可达 1 308.3 亿元。预计到 2028 年，我国智能传感器市场规模有望达到 2 400 亿元，年均复合增长率约为 14%。

## 课后思考与练习

1-1 单项选择题

（1）某压力仪表厂生产的压力表满度相对误差均控制在 0.4% ~ 0.6%，该压力表的精度等级应定为_____级，另一家仪器厂需要购买压力表，希望压力表的满度相对误差小于 0.9%，应购买_____级的压力表。

      A. 0.2            B. 0.5            C. 1.0            D. 1.5

（2）某采购员分别在 3 家商店购买 100 kg 大米、10 kg 苹果、1 kg 巧克力，发现均缺少约 0.5 kg，但该采购员对卖巧克力的商店意见最大，在这个例子中，产生此心理作用的主要因素是_____。

      A. 绝对误差      B. 示值相对误差      C. 满度相对误差      D. 精度等级

（3）仪器量程内最大绝对误差 $\Delta x_m$ 与测量仪器满度值 $A_m$ 的百分比称为_____。

      A. 实际相对误差   B. 示值相对误差    C. 满度相对误差    D. 精度等级

（4）一台最大量程为 1 000 g 的电子秤显示屏显示物品重量为 368.8 g，则该电子秤的分辨力为_____，它的分辨率为_____。

      A. 0.1 g          B. 1/10 000        C. 1.0 g          D. 1/10 000 g

（5）在选购线性仪表时，必须在同一系列的仪表中选择适当的量程。这时必须考虑到应尽量使选购的仪表量程为欲测量的_____左右为宜。

      A. 3 倍          B. 10 倍         C. 1.5 倍         D. 0.75 倍

（6）用万用表交流电压挡（频率上限仅为 5 kHz）测量频率高达 500 kHz、10 V 左右的高频电压，发现示值还不到 2 V，该误差属于_____。用该表直流电压挡测量 5 号干电池电压，发现每次示值均为 1.8 V，该误差属于_____。

      A. 系统误差      B. 粗大误差      C. 随机误差      D. 动态误差

1-2  什么叫传感器？传感器有哪些作用？试述传感器在国民经济中的地位。

1-3  简述传感器的应用领域。

1-4  从功能上讲，传感器由哪些部分组成？

1-5  传感器是如何分类的？

1-6  传感器的主要静态特性有哪些？

1-7  产生测量误差的原因有哪些？测量误差是如何分类的？

1-8  各举出两个非电量电测的例子来说明

    （1）静态测量；     （2）动态测量；     （3）直接测量；     （4）间接测量；

    （5）接触式测量；   （6）非接触式测量；   （7）在线测量；    （8）离线测量。

1-9  有一温度计，它的测量范围为 0～200 ℃，精度为 0.5 级，试求：

（1）该表可能出现的最大绝对误差。

（2）当示值分别为 200 ℃、100 ℃ 时的示值相对误差。

1-10  有 1 台测温仪表，测量范围为 -200～+800 ℃，准确度为 0.5 级。现用它测量 500 ℃ 的温度，求仪表引起的绝对误差和相对误差。

1-11  有 2 台测温仪表，测量范围为 -200～+300 ℃ 和 0～800 ℃，已知两台仪表的绝对误差最大值是 5 ℃，试问哪台仪表精度高？

1-12  有 3 台测温仪表量程均为 600 ℃，精度等级分别为 2.5 级、1.5 级和 1.0 级，现要测量温度为 500 ℃ 的物体，允许相对误差不超过 2.0%，问选用哪一台最合适（从精度和经济性综合考虑）？

# 模块二　电阻传感器

 学习目标

1. 掌握电阻应变式传感器的工作原理及测量转换电路，熟悉电阻应变片的类型及特性；
2. 掌握电阻应变效应在生产实践中的典型应用及应变式传感器的创新应用探索；
3. 掌握金属热电阻和热敏电阻的类型、特性及应用，熟悉温度传感器的选用方法；
4. 熟悉气敏电阻传感器的类型及应用，了解湿敏电阻传感器在生产生活领域中的应用。

 思政素养

培养学生对传感器技术的学习兴趣，激发科技创新的探索精神，通过学习传感器在新技术发展中的重要地位，激发学生的民族自豪感和使命感。

 任务引领

在日常生活中，大家非常熟悉多种类型的电子秤，比如厨房秤、体重秤、汽车衡、吊钩秤等等，电子秤的核心是称重传感器，其实质是由电阻应变式传感器、测量转换电路、显示器及辅助部件组成。如果需要制作一款简易电子秤，你是否熟悉电子秤的测量原理，如何选用合适的称重传感器和相关组件完成功能测试呢？比如起重机起吊设备、大型构件或灌装液体系统需要进行精确的重量测量并实现远程网络监测，你能否制订创新设计方案、合理选用称重传感器并实现预期功能呢？在家居生活、农业生产及重要设备房，环境的温度、湿度参数监测非常重要，比如在城市轨道交通地下车站设备房需要严格监测温度、湿度并实现自动除湿等功能，如何利用温度传感器、湿度传感器及网络知识制定远程的设备房智能运维方案呢，请在本模块的学习中找到理论知识铺垫及思路启发，并在学习中不断拓宽专业视野、探索传感器应用新思路。

 知识背景

电阻传感器种类繁多，应用领域也很广泛。电阻传感器在冶金、电力、交通、石化、商业、生物医学等领域实现自动称重、过程监测中发挥着重要作用。电阻传感器是利用物理或化学原理将被测量转化为敏感元件电阻参数的变化，再通过测量转换电路转换成电压或电流信号的输出，从而实现非电量的测量。电阻传感器可用于各种机械量和热工量的检测，比如测量力、压力、位移、应变、扭矩、加速度、温度、气体成分及湿度等等。本模块学习的电阻传感器主要包括电阻应变式传感器、热电阻及热敏电阻传感器、气敏电阻及湿敏电阻传感器等。通过本模块的学习，你将知道什么叫应变效应，电子秤是如何实现称重功能的，数字温度计是怎么实现测温的？电阻传感器用到哪些敏感元件，都可以测量哪些非电量的物理量？

# 单元一 电阻应变式传感器

电阻应变式传感器
原理及测量电路

电阻应变式传感器简称应变式传感器，是一种利用电阻应变效应，由电阻应变片和弹性敏感元件组成的传感器。早在 1856 年，人们在轮船上往大海里铺设海底电缆时就发现，电缆的阻值由于拉伸而增加。我们可以做一个小实验：取一根细铜丝，两端接上一台四位半数字式欧姆表（分辨力为 1/1999），记下其初始阻值。我们可以尝试用力将该铜丝拉长，会发现欧姆表的数值比之前略有增大。这是什么物理现象呢？平时测量应力、应变及力的传感器就是利用这种称之为应变效应物理现象制作的一类传感器。传感器中用到的能产生电阻应变效应的敏感元件被称为电阻应变片。20 世纪 30 年代，人们发明了电阻应变计，利用应变计对材料进行应力分析，来研究材料的力学特性。20 世纪 50 年代，人们利用金属材料的稳定性，将电阻应变片粘贴在金属弹性体表面，设计出了各种电阻应变式传感器，在外加电源的激励下，实现力—应变—电阻—电信号 4 个转换环节，实现力相关量的测量。随着电子技术的快速发展，电阻应变式传感器开始得到广泛应用，各种结构、不同用途的电阻应变式传感器也被设计出来。

## 一、应变式传感器的工作原理

导体或半导体材料在外力作用下，会产生机械变形，其阻值也将相应地发生变化，这种现象称为电阻应变效应。根据引起阻值变化时机械变形的方向不同，我们又把应变效应分为轴向应变效应和横向应变效应。我们以一根金属单丝为例分析电阻应变效应。

假设金属单丝的长度为 $l$，半径为 $r$，横截面面积为 S，电阻率为 $\rho$，当金属丝没有受到外力作用时其电阻值 $R$ 可表示为：

$$R = \rho \frac{l}{S} = \rho \frac{l}{\pi r^2} \tag{2-1}$$

当沿金属丝的长度方向施加均匀拉力（或压力）时，上式中的 $\rho$、$r$、$l$ 都将发生变化，从而导致电阻值 $R$ 发生变化。金属材料受到拉力时，$l$ 将变大、$r$ 将变小，电阻值 $R$ 则变大。一般来讲，半导体受拉时，$\rho$ 将变大导致电阻值 $R$ 变大。

实验证明，金属应变片或半导体应变片的电阻相对变化量 $\Delta R / R$ 与材料力学中的轴向应变 $\varepsilon_x$ 的关系在很大范围内是线性的，即

$$\frac{\Delta R}{R} = K \varepsilon_x \tag{2-2}$$

式中，$K$ 为电阻应变片的灵敏度。

对于不同的金属材料，$K$ 略微不同，一般为 2 左右。而对半导体材料而言，由于其感受到应变时，电阻率 $\rho$ 会产生很大的变化，所以灵敏度比金属材料大几十倍。

在材料力学中，$\varepsilon_x = \Delta l / l$ 称为电阻丝的轴向应变，也称纵向应变，$\varepsilon_x$ 通常很小。例如，当 $\varepsilon_x$ 为 0.000 001（$10^{-6}$）时，在工程中常表示为 1 μm/m 或 1 微应变（$\mu\varepsilon$）。对金属材料而

言，当它受力之后所产生的轴向应变最好不要大于 1 000 $\mu\varepsilon$，即 1 000 $\mu$m/m，否则有可能超过材料的极限强度而导致非线性或断裂。

在实际应用中，将电阻应变片粘贴在各种结构的弹性体上进行受力测试，通常可以认为粘贴在弹性体上电阻应变片的应变量 $\varepsilon_x$ 约等于弹性体产生的应变 $\varepsilon_{弹}$，弹性体与应变片之间也存在蠕变等影响，但这种差异在工程上可以忽略。由材料力学可知，$\varepsilon_x = \varepsilon_{弹} = F/AE$，因此电阻应变式传感器用于测量力的公式可表达为

$$\frac{\Delta R}{R} = K \frac{F}{AE} \tag{2-3}$$

通常一定规格的电阻应变片初始阻值 $R$、灵敏度 $K$ 已知，弹性体的横截面积 $A$ 以及弹性模量 $E$ 均已知，此式即为输入力 $F$ 和输出 $\Delta R$ 之间的单值函数，则只要设法测出 $\Delta R/R$ 的数值，即可获知弹性体受力 $F$ 的大小，利用电阻应变式传感器的测力原理可用于电子秤的称重和吊钩秤测量拉力等。

## 二、应变片的种类和结构

电阻应变式传感器主要由电阻应变片（简称应变片）、弹性体及测量转换电路等组成，电阻应变片根据所使用的材料不同，可分为金属应变片及半导体应变片两大类。1936 年，人们制出了纸基丝式电阻应变片；1952 年制出了箔式应变片；1957 年制出了第一批半导体应变片，并利用应变片制出了各种传感器。

（一）金属应变片

金属应变片根据其制造工艺及结构不同，可分为金属丝式应变片、金属箔式应变片及金属薄膜式应变片三类。

金属丝式应变片使用最早，有纸基和胶基之分。它是用直径约为 0.025 mm 左右的高电阻率的电阻丝制成的。为了获得高的电阻值，电阻丝排列成梳状并粘贴在绝缘基片上，上面覆盖保护层，电阻丝两端焊接引出线（见图 2-1）。金属丝式应变片价格便宜，多用于应力、应变的大批量、一次性低精度试验，但由于金属丝式应变片蠕变较大，金属丝易脱胶，已逐渐被金属箔式应变片所取代。

金属箔式应变片中的箔栅是金属箔通过光刻、腐蚀等工艺制成的，箔的材料多为电阻率高、热稳定性好的铜镍合金，箔的厚度一般为 0.001 ~ 0.005 mm，箔栅的形状、尺寸可以按使用需要制作。箔式应变片与片基的接触面积大得多，散热条件较好，在长时间测量时的蠕变较小，一致性较好，适合大批量生产，目前广泛用于各种应变式传感器中。常用的金属箔式应变片结构如图2-2 所示，在制造工艺上还可以对金属箔式应变片进行适当的热处理，使它的线胀系数、电阻温度系数与被粘贴试件的线胀系数三者相互抵消，从而将温度影响减小到最低程度。

金属薄膜式应变片是采用真空蒸镀、沉积或溅射式阴极扩散等方法按规定图形制成的掩膜板，在很薄的绝缘基底材料上制成一层金属电阻材料薄膜以形成敏感栅，最后加上保护层而制成。这类应变片灵敏度较高，薄膜层厚度一般不超过 0.1 $\mu$m，成本也比前两种要高，它是近年来薄膜技术发展的产物。金属薄膜式应变片可采用高温材料制成能在高温条件下工作的电阻应变片，例如采用铂或铬等材料沉积在蓝宝石薄片上或覆有陶瓷绝缘层的钼条上，工作温度范围可达 600 ~ 800 ℃。

1、3—黏合剂；2—基底；4—保护层；
5—敏感栅；6—引线。

图 2-1　金属丝式应变片结构示意图

图 2-2　常见箔式应变片结构示意图

## （二）半导体应变片

半导体应变片是由半导体材料做敏感栅制成的，当它受力时，其电阻率随应力的变化而变化。半导体应变片的主要优点是灵敏度高，但是灵敏度的一致性差、温漂大、电阻与应变间非线性严重。在使用时，需采用半桥、全桥温度补偿及非线性补偿措施。随着半导体工业和集成电路的迅速发展，利用半导体的压阻效应制成的固态压阻式传感器正广泛得到应用。

表 2-1　应变片主要技术指标

| 参数名称 | 电阻值/Ω | 灵敏度 | 电阻温度系数/°C$^{-1}$ | 极限工作温度/°C | 最大工作电流/mA |
|---|---|---|---|---|---|
| PZ-120 型 | 120 | 1.9～2.1 | $20\times10^{-6}$ | −10～40 | 20 |
| PJ-120 型 | 120 | 1.9～2.1 | $20\times10^{-6}$ | −10～40 | 20 |
| BX-200 型 | 200 | 1.9～2.2 | － | −30～60 | 25 |
| BA-120 型 | 120 | 1.9～2.2 | － | −30～200 | 25 |
| BB-350 型 | 350 | 1.9～2.2 | － | −30～170 | 25 |
| PBD-1K 型 | $1\,000\times(1\pm10\%)$ | 140±5% | <0.4% | <40 | 15 |
| PBD-120 型 | $120\times(1\pm10\%)$ | 120±5% | <0.2% | <40 | 20 |

表 2-1 列出了部分应变片的主要技术参数，请分析应变片的参数名称及灵敏度的特点。PZ 型为纸基丝式应变片，PJ 型为胶基丝式应变片，BA、BB、BX 型为箔式应变片，PBD 为半导体型应变片。

## 三、应变片的粘贴技术

应变片是通过黏合剂粘贴到试件上的，黏合剂的种类很多，选用时要根据基片材料、工作温度、潮湿程度、稳定性、是否加温加压、粘贴时间等多种因素合理选择黏合剂。

应变片的粘贴质量直接影响应变测量的准确度，技术要求较高，必须十分注意。应变片的粘贴工艺简述如下：

（1）试件的表面处理：为了保证一定的黏合强度，必须将试件表面处理干净。可采用手持砂轮工具除去试件表面的油污、漆、锈斑等，粘贴表面应保持平整，并用细纱布交叉打磨出细纹以增加粘贴力，用浸有酒精或丙酮的纱布片或脱脂棉球擦洗。面积约为应变片的 3~5 倍。

（2）确定贴片位置：在应变片上标出敏感栅的纵、横向中心线，在试件上按照测量要求划出中心线。精密的可以用光学投影方法来确定贴片位置。

（3）粘贴：在应变片的表面和处理过的粘贴表面上，各涂一层均匀的粘贴胶，用镊子将应变片放上去，并调好位置，在应变片上盖上聚乙烯塑料薄膜，用手指揉和滚压将多余的胶水和气泡排出。加压时要注意防止应变片错位。

（4）固化：粘贴好后，根据使用黏合剂的固化工艺要求进行固化处理和时效处理。

（5）质量检查及测量：检查粘贴位置是否正确，黏合层是否有气泡和漏贴。检查应变片敏感栅是否有短路和短路现象。用万用表从分开的端子处测量应变片的电阻，发现端子折断和坏的应变片。

（6）引线的焊接与防护：检查合格后即可焊接引出线。引出线要用柔软、不易老化的胶合物适当固定，以防止导线摆动时折断应变片的引线。然后在应变片上涂一层柔软的防护层，以防止大气对应变片的侵蚀，保证应变片长期工作的稳定性。

## 四、应变片的主要特性

### （一）灵敏系数 K

当应变片在被测量的作用下工作时，应变片的阻值相对变化 $\Delta R/R$ 与应变片的应变 $\varepsilon$ 之比即为灵敏度系数 $K$。$K$ 值的准确度直接影响测量结果，一般要求 $K$ 值尽量大而且稳定。实验表明电阻应变片的灵敏系数 $K$ 在很大范围内是常数。

### （二）绝缘电阻

绝缘电阻是指已安装的应变计的敏感栅和引线与被测件之间的电阻值，一般应大于 $10^{10}\Omega$。

### （三）机械滞后

在一定温度下，当应变片粘贴在试件上感受被测压力时，被测量加载和卸载时的输入-输出特性曲线不重合的现象称为机械滞后。机械滞后产生的主要原因大多是由于敏感栅、基底、黏合剂在承受机械应变后产生了残余变形。为减少机械滞后对测量的影响，要选择性能良好的黏合剂和基底。在正常使用之前，预先加载卸载若干次。

### （四）零漂和蠕变

零漂和蠕变是衡量应变片对时间的稳定性的重要指标，对长时间测量具有重要意义。在恒定温度下，粘贴在试件上的应变片，当不承受机械应变时，随着时间变化指示应变值发生变化的特性称为应变片的零漂。蠕变是指在恒定温度下，当应变片承受恒定的机械应变时，其指示应变值随时间变化的特性。零漂和蠕变产生的主要原因在于制造过程中产生了内应力，丝栅材料、黏合剂及基底在温度和载荷的影响下内部结构发生了变化。在测量中，为减少零漂和蠕变的影响，在条件允许状况下，要及时标定或重新调整零点。

## （五）应变极限

理想情况下，应变片的灵敏系数为常数，即其电阻的相对变化与所承受的轴向应变成正比，但这种情况只能保持在一定范围内。当试件表面的应变超过某一数值时，应变计的输出将出现非线性。应变片的应变极限是指在规定的使用条件下，指示应变与真实应变的相对误差不超过规定值（一般为 10%）时的最大真实应变值。若规定为 10%，则指示应变值为真实应变值的 90% 时的真实应变值即为应变极限。当应变片承受的应变超过本身的应变极限时，构件的真实应变不能全部作用在敏感栅上，测得的值就会产生误差。应变极限是衡量应变片的测量范围和过载能力的指标。

## 五、测量转换电路

金属应变片的电阻变化范围很小，如果直接用欧姆表测量其电阻值的变化将十分困难，而且误差很大。

**例 2-1**  有一金属箔式应变片，其灵敏度 $K$ 为 2，标称阻值 $R_0$ 为 100 Ω，粘贴在横截面面积为 9.8 $mm^2$ 的钢制圆柱体上，钢的弹性模量 $E = 2 \times 10^{11}$ $N/m^2$，钢柱所受拉力为 $F = 0.2$ t，求受拉后应变片的阻值 $R$。

**解**  一般情况可认为粘贴在试件上的应变片的应变约等于试件上的应变。根据式 2-3 可计算得受拉后应变片的阻值 $R$ 的变化量 $\Delta R$ 仅为 0.2 Ω。

直接用欧姆表很难观察到这 0.2 Ω 的变化，所以必须使用不平衡电桥来测量这一微小的变化量，将 $\Delta R / R$ 转换为输出电压 $U_o$。

为什么要使用不平衡电桥呢？如果直接测应变片电阻的改变，可能很困难。因为测量一个在很大的基值上附加的一个很小的信号是很困难的。利用电桥可以把这个信号的基值去掉，变成了一个在零值附近的信号，并且可以通过放大电路来增大灵敏度。把对某物理量的电阻敏感材料加工成传感器，作为电桥中的某一臂电阻或某几个臂电阻，通过电桥的失衡程度（桥路电流或电压）来判断该物理量的大小。

不平衡电桥［如图 2-3（a）］所示由 4 个电阻 $R_1$、$R_2$、$R_3$、$R_4$ 组成一个四边形的回路，每一边称作电桥的"桥臂"，回路有 4 个结点。在 a、c 结点之间接入电源 $U_i$，而另一对结点（b、d）之间的电压差作为输出电压端 $U_o$。b、d 的对地电压相等时称作"电桥平衡"；反之，称作"电桥不平衡"。电桥平衡的条件是 $R_1 R_3 = R_2 R_4$ 或 $R_1 / R_2 = R_4 / R_3$。因电路图中电阻的标识不同，也可描述为当四臂电桥"对臂阻值乘积相等"或"邻臂阻值之比相等"时电桥平衡。

当每个桥臂电阻变化值 $\Delta R_i \ll R_i$，且电桥输出端的负载电阻为无限大、全等臂形式工作，即（初始值 $R_1 = R_2 = R_3 = R_4$）时，电桥的输出电压近似为（误差小于 5%）：

$$U_o = \frac{U_i}{4}\left( \frac{\Delta R_1}{R_1} - \frac{\Delta R_2}{R_2} + \frac{\Delta R_3}{R_3} - \frac{\Delta R_4}{R_4} \right) \tag{2-4}$$

由于 $\Delta R / R = K \varepsilon_x$，当各桥臂应变片的灵敏度 $K$ 都相同时，输出可表示为：

$$U_o = \frac{U_i}{4} K(\varepsilon_1 - \varepsilon_2 + \varepsilon_3 - \varepsilon_4) \tag{2-5}$$

式中的应变 $\varepsilon_1$、$\varepsilon_2$、$\varepsilon_3$、$\varepsilon_4$ 可以是试件的拉应变，也可以是试件的压应变，取决于应变片的

粘贴方向及受力方向。若是拉应变，$\varepsilon$ 以正值代入；若是压应变，$\varepsilon$ 应以负值代入。如果设法使试件受力时，应变片 $R_1 \sim R_4$ 产生的电阻增量（或感受到的应变 $\varepsilon_1 \sim \varepsilon_4$）正负号相间，就可以使电桥输出电压 $U_o$ 成倍地增大。因此，为了提高电桥的灵敏度，将电阻应变片接入电桥时应保证电桥各桥臂中电阻应变片对臂受力方向一致，邻臂受力方向相反。

实际应用中根据不同要求，应变电桥有 3 种工作方式（假设各应变片的特性及参数相同）：

单臂电桥工作方式（即 $R_1$ 为应变片，$R_2$、$R_3$、$R_4$ 为固定电阻，$\Delta R_2 \sim \Delta R_4$ 均为零），电桥输出电压为：

$$U_o = \frac{U_i}{4}\frac{\Delta R}{R} = \frac{U_i}{4}K\varepsilon \qquad (2\text{-}6)$$

双臂电桥工作方式（即 $R_1$、$R_2$ 为应变片，$R_3$、$R_4$ 为固定电阻，$\Delta R_3 = R_4 = 0$），电桥输出电压为：

$$U_o = \frac{U_i}{2}\frac{\Delta R}{R} = \frac{U_i}{2}K\varepsilon \qquad (2\text{-}7)$$

全桥工作方式（即电桥的四个桥臂均为应变片），电桥输出电压为：

$$U_o = U_i\frac{\Delta R}{R} = U_iK\varepsilon \qquad (2\text{-}8)$$

上述 3 种工作方式中，全桥四臂工作方式的灵敏度最高，双臂半桥次之，单臂电桥灵敏度最低。

采用双臂半桥或全桥的另一个好处是能实现温度自补偿。当环境温度升高时，桥臂上的应变片温度同时升高，温度引起的电阻值漂移数值一致，可以相互抵消，所以全桥的温漂较小，半桥也同样能克服温漂。

实际使用中，$R_1$、$R_2$、$R_3$、$R_4$ 不可能严格地成比例关系，所以即使在未受力时，桥路的输出也不一定为零，因此必须设置调零电路，如图 2-3（b）所示。调节 $R_P$，最终可以使 $R_1' / R_2' = R_4 / R_3$（$R_1'$、$R_2'$ 是 $R_1$、$R_2$ 并联 $R_P$ 后的等效电阻），电桥趋于平衡，$U_o$ 被预调到零位，这一过程称为调零。图中的 $R_5$ 是用于减小调节范围的限流电阻。

（a）不平衡电桥基本桥路　　　　　　　　（b）桥路的调零原理

图 2-3　桥式测量转换电路

## 六、应变效应的应用

应变式传感器的核心主要由弹性敏感元件、电阻应变片、测量转换电路等组成。弹性敏感元件把力、压力或加速度转换成应变或位移，把被测力的变化转变为应变量的变化。粘贴在弹性体上的应变片也感受到同样大小的应变，应变片把应变量的变化转换成电阻的变化。弹性敏感元件应该具有良好的弹性、足够的精度，保证能够长时间使用和温度变化时的稳定性。

电阻应变式
传感器的应用

应变效应的应用可以分为两大类，第一类是将电阻应变片粘贴于某些弹性体上，并将其接到测量转换电路中，构成测量各种物理量的专用应变式传感器，第二类是将电阻应变片贴于被测试件上，然后将其接到电阻应变仪上，可直接从应变仪上读取被测试件的应变量，常在工程领域进行材料应变测试或载荷测量。

### （一）应变式传感器的应用

应变式传感器的命名方式很多，根据其结构形式可分为：悬臂梁式、圆柱式、环式、轮辐式、双梁式、平行梁式、平膜片式等等，根据其用途可分为测力传感器、称重传感器、压力传感器、扭矩传感器、速度传感器、加速度传感器等。下面就结合应变式传感器的结构类型介绍其在各领域的典型应用。

#### 1. 悬臂梁式力传感器

悬臂梁式力传感器是一种高精度、性能优良的称重、测力传感器，采用弹性梁和应变片作为转换元件。民用电子秤中就多采用悬臂梁结构，当力以图 2-4 所示的方向作用于悬臂梁的末端时，梁的上表面产生拉应变，下表面产生压应变，粘贴在悬臂梁上下表面的应变片产生机械变形，上下表面的应变大小相等符号相反，4 个应变片组成四臂全桥工作电路，通过全桥测量电路转换后可得到输出电压与输入力 $F$ 之间的关系，输出电压越大代表施加的力 $F$ 越大。

悬臂梁式传感器有多种形式。等截面梁即悬臂梁的横截面处处相等的梁，当外力作用在梁的自由端时，在固定端产生的应变最大。等强度梁是一种特殊形式的悬臂梁，特点是沿梁长度方向的截面按一定规律变化，当集中力作用在梁端三角形顶点时，在梁表面整个长度 $z$ 方向上产生的应变大小相等，与贴片位置无关，这种梁的优点是在长度方向上粘贴应变片的要求不严格。

图 2-4  悬臂梁式电子秤称重原理示意图

如图 2-5 所示为悬臂梁实物图，多用于小量程工业电子秤和商业电子秤。悬臂梁式传感器最小可测几十克重，也可达到很大的量程，如钢制工字悬臂梁结构传感器量程为 0.2～30 t，精度可达 0.02%（FS）。悬臂梁式传感器具有结构简单、应变片容易粘贴、灵敏度高等特点。大家熟悉的超市打印秤、电子磅秤、人体秤等（见图 2-6），其核心称重传感器就常采用悬臂梁式结构的应变式传感器。

**图 2-5 悬臂梁式力传感器**

**图 2-6 常见的电子秤**

电子秤精度高、反应速度快、结构紧凑、抗震抗冲击性强，能广泛应用于商业计价秤、邮包秤、医疗秤、计数秤、港口秤、人体秤及家用厨房秤。图 2-7 为 0～5 kg 电子计价秤的外形、功能及内部结构示意图，尽管单只称重传感器支撑了一个大面积的秤台，但能保证四角误差小于 1/3 000～1/2 000。单只称重传感器支撑秤台的设计方案，不仅大大降低了秤台和传感器的造价，而且使激励电源、仪表的数据处理及秤的调试大为简化，大大降低了系统的成本。微处理器的应用，使商用电子秤具有多种功能，例如自动跟踪去零、自动去皮、单价显示、费用累计等，通过一定接口电路，还可进行自动打印。

1—重量；2—单价；3—金额；4—计数器；5—清除按钮；6—校平角；7—去皮；8—置零；9—水平仪。

**图 2-7 电子计价秤的外形及功能部件位置示意图及内部结构图**

## 2. 环式结构力传感器

S 形弹性结构也称为环式结构，适用于测量拉力或压力，市面上常见的吊钩秤多采用这种结构，环式称重传感器及起重设备上的吊钩秤如图 2-8 所示，电子吊钩秤具备无线传输、手持打印等功能，量程范围宽（500 kg ~ 20 t）、使用方便，在龙门吊作业、叉车吊装等各种起吊称重场所广泛应用。

图 2-8　环式称重传感器及吊钩秤实物图

## 3. 柱式、筒式力传感器

柱式、筒式力传感器常用于荷重、压力等物理量的测量，这类传感器常用于较大载荷的测量，可用于测量汽车质量的汽车衡，也可用于自动配料系统的液罐秤。图 2-9（a）、（b）分别为柱式、筒式力传感器结构示意图，应变片粘贴在弹性体外壁应力分布均匀的中间部分，对称地粘贴 4 片，电桥连线时考虑尽量减小载荷偏心和弯矩影响。4 个电阻应变片 $R_1$、$R_2$、$R_3$ 和 $R_4$ 组成全桥电路，以减小弯矩影响。

汽车衡称重
原理及应用

（a）柱式　　（b）筒式

图 2-9　柱式、筒式力传感器结构示意图及实物图

公路运输是社会物资集散的主要渠道之一，工厂、矿山、港口、机场、车站、仓库等企业均需用电子汽车衡对运输物料的车辆进行商贸计量，或在车间分厂之间进行内部结算计量。如图 2-10 为双台面低坑电子汽车衡应用示意图，图 2-11 为便携式动态汽车衡应用示意图。随着近年来荷重传感器、称重仪表和秤台设计制作技术的快速进步，制造系统精度优于 2 000 ~ 3 000 分度的电子汽车衡也已非难事。

图 2-10 双台面低坑电子汽车衡应用示意图　　图 2-11 便携式动态汽车衡应用示意图

### 4. 轮辐式传感器

轮辐式传感器的基本原理是将载荷传递到轮辐式的弹性体上，通过测量轮辐上的剪应力来间接地测量载荷，这类传感器有着优良的性价比，无论在测量领域的广度，还是在测量的准确度上都有着很强的竞争力。轮辐式传感器与传统的拉压式传感器相比，具有精度高、滞后小、重复性好、线性好、抗偏心载荷和侧向力能力强等优点。轮辐式传感器具有从几十千克到几百吨的载荷能力，但主要以大量程为主，如图 2-12 为市场上常见的轮辐式称重传感器，目前广泛应用在地磅秤、料斗秤、仓储秤、材料力学试验机、汽车压装、自动化组装、轨道秤等多领域的工业自动化称重系统中。

图 2-12　轮辐式称重传感器

### 5. 应变式数显扭矩扳手

电阻应变片粘贴在扭转轴上可以测量扭矩大小，应变式数显扭矩扳手可以定量地向螺纹紧固件施加紧固扭矩并数字显示紧固扭矩的大小，具有精度高、造型美观、显示准确、性能稳定、寿命长，耗电量小、使用方便等特点。应变式数显扭矩扳手广泛应用于汽车、摩托车、飞机、铁路、桥梁、工程机械、电力、压力容器等对螺纹紧固扭矩有严格要求的行业，可以准确控制紧固螺纹的装配扭矩。预置式扭矩扳手具有预设扭矩数值和声响装置，首先设定规定的扭矩值上限，当施加的扭矩达到设定值时，扳手会发出"卡塔"声响或者扳手连接处折弯一点角度，同时伴有明显的手感振动，提示完成工作，解除作用力后，扳手各相关零件能自动复位。如图 2-13 为常见的应变式数显式扭矩扳手，通常具有公制/英制单位转换、峰值保持、自动断电等功能。

图 2-13　数显式扭矩扳手

### 6. 应变式加速度传感器

应变式加速度传感器不适用于频率较高的振动和冲击场合，一般适用频率为 10 ~ 60 Hz。

图 2-14 为应变式加速度传感器示意图，应变式加速度传感器根据 $a = F/m$ 的力学原理测量物体加速度。将传感器壳体与被测对象刚性连接，当被测物体以加速度运动时，质量块受到一个与加速度方向相反的惯性力作用，使悬臂梁变形，悬臂梁上的应变片感受到变形并随之产生应变，从而使应变片的电阻发生变化。电阻的变化引起应变片组成的桥路输出不平衡电压，根据电阻应变式传感器测力原理即可核算出加速度值的大小。

1—固定端；2—电阻应变片；3—质量块；4—悬臂梁。

**图 2-14 应变式加速度传感器**

### 7. 称重传感器用于液位/料位称重系统

（1）灌装液体自动配料系统。

图 2-15 为称重传感器用于测量液体质量（液位）的自动配料系统，计算机根据称重传感器的测量结果，通过电动调节阀分别控制 A、B 储液罐的液位，并按一定的比例进行混合。图中每只储液罐共使用 4 只称重传感器及 4 个桥路激励源，4 个桥路的输出电压串联起来，总的输出电压与储液罐的质量成正比。要得到液体的实际质量，必须扣除金属罐体的重量。如果罐体内部各高度的截面积是已知的，还可以根据液体的质量和密度换算出储液罐内的液位。

1—电动比例调节阀；2—膨胀节；3—储液罐 A；4—储液罐 B；5—荷重传感器；6—支撑构件；7—支撑平台。

**图 2-15 荷重传感器用于测量液体质量（液位）的自动配料系统**

（2）自动料位测量系统。

自动料位测量系统由装在料槽的测力传感器、支承架、运算处理器以及料位指示报警仪等组成（见图 2-16），它实际上是通过检测料位槽原料重量间接显示其料位的，并可发出料位的上下限报警。

**图 2-16  称重式料位计工作原理图**

### 8. 固态压阻式压力传感器

压力与生产、科研、生活等各方面密切相关，因此压力测量也是本课的重点之一。根据不同的测量条件，压力又可分为绝对压力和相对压力，相对压力又可分为差压和表压，因此测量压力的传感器也可分为绝对压力传感器、差压传感器和表压传感器。

（1）绝对压力传感器：所测得的压力数值是相对于密封在绝对压力传感器内部的基准真空而言的，是以真空为起点的压力。当绝对压力小于 101 kP 时，可以认为是"负压"，所测得压力相当于真空度。

（2）差压传感器：差压是指两个压力 $P_1$ 和 $P_2$ 之差，又称压力差。一般情况下，管道左右两侧均存在很大的压力，膜片的弯曲方向主要由左右两侧的压力之差决定，而与大气压（环境压力）无关。例如 $P_1 = 0.9 \sim 1.1\,\text{MPa}$，$P_2 = 0.9 \sim 1.0\,\text{MPa}$，就必须选择测量范围为 $-0.1 \sim +0.2\,\text{MPa}$ 的差压传感器。差压传感器在使用时不允许在一侧仍保持很高压力的情况下，将另一侧的压力降低到零（环境压力），这样将使原来用于测量微小差压的膜片破裂。

（3）表压传感器：表压测量是差压测量的特殊情况。测量时，它以环境大气压为测量基准，将差压传感器的一侧向大气敞开，就形成表压传感器。表压传感器的输出为零时，而膜片实际上均存在一个大气压的绝对压力。当医生测量血压时，实际上就是测量人体血压与大气压力之差。这类传感器的输出随大气压的波动而波动，但误差不大。在工业生产和日常生活中所提到的压力绝大多数指的是表压。

单晶硅材料受到力的作用后，其电阻率就要发生变化，这种现象称为压阻效应。根据应用目的和制作工艺不同，压阻式压力传感器有体型、薄膜型、扩散型、外延型等多种类型。扩散型压阻式传感器就是利用单晶硅材料的压阻效应和集成电路制造技术制成的新型传感器。它是在电阻率很大的单晶硅膜片上直接扩散一层 P 型或 N 型半导体，形成一层极薄的导电层，硅膜片在压力作用下产生微量变形，从而使硅片阻值变化，利用全桥电路将电阻值的变化转换为电压信号输出，如图 2-17 为扩散硅式压力传感器的结构示意图及等效电路图。

（a）外形图　　　　　　（b）硅杯俯视图

扩散硅式压力
传感器

（c）硅杯侧视图　　　　（d）等效电路图

1—进气口1；2—进气口2；3—硅杯；4—单晶硅膜片；5—扩散型应变片；6—扩散电阻引线；
7—电极及引线；8—玻璃黏结剂；9—玻璃基板；10—引脚。

**图 2-17　扩散硅式压力传感器的结构示意图及等效电路图**

随着集成电路技术的发展，扩散型压阻式传感器获得了迅速发展，它克服了体型压阻式传感器的缺点，能够将电阻条、补偿线路、信号调整线路集成在一块硅片上，甚至还可以将计算机电路与传感器集成一体，制成"智能传感器"。扩散型压阻式传感器稳定性好，机械滞后和蠕变小，电阻温度系数也比一般体型的小一个数量级。

压阻式传感器可以进行压力、压力差、冲击波、液位、加速度、应变、真空度等物理量的测量和控制。例如，在石油勘探和开发上，作为随钻测向、测位系统的敏感元件。在机械工业上可用来测量冷冻机、空调机、空气压缩机、燃气涡轮发动机等气流流速，以监测机器的工作状态。在邮电系统用作地面和地下密封电缆故障点的检测和确定。在航运上测量水的流速以及测量输水管道、天然气管道、灌溉沟渠内的流速等。随着计算机、微处理器的普遍应用，压阻式压力传感器的应用将会更加重要和广泛，如图2-18为市场上常用的扩散硅式压力传感器。

压力芯体

**图 2-18　扩散硅式压力传感器**

压阻式压力传感器体积小、结构简单、灵敏度高，将其倒置于液体底部时，可以测出液体的液位，这种形式的液位计称为投入式液位计（见图 2-19）。压阻式压力传感器安装在不锈钢壳体内，并由不锈钢支架固定放置于液体底部。传感器高压侧进气孔与液体相通，传感器的低压侧进气孔通过一根长长的橡胶背压管与大气相通，传感器的信号线、电源线也通过背压管与外界的仪表接口相连接。被测液位可由公式 $h = h_0 + h_1 = h_0 + p_1/\rho g$ 得到。这种投入式液位传感器安装方便，适应于深度为几米至几十米且混有大量污物、杂质的水或其他液体的液位测量。

1—支架；2—压阻式压力传感器壳体；3—背压管。

**图 2-19　投入式液位计使用示意图及实物图**

## （二）应变效应在材料应变测量中的应用

电阻应变仪是专门用于测量电阻应变片的应变量的仪器。当被测量是被测试件的应变、应力等物理量时，可以将电阻应变片贴在被测试点上，然后将其接到电阻应变仪上就可直接从应变仪上读取被测试件的应变量，经适当换算，还可以得到应力等参数。

### 1. 电阻应变仪简介

从电阻应变仪的用途来看，应变仪可分为静态应变仪和动态应变仪。静态应变仪是用于测量不随时间而变化的（或缓慢变化）静态应变的，它的准确度很高，分辨力可达 $1\ \mu\varepsilon$。动态应变仪用于测量动态应变，其工作频率一般为 $0 \sim 2\ \text{kHz}$，有的可高达 $10\ \text{kHz}$。它采用动态特性、稳定性、线性度均很好的放大器来放大桥路输出的动态电压信号，放大器的输出可以直接驱动示波器，描绘出动态应变的波形。一台电阻应变仪通过仪器内的切换开关，可测几十个测点，随着集成电路、数显技术的不断发展，智能化应变仪应运而生，其功能和性能日趋完善，能做到定时、定点自动切换，测量数据可自动修正、存储、显示和打印记录，通常配备采集控制软件，具备丰富的数据分析处理功能，图 2-20 是一台 5 000 Hz 高频率 8/16 通道动静态电阻应变测试分析系统。

图 2-20   动静态电阻应变测试分析系统

2. 应变测试的应用

材料应变测试对改进构件性能的意义重大，特别在工程实际中，工程师们越来越重视材料的健康监测，通过应变测试，了解构件的变形状况及承受应力情况，对于预防事故、保证设备安全运行有重要意义。应变测试是各行各业进行结构试验和实验应力分析中最常用的方法之一，通过严密安装在被测试件或不同弹性体上的电阻应变片、应变电桥、数据采集系统和处理软件，将材料应变、应力及承受载荷转换为电压、电流输出。利用电阻应变仪可以测量飞机、汽车、农具等应力集中处的应力、应变，以确定材料的最佳厚度。工程技术人员经常进行桥梁的荷载试验、斜拉桥上的斜拉绳应变测试、水泥管桩的质量检验等工作，都需要粘贴应变片借助电阻应变仪测量相关数据。

# 单元二   测温热电阻传感器

测温热电阻
传感器

温度是工业领域及生活中常用的一个物理量，大家在生活中经常接触到数字显示的电子温度计，读数直观、方便。测量温度的传感器很多，有热电偶、红外线辐射温度计、半导体集成温度计等，热电阻传感器就是一种能将温度信号转换为电信号的温度传感器。

按热电阻性质不同，热电阻分为金属热电阻和半导体热电阻两大类，大多数金属热电阻具有正温度系数，即温度越高电阻越大，而半导体热电阻因其材料不同，有正温度系数和负温度系数两类。金属热电阻简称热电阻，而半导体热电阻灵敏度比前者高得多，又被称为热敏电阻。

## 一、热电阻

热电阻主要是利用电阻值随温度升高而增大的特性进行温度测量的。在工业上，热电阻

广泛用来测量 – 200 ~ + 960 ℃ 范围内的温度。热电阻材料一般应满足下列要求：

（1）电阻温度系数要大，以便提高热电阻的灵敏度。

（2）电阻率尽可能大，以便在相同灵敏度下减少电阻体尺寸。

（3）热容量要小，以便提高热电阻的响应速度。

（4）在整个测量温度范围内，应具有稳定的物理和化学性能。

（5）电阻与温度的关系最好接近于线性。

（6）加工容易、价格便宜等。

根据对热电阻的要求及金属材料的特性，目前最广泛使用的热电阻材料是铜和铂，另外随着低温和超低温测量技术的发展，已开始采用铟、锰和碳等作为热电阻的材料。

（一）热电阻的结构

金属热电阻通常和显示仪表、记录仪表和电子调节器配套使用，它广泛用来测量各种生产过程中从 – 200 ~ 960 ℃ 范围内的液体、蒸汽、气体介质及固体表面的温度。热电阻传感器的结构随用途不同而各异，一般有装配型、铠装型、隔爆型、端面型及薄膜型等。装配型热电阻由感温元件（金属电阻丝）、支架、引出线、保护套管、接线盒等基本部分组成，装配型热电阻的结构示意图及实物图如图 2-21 所示，具有测量精度高，性能稳定可靠等优点，实际运用中以铂热电阻应用最为广泛。

铠装型热电阻是由感温元件、引线、绝缘材料、不锈钢套管组合而成的坚实体，它具有结构细长、热响应时间快、抗振动、使用寿命长等优点。隔爆型热电阻通过特殊结构的接线盒，把接线盒内部爆炸性混合气体因受到火花或电弧等影响而发生的爆炸局限在接线盒内，不会引起生产现场爆炸。端面热电阻感温元件由特殊处理的电阻丝缠绕制成，紧贴在温度计端面，它与一般轴向热电阻相比，能更准确、快速地反映被测端面的实际温度，适用于测量表面温度。市场上还有很多其他结构的热电阻，如图 2-22 所示。

图 2-21　普通工业热电阻传感器结构图及实物图

（a）磁铁吸附式　　　（b）管道贴片式　　　（c）探针式

图 2-22　常见金属热电阻传感器实物图

（二）常用热电阻

1. 铂热电阻

铂具有稳定的物理、化学性能，是目前制造热电阻的最好材料，可作为高精度工业测温元件和温度标准元件。它通常用作标准温度计，被广泛应用于作温度的基准、标准的传递，因其长时间稳定，复现性非常好，是目前测温复现性最好的一种温度计。主要缺点是在还原气氛中容易被侵蚀变脆，因此一定要加保护套管。铂电阻温度计的使用范围是 $-200 \sim +960\,^{\circ}\mathrm{C}$。目前我国规定工业用铂热电阻有 $R_0 = 25\,\Omega$ 和 $R_0 = 100\,\Omega$ 两种，它们的分度号分别为 Pt25 和 Pt100，其中以 Pt100 最为常用。Pt100 表示在 $0\,^{\circ}\mathrm{C}$ 时阻值为 $100\,\Omega$ 的铂热电阻。不同分度号的铂热电阻有相应分度表，即 $R_t$ - $t$ 的关系表，参考书后附录一。现行热电阻分度表是按照 1990 年国际温标的要求制定的。这样在实际测量中，只要测得热电阻的阻值 $R_0$，便可从分度表上查出对应的温度值。

2. 铜热电阻

当测量精度要求不高，测量范围不大时，可以用铜电阻代替铂电阻，以便在测量精度要求范围内降低成本。铜热电阻测量范围为 $-50 \sim +150\,^{\circ}\mathrm{C}$，电阻温度系数大，铜电阻在测量范围内其电阻值与温度的关系几乎是线性的，即在一定温度范围内为常数。铜电阻电阻率低、体积较大、热惯性大、在 $100\,^{\circ}\mathrm{C}$ 以上容易氧化，因此在使用时要根据具体情况选用。与铂电阻一样，在工业中也把 $R_0 = 50\,\Omega$ 和 $R_0 = 100\,\Omega$ 对应的 $R_t$ - $t$ 关系制成分度表，相应分度号分别为 Cu50 和 Cu100，Cu50 则表示在 $0\,^{\circ}\mathrm{C}$ 时阻值为 $50\,\Omega$ 的铜热电阻，参考书后附录二。

3. 其他热电阻

铂、铜热电阻用于低温和超低温测量时性能不够理想，而铟、锰、碳等热电阻材料都是测量低温和超低温的理想材料。

（1）铟电阻：铟的熔点约为 $150\,^{\circ}\mathrm{C}$，是一种高精度低温热电阻。铟电阻用 99.99% 高纯度的铟丝绕成电阻，可在 $-269 \sim 258\,^{\circ}\mathrm{C}$ 温度范围内使用。实验证明其灵敏度比铂高 10 倍，故可用于不能使用铂的低温范围。其缺点是材料很软，复现性很差。

（2）锰电阻：锰电阻适宜在 $-271 \sim 210\,^{\circ}\mathrm{C}$ 温度范围内使用，电阻值随温度变化大，灵敏度高。锰电阻的缺点是脆性很大，难以控制成丝。

（三）热电阻的测量转换电路

在用热电阻温度传感器进行测温时，经常使用直流电桥作为测量线路。为满足不同测量精度的要求，热电阻内部导线的形式有两线制、三线制和四线制，如图 2-23 所示。两线制适用于不需要较高精度且测温热电阻与检测仪表距离较近的场合。三线制可以减小热电阻与测量仪表之间连接导线的电阻因环境温度变化所引起的测量误差，适用于工业测量。四线制不仅可以消除热电阻与测量仪表之间连接导线电阻的影响，而且可以消除测量线路中寄生电势引起的测量误差，多用于标准计量和实验室，测量精度高。

（a）两线制　　　　　　　　　（b）三线制　　　　　　　　　（c）四线制

**图 2-23　热电阻的测量转换电路**

（四）热电阻传感器的应用

热电阻温度传感器根据需要可应用在不同的场合,比如铜热电阻可用于热水器水温测量、装配式热电阻可用于管道内气体液体温度测量、探针式铂热电阻可做家用油温计、贴片式热电阻可用于管道表面温度测量、铠装式热电阻可用于解决狭长复杂结构的测温问题等。测温传感器有时是直接进行温度测量,有时可利用温度与其他物理量的关系,实现其他物理量的测量、温度补偿、保护以及控制等功能。

图 2-24 是采用铂热电阻测量气体或液体管道中流量的原理图。热电阻 $R_{T1}$ 的探头放在气体或液体的实测流路中,而另一个热电阻 $R_{T2}$ 的探头则放置在温度与被测介质相同,但不受介质流速影响的连通室内。热电阻式流量计是根据介质内部热传导现象制成的,如果将温度为 $T_n$ 的热电阻放入温度为 $T_c$ 的介质内,设热电阻与介质相接触的面积为 $A$,通过计算热电阻耗散的热量 $Q$,可获得气体或液体介质的平均流速或流量。

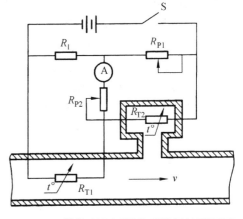

**图 2-24　铂热电阻测量管道流量的原理图**

电阻 $R_{T1}$、$R_{T2}$、$R_{P1}$、$R_{P2}$ 组成一个电桥,电桥在气体或液体介质静止不流动时处于平衡状态,电流表中无电流指示;当介质流动时,由于介质会带走热量,从而使热电阻片 $R_{T1}$ 与 $R_{T2}$ 的散热情况出现差异,$R_{T1}$ 的温度下降,使电桥电路失去平衡,产生一个与介质流量变化相对应的电流流经电流表。如果事先将电流表按平均流量标定过,则从电流表的刻度上便知气体或液体介质流量的大小。

## 二、热敏电阻

热敏电阻是一种新型的半导体测温元件,一般适用于 – 100 ~ + 300 ℃ 之间的温度及其有关参数的测量,也被广泛用在温度控制及电子线路的热补偿电路中。

热敏电阻灵敏度高,是热电阻灵敏度的几百倍,可以完成更精确的温度测量任务;体积小,可以制成各种不同的形状;还具有稳定性好、使用方便、寿命长、工作温度范围宽、过载能力强等优点,但是它的电阻值与温度变化关系的线性特性差。

## （一）热敏电阻的类型及特性

一般情况下，金属导体的电阻值随温度的升高而增大，但半导体的电阻值随温度的升高有的增大，而有的则急剧减小，甚至呈现非线性。但是在温度变化相同时，热敏电阻的阻值变化约为铂热电阻的 10 倍，因此可以用它来测量 0.01 ℃ 或更小的温度差异。

热敏电阻的温度系数可以分为正温度系数（PTC）、负温度系数（NTC）和临界温度系数（CTR），其电阻值与温度之间的特性曲线如图 2-25 所示。

### 1. 正温度系数热敏电阻（PTC）

正温度系数热敏电阻的阻值随温度升高而增大，且有斜率最大的区域，当温度超过某一数值时，其电阻值朝正的方向快速变化。

多数 PTC 热敏电阻的温度-电阻特性呈非线性，如图 2-25 中曲线 4 所示。由本征锗或本征硅材料制成的线性 PTC 热敏电阻的线性度较好，如图 2-25 中曲线 3 所示。

PTC 热敏电阻有如下优点：① 具有恒温、调温和自动控温的特殊功能；② 只发热，不发红，无明火，

图 2-25　热敏电阻特性曲线

不易燃烧；③ 对电源无特殊要求，电源无论是交流还是直流，电压从 3～440 V 均可使用；④ 热交换率高，节约能源，PTC 元件有限流作用，温度上升时，PTC 发热量减少，反之则增加，因而能节约大量能源；⑤ 响应时间快，一般情况下，只要传热和散热媒介选择适当，通电几秒钟即可达到预定的温度；⑥ 使用寿命长等。PTC 热敏电阻用途主要是彩电消磁、各种电器设备的过热保护等，在电子线路中常作自恢复熔断器，被称为"万能保险丝"，大功率的 PTC 型陶瓷热电阻还可以作为发热元件用于电热暖风机。

### 2. 负温度系数热敏电阻（NTC）

负温度系数热敏电阻具有很高的负电阻温度系数，NTC 型热敏电阻研制得较早，也比较成熟，是很常用的半导体测温元件。由于半导体中载流子的数目远比金属中的自由电子少得多，所以它的电阻率很大。随着温度的升高，半导体中参加导电的载流子数目就会增多，电阻率也就降低。NTC 热敏电阻具有灵敏度高、响应速度快、寿命长、价格低等优点。NTC 热敏电阻主要用于测温，常用于家用电器、电子设备的温度测量，其电阻值与温度之间呈负指数关系，特性曲线如图 2-25 中曲线 2 所示。

### 3. 临界温度系数热敏电阻（CTR）

临界温度系数热敏电阻也具有负温度系数，但在某个温度范围内电阻值急剧下降，曲线斜率在此区段特别陡，灵敏度极高。由于具有开关特性和一个温度突变点，主要用作温度开关或各种电子电路中抑制浪涌电流，起保护作用。特性曲线如图 2-25 中曲线 1 所示。各种热敏电阻的阻值在常温下很大，通常都在数千欧以上，所以连接导线的阻值几乎对测温没有影响，不必采用三线制或四线制接法，给使用带来了方便。另外，热敏电阻的阻值随温度改变显著，只要很小的电流流过热敏电阻，就能产生明显的电压变化，而电流对热敏电阻自身有加热作用，所以应注意不要使电流过大，防止带来测量误差。

## （二）热敏电阻的结构

一般情况下，热敏电阻主要由热敏探头 1、引线 2、壳体 3 构成，如图 2-26 所示。最常见的热敏电阻是由金属氧化物半导体材料在不同的条件下烧制而成的，如锰、钴、铁、镍、铜等多种氧化物混合烧结而成。

（a）热敏电阻的结构

（b）电路符号

图 2-26　热敏电阻的结构与符号

根据不同的使用要求，可以把热敏电阻制成片状、柱状、垫圈状等各种不同的形状结构，其直径或厚度约为 1 cm，长度往往不到 3 cm，热敏电阻的结构形式及常见实物图如图 2-27 所示。

（a）圆片形　　（b）薄膜形　（c）柱形　（d）管形　（e）平板形　（f）珠形

（g）扁形　　　　（h）垫圈形　　　　（i）杆形

图 2-27　热敏电阻的结构形式及实物图

## （三）热敏电阻的常用型号

热敏电阻具有尺寸小、响应速度快、灵敏度高等优点，因此在许多领域得到广泛应用。但是根据产品型号不同，其适用范围也各不相同，表 2-2 给出了部分热敏电阻传感器的型号与用途。

表 2-2　部分热敏电阻传感器的型号与用途

| 名称/型号 | 性　能　指　标 | | 应　用 |
|---|---|---|---|
| PXN-64 型热敏电阻传感器 | 量程：0～60 ℃<br>电阻值：5.4 kΩ<br>绝缘电阻：>100 MΩ<br>功率：0.5 mW | 工作温度：-10～90 ℃<br>电阻误差：10%<br>AC 耐电压：500 V | 热响应性、再现性和稳定性良好，利用其温度特性构成工业测温用温度传感器，也可用作家用温度调节器及微型计算机的温度传感器 |
| BYE-64 型热敏电阻传感器 | 量程：50～200 ℃<br>电阻值：34.1 kΩ<br>绝缘电阻：>1 000 MΩ<br>功率：0.5 mW | 工作温度：-30～230 ℃<br>电阻误差：10%<br>AC 耐电压：500 V | 用于测量物体表面温度 |
| BXB-53 型热敏电阻传感器 | 量程：0～150 ℃<br>电阻值：10.67 kΩ<br>绝缘电阻：>100 MΩ | 工作温度：-50～250 ℃<br>AC 耐电压：500 V<br>功率：0.5 W | 用于测量液体温度和物体内部温度 |
| PXA-24 型热敏电阻传感器 | 量程：0～100 ℃<br>电阻值：8.536 kΩ<br>绝缘电阻：>100 MΩ | 工作温度：-30～230 ℃<br>AC 耐电压：500 V<br>功率：0.5 mW | 可用于控制热水温度、浴池温度及暖气设备温度 |
| PXK-67 型热敏电阻传感器 | 量程：0～100 ℃<br>电阻值：8.536 kΩ<br>绝缘电阻：>100 MΩ | 工作温度：-30～230 ℃<br>AC 耐电压：500 V<br>功率：0.5 mW | 用于高精度测量液体温度 |

### （四）热敏电阻的应用

　　热敏电阻常被用来对温度进行测量，可用来作为补偿元器件，也可作为控制开关来应用，还可用于对电路进行保护等。利用热敏电阻的电阻温度特性来补偿电路中某些具有相反电阻温度系数的元件，从而改善该电路对环境温度变化的适应能力。比如利用 NTC 热敏电阻来补偿晶体管 VT 温度特性，当温度升高使晶体管集电极电流 $I_c$ 增加，同时由于温度升高也使 NTC 热敏电阻器 $R$ 的阻值相应地减小，则晶体管基极电位 $U_b$ 下降，从而使基极电流 $I_b$ 减小，达到稳定静态工作点的目的。在汽车空调温度控制中，热敏电阻常与继电器或与相应的信号保护装置的电磁线圈相连用。把热敏电阻置于要控制的地方，当温度改变时，引起热敏电阻阻值剧变，电流雪崩式地增加，该电流经过放大或直接流经继电器使之动作，从而达到控制温度的目的。热敏电阻一般功率较小，但现在已开发出特殊用途的大功率热敏电阻，它的电流容量与体积比普通热敏电阻大得多。大功率热敏电阻主要用于限制电流，因此多用于各种电子装置的过流保护。

# 单元三　气敏电阻传感器概述

气敏电阻
传感器

　　工业、科研、生活、医疗、农业等许多领域都需要测量环境中某些气体的成分、浓度。例如，煤矿中瓦斯气体浓度超过极限值时，有可能发生爆炸；家庭发生煤气泄漏时，可能发生悲剧性事件；锅炉和汽车发动机汽缸燃烧过程中 $O_2$ 含量不达标时，效率将下降，并造成环境污染。气体传感器是一种可以将气体的浓度和类型转换为易于记录和显示的声、电、光或者数字信息的装置，通常安装在被监测环境中用于现场数据采集。气体传感器在工业生产、科技农业、化工行业、医疗行业、智能家居及环境监测等领域应用广泛。气体传感器分为半导体气体传感器、催化燃烧气体传感器、电化学气体传感器、光学气体传感器，及光电离子探测气体传感器等等。本课主要介绍属于电阻传感器范畴的半导体气体传感器，其核心是不同类型的气敏电阻。气敏电阻可以把某种气体的成分、浓度等参数转换成电阻变化量，再转换为电流或电压信号。气敏电阻品种繁多，这里主要介绍还原性气体气敏电阻及用于氧浓度测量的气敏电阻。

## 一、还原性气敏电阻

　　使用气敏电阻传感器（简称气敏电阻）可以把某种气体的成分、浓度等参数转换成电阻变化量，再转换为电流或电压信号。所谓还原性气体就是在化学反应中能给出电子，化学价升高的气体。还原性气体多数属于可燃性气体，例如石油蒸气、酒精蒸气、甲烷、乙烷、煤气、天然气、氢气等。

　　测量还原性气体的气敏电阻一般是用 $SnO_2$、$ZnO$ 或 $Fe_2O_3$ 等金属氧化物粉料添加少量铂催化剂、激活剂及其他添加剂，按一定比例烧结而成的半导体器件。金属氧化物的成分及比例不同，对气体的敏感程度也不同。一般来讲，$SnO_2$ 可以检测 $CH_4$，$C_3H_8$，$H_2$，$CO$，酒精蒸汽及 $H_2S$ 等；$ZnO$ 中加入 $Pt$ 对异丁烷、丙烷及乙烷敏感，而加入 $Pd$ 对 $H_2$、$CO$、$CH_4$ 及烟雾敏感；$Fe_2O_3$ 对烷类气体敏感。气敏半导体器件一般由塑料底座、电极引线、不锈钢网罩、气敏烧结体以及包裹在烧结体中的两组铂丝组成。一组铂丝为工作电极，另一组为加热电极及工作电极，如图 2-28 所示。

（a）气敏电阻外形　　　　（b）基本测量转换电路　　　　（c）气敏电阻实物图

1—引脚；2—塑料底座；3—烧结体；4—不锈钢网罩；5—加热电极；
6—工作电极；7—加热回路电源；8—测量回路电源。

**图 2-28　气敏电阻结构、电路与实物图**

气敏电阻的工作原理比较复杂，一般来讲还原性气体浓度增高，气敏电阻电阻率下降，导致电阻值下降。气敏电阻工作时必须加热到 200～300 ℃，其目的是烧去气敏电阻表面的污物，加速化学吸附提高灵敏度。气敏半导体灵敏度特性曲线如图 2-29 所示，气敏电阻在被测气体浓度较低时有较大的电阻变化，而当被测气体浓度较大时，其电阻率的变化逐渐趋缓，有较大的非线性。这种特性较适用于气体的微量检漏、浓度检测或超限报警，被广泛用于煤炭、石油、化工、家居等各种领域。

**图 2-29　气敏电阻的灵敏度特性曲线**

## 二、氧浓度气敏电阻

半导体材料二氧化钛（$TiO_2$）属于 N 型半导体，对氧气十分敏感。其电阻值的大小取决于周围环境的氧气浓度。当周围氧浓度较大时，氧原子进入二氧化钛晶格，改变了半导体的电阻率，使其电阻值增大。上述过程可逆，当氧气浓度下降时，氧原子析出，电阻值减小。

$TiO_2$ 气敏电阻必须在上百度的高温下才能工作，因此气敏电阻外面套一个加热电阻丝进行预热以激活 $TiO_2$ 气敏电阻。如图 2-30（a）、（b）为氧浓度传感器结构及测量转换电路。

与 $TiO_2$ 气敏电阻串联的热敏电阻 $R_t$ 起温度补偿作用。当环境温度升高时，$TiO_2$ 气敏电阻的阻值会逐渐减小，只要 $R_t$ 也以同样的比例减小，根据分压比定律，$U_o$ 不受温度影响，减小了测量误差。

目前还有一种二氧化锆氧浓度传感器，也可用于氧浓度测量。氧浓度传感器常用于汽车或燃烧炉排放气体中氧含量的测量，汽车上通常会安装有氧传感器，把检测到的排气中氧含量信息反馈给汽车电控单元，以调整点火时间和喷油时间，做到尽可能充分燃烧，减少大气污染。如图 2-30（c）为用于汽车尾气分析的氧浓度传感器。

（a）结构　　　　　　　　　　（b）测量转换电路　　（c）氧浓度传感器实物图

1—外壳（接地）；2—安装螺栓；3—搭铁线；4—保护管；5—补偿电阻；
6—陶瓷片；7—$TiO_2$ 气敏电阻；8—进气口；9—引脚。

**图 2-30　$TiO_2$ 氧浓度传感器及测量转换电路**

### 三、气敏电阻传感器的主要性能要求

选配气敏电阻传感器时考虑的主要性能要求如下：

（1）对被测气体具有较高的灵敏度。

（2）对被测气体以外的共存气体或物质不敏感。

（3）性能稳定，重复性好。

（4）动态特性好，对检测信号响应迅速。

（5）使用寿命长。

（6）制造成本低，使用与维护方便等。

### 四、气敏电阻传感器的应用

气敏电阻传感器具有灵敏度高、响应时间和恢复时间快、使用寿命长以及成本低等优点，得到了广泛的应用。不同选择性的气敏电阻传感器可用于家用天然气泄漏报警器、矿井瓦斯超限报警器、有害气体报警、酒精测试仪、氧气浓度监测等等。

# 单元四　湿敏电阻传感器概述

在我们生活中，湿度测量非常广泛，在楼宇空调、温湿度计、家用电器、过程控制和仪表、医疗器械、气象站、大气环境监测、农业等场合能看到湿度传感器的身影。可以测量湿

度的传感器主要有湿敏电阻传感器（简称湿敏电阻）和湿敏电容传感器（简称湿敏电容）两大类，湿敏电阻是在基片上覆盖一层用感湿材料制成的膜，当空气中的水蒸气吸附在感湿膜上时，其电阻率和电阻值都发生变化，再转换为可记录和显示的电信号实现湿度测量。

湿度是指大气中的水蒸气含量，通常采用绝对湿度和相对湿度两种表示方法。绝对湿度是指在一定温度和压力条件下，每单位体积的混合气体中所含水蒸气的质量，单位为 $g/m^3$，一般用符号 AH 表示。相对湿度是指气体的绝对湿度与同一温度下达到饱和状态的绝对湿度之比，一般用符号 %RH 表示。例如，在空气绝对湿度相同的情况下，在炎热的夏天，人们并不感到潮湿，而在较冷的秋天却会感到潮湿，因温度低时水汽达到过饱和，水分不但不能蒸发，而且还要凝结成水。相对湿度给出大气的潮湿程度，它是一个无量纲的量，在实际使用中多使用相对湿度这一概念。

湿度的检测与控制在现代科研、生产、生活中越来越重要，湿度传感器的应用也越来越广泛。比如我们的居室及车辆环境湿度要适中；比如储物仓库湿度不能太大；如农业生产中的温室育苗、水果保鲜都需要对湿度进行检测和控制。比如把湿度传感器插在土壤中检测土壤的湿度来实现对植物喷灌设施的自动控制。比如在砖瓦烧制过程中，需要对砖坯含水量进行检测与控制，砖坯水分检测器可以快速检测出砖坯水分，能在砖坯含水量过多或过少时，发出声光报警，可用于砖坯的现场检测与分选。比如结露感湿器件还可以用在汽车挡风玻璃自动去湿装置上。

湿敏传感器是能够感受外界湿度变化，并通过器件材料的物理或化学性质变化，将湿度转化成有用信号的器件。湿度检测较之其他物理量的检测显得困难，这首先是因为空气中水蒸气含量很少；另外，液态水会使一些高分子材料和电解质材料溶解，一部分水分子电离后与溶入水中的空气中的杂质结合成酸或碱，使湿敏材料不同程度地受到腐蚀和老化，从而丧失其原有的性质；再者，湿度信息的传递必须靠水与湿敏器件直接接触来完成，因此湿敏器件只能直接暴露于待测环境中，不能密封。

通常，对湿敏器件有下列要求：在各种气体环境下稳定性好，响应时间短，寿命长，有互换性，耐污染和受温度影响小等。微型化、集成化及廉价是湿敏器件的发展方向。湿度的检测已广泛用于工业、农业、国防、科技、生活等各个领域，湿度不仅与工业产品品质有关，而且是环境条件的重要指标。下面介绍一些现已发展得比较成熟的几类湿敏传感器。

## 一、湿敏电阻的类型

### （一）金属氧化物陶瓷湿敏传感器

通常，两种以上的金属氧化物半导体材料混合高温烧结而成多孔性陶瓷半导体薄片（简称半导瓷）。这些材料有 $ZnO-LiO_2-V_2O_5$ 系、$Si-Na_2O-V_2O_5$ 系、$TiO_2-MgO-Cr_2O_3$ 系、$Fe_2O_3$ 等，前 3 种材料的电阻率随湿度增加而下降，故称为负特性湿敏半导体陶瓷，最后一种的电阻率随湿度增加而增大，故称为正特性湿敏半导体陶瓷。由于多孔陶瓷置于空气中，易被灰尘、油烟污染，从而堵塞气孔使感湿面积下降。如果将湿敏陶瓷加热到 400 ℃ 以上，就可以将污物挥发或烧掉，使陶瓷恢复到初始状态，因此必须定期给加热丝通电。陶瓷湿敏传感器吸湿快（3 min 左右），而脱湿慢许多，从而产生滞后现象，称为"湿滞"，因此每次使用前应先加热 1 min 左右，待其冷却至室温后，方可进行测量。

（二）氯化锂湿敏传感器

氯化锂湿敏传感器是利用吸湿性盐类潮解导致离子电导率发生变化而制成的测湿器件。由引线、基片、感湿层与电极组成。氯化锂通常与聚乙烯醇组成混合体，在氯化锂（LiCl）溶液中，Li 和 Cl 以正、负离子的形式存在，而 Li 对水分子的吸引力强，离子水合程度高，其溶液中的离子导电能力与浓度成正比。当溶液置于一定温湿场中，若环境相对湿度高，溶液将吸收水分，使浓度降低，导致其溶液电阻率增高。反之，环境相对湿度变低时，则溶液浓度升高，电阻率下降，从而实现对湿度的测量。

氯化锂湿敏传感器的优点是滞后小，不受测试环境风速影响，检测精度 ±5%，但其耐热性差，不能用于露点以下测量，性能重复性不理想，使用寿命短。

（三）金属氧化物膜型湿敏传感器

$Cr_2O_3$、$Fe_2O_3$、$Fe_3O_4$、$Al_2O_3$、$Mg_2O_3$、ZnO 及 TiO 等金属氧化物的细粉吸湿后导电性增加，电阻下降。它吸附或释放水分子的速度比多孔陶瓷要快许多倍，在陶瓷基片上先做钯金梳状电极，然后采用丝网印刷等工艺，将调制好的金属氧化物糊状物印刷在陶瓷基片上，采用烧结或烘干的方法使之固化成膜，其结构如图 2-31 所示。这种膜能在空气中吸附或释放水分子，而改变其自身的电阻值。陶瓷湿敏电阻应采用交流供电，若长期采用直流供电，会使湿敏材料极化，吸附的水分子电离，导致灵敏度降低性能变坏。

图 2-31　金属氧化物膜型
湿敏传感器

（四）高分子湿敏电阻传感器

高分子湿敏电阻传感器是目前发展迅速、应用广泛的新型湿敏电阻传感器。它的外观与金属氧化物膜型湿敏传感器类似，吸湿材料用可吸湿电离的高分子材料制作。例如有亲水性基的有机硅氧烷、四乙基硅烷的共聚膜等，具有响应快、线性好、成本低等特点。

## 二、露点和露点仪

在这里给大家引入一个和环境湿度有关的内容，就是露点和露点仪的使用。露点温度是指空气在水汽含量和气压都不改变的条件下，冷却到饱和时的温度。形象地说，就是空气中的水蒸气变为露珠时候的温度叫露点温度。露点温度本是个温度值，可为什么用它来表示湿度呢？当空气中水汽已达到饱和时，气温与露点温度相同；当水汽未达到饱和时，气温一定高于露点温度。所以露点与气温的差值可以表示空气中的水汽距离饱和的程度。在 100% 的相对湿度时，周围环境的温度就是露点温度。露点温度越小于周围环境的温度，结露的可能性就越小，也就意味着空气越干燥，露点不受温度影响，但受压力影响。

在工业生产及设备维保工作中，很多重要设备房需要严格控制温度计湿度，比如在锂电池生产过程中，测量与控制湿度（露点）是非常重要的工作。锂电池生产为何要监测露点？如果锂电池在注液过程中湿度太大，会对锂电池造成一些不良后果：比如电池注液的时候，需要在小于 1% 湿度的环境下，并且注液后赶快封口，阻止电池内部和空气接触。如果水分过高，电解液和水分反应，生成微量有害气体，对注液房环境有不良影响；这也会影响电解液本身的质量，使得电池性能不良。湿度过大也会引起电池内部压力过大，因水分会和电解液中的一种成分反应，生成有害气体。当水分足够多时，电池内部的压力就变大，从而引起电池受力变形。因此，在需要严格控制湿度的环境中安装露点仪非常重要。

 **展望角**

传统领域基于电阻应变片的应变测试无法满足与人体或柔性设备表面共形贴合的基本要求，近年来科学家们投入大量的精力研究新型的柔性大应变传感器。柔性大应变传感器多是基于接触电阻机制，即通过各种传感材料及相应微结构设计实现导电微结构的接触关系变化，以此形成传感器的可拉伸性和电阻变化。柔性大应变传感器常用碳基材料（包括碳纳米管、石墨烯、碳化丝绸、炭黑等）或金属纳米线及纳米颗粒制备，这些应变传感器具有较大的传感范围和灵敏系数，其电学响应的重复性和线性度有待提高。近来，中科院力学所研究员团队设计并制备了一种无接触电阻式柔性大应变传感器，它包含了一个偏轴蛇行叠层结构和两层弹性封装层，通过偏轴蛇形叠层结构中的拉伸-弯曲-拉伸变换机制实现0～50%的应变范围，利用特殊设计的偏轴蛇行叠层结构和惠斯通电桥电路实现了温度自补偿功能。该柔性大应变传感器可被应用于监测颈部、手指和眼部等的人体实时运动，测量外科手术中组织变形，监控柔性航天航空设备的应变状态等等。该传感器应用于中国首次火星探测器降落伞地面风洞试验，通过该传感器对缩比降落伞的伞绳应变进行了实时监测，未来还可进一步用于其他柔性回收着陆设备。

**课后思考与练习**

2-1　单项选择题

（1）民用电子秤中所使用的应变片应选择_____应变片；为提高集成度，测量气体压力应选择_____；

　　　A. 金属丝式　　　　B. 金属箔式　　　C. 电阻应变仪　　　　D. 固态压阻式传感器

（2）应变测量中，希望灵敏度高、线性好、有温度自补偿功能，应选择_____测量转换电路。

　　　A. 单臂半桥　　　　B. 双臂半桥　　　C. 四臂全桥

（3）超市电子秤的核心是应变式力传感器，其弹性体常采用_____结构。

　　　A. 悬臂梁式　　　　B. 圆柱式　　　　C. 轮辐式　　　　　D. 环式

（4）Pt100 表示在 0 ℃ 时阻值为 100 欧姆的_____。

　　　A. 铂热电阻　　　　　　　　　　B. 热敏电阻

　　　C. 铜热电阻　　　　　　　　　　D. 湿敏电阻

（5）NTC 表示具有温度上升时阻值_____温度特性的热敏电阻。

　　　A. 增大　　　　　B. 减小　　　　C. 不变

（6）大功率的_____型陶瓷热敏电阻可作为发热元件用于电热暖风机。

    A. NTC        B. PTC        C. CTR

（7）还原性气敏电阻可测量_____的浓度，$TiO_2$ 气敏电阻可测量_____的浓度。

    A. $CO_2$                     B. $N_2$

    C. 气体打火机车间的有害气体    D. 锅炉烟道中剩余的氧气

（8）湿敏电阻用交流电作为激励电源是为了_____。

    A. 提高灵敏度                 B. 防止产生极化、电解作用

    C. 减小交流电桥平衡难度

2-2　应变式传感器的工作原理是什么？

2-3　电阻应变传感器的桥式测量电路的电桥平衡条件是什么？简述应变电桥的几种工作方式及其输出特性。

2-4　什么是应变效应？请说明金属应变片和半导体应变片有什么异同？

2-5　在等截面的悬臂梁上粘贴 4 个完全相同的电阻应变片组成全桥电路，请问 4 个应变片应怎样粘贴在悬臂梁上？请画出相应的电桥电路。

2-6　请根据温度系数对热敏电阻进行分类，并叙述其各自不同的特点。

2-7　气敏电阻传感器有哪几种类型？常用在哪些场合，如何合理选用？

2-8　应变式力传感器常用弹性体的类型有哪几种，它们分别应用在哪些场合，请举例。

2-9　根据电阻应变式传感器相关知识分析超市打印秤的工作原理，并画示意图表示。

2-10　有一起重设备的吊钩秤，其拉力传感器的弹性元件及应变片粘贴如图 2-32 所示，4 个应变片组成全桥，桥路电源为直流 6 V，请说明应变片的受力情况并画出测量转换电路。

图 2-32　传感器的弹性元件及应变片粘贴

# 模块三　电容传感器

## 学习目标

1. 掌握电容传感器的工作原理、类型及测量特点；
2. 了解电容传感器的测量转换电路；
3. 掌握电容传感器的在各领域的应用实例；
4. 掌握电容接近开关的特点及选型方法。

## 思政素养

感受传感器给生产、生活创造的奇妙效果，激发学生热爱生活、关注新技术的兴趣，培养学生运用知识进行创新设计的能力。

## 任务引领

收音机是依靠什么元件来调谐电台的？打开收音机的后盖，我们可以看到与调谐旋钮联动的是一个可变电容器，当我们旋转调谐旋钮时，可变电容器的动片就随之转动，与定片之间的覆盖面积就发生了改变，电容值发生变化，从而改变电路的谐振频率，选听不同频率的电台。电容器在电子仪表中作为元器件来使用，在非电量测量时可作为传感器使用。

电容传感器是将被测量如尺寸、位移、压力等非电量的变化转化成电容量的变化的一种传感器。目前电容传感器已在位移、振动、角度、加速度等机械量的精密测量以及压力、差压、液位、料位、成分含量等方面的测量等方面得到了广泛应用。电容式传感器的精度和稳定性也日益提高。作为一种频响宽、可非接触测量的传感器，电容传感器应用广泛，有着很好的发展前景。那么，电容传感器是靠什么原理工作的呢？它有哪些优点和具体的应用？如果在汽车上需要安装碰撞传感器，如何来合理选型呢？如果需要进行液位、料位实时监测，你是否能够选择合适的液位计并进行合理安装呢？就让我们带着问题一起来学习电容传感器。

## 知识背景

电容式传感器是以各种类型的电容器作为传感元件，将被测物理量或机械量转换成为电容变化量变化的一种转换装置，实际上就是一个具有可变参数的电容器。电容式传感器具有相对变化量大、环境适应性强、激励源功率小、动态响应快等一系列突出优点，随着电子技术的迅速发展及大规模集成电路的应用，在检测领域得到越来越广泛的应用。本模块我们将对电容传感器的工作原理、类型、测量转换电路以及典型应用进行全面阐述。通过本模块的学习，你将学习到不同类型的电容传感器在位移、压力、振动、速度、成分分析、介质特性等方面的测量方法，也将会了解电容式接近开关在各个领域的巧妙应用……

# 单元一　电容传感器的类型及工作原理

　　电容传感器的基本原理是基于电容极板间的电容量与其结构参数之间的关系。

　　由绝缘介质分开两个平行金属板组成的平板电容器如图3-1所示。由物理学可知，如果不考虑边缘效应，其电容量为：

$$C = \frac{\varepsilon S}{\delta} = \frac{\varepsilon_r \varepsilon_0 S}{\delta} \qquad (3\text{-}1)$$

式中，$S$ 为极板相对覆盖面积；$\delta$ 为两平行极板间距离；$\varepsilon_r$ 为极板间介质相对介电常数；$\varepsilon_0$ 为真空介电常数；$\varepsilon$ 为电容极板间介质的介电常数，且满足 $\varepsilon = \varepsilon_0 \cdot \varepsilon_r$。

**图 3-1　平板电容器结构示意图**

　　由式（3-1）可知，当被测参数变化使得式中的 $S$、$\delta$ 或 $\varepsilon$ 中任意一个发生变化时，电容量 $C$ 也随之变化。如果保持其中两个参数不变，仅改变其中一个参数，就可把该参数的变化转换为电容量的变化 $\Delta C$，这就是电容传感器的基本工作原理。

## 一、电容传感器的类型

　　根据上述原理可知，电容传感器有 3 种基本类型，即变极距型（变间隙型）、变面积型和变介质型，电容的电极形状又有平板形、圆柱形和球平面形等。

　　在实际使用中，电容传感器常以改变平行极板间距来进行测量，因为这样获得的测量灵敏度高于改变其他参数的电容传感器的灵敏度。改变平行极板间距 $\delta$ 的传感器可以测量微米数量级的位移，改变面积 $S$ 的传感器则适用于测量厘米级的位移，改变介电常数式的传感器适用于液面和厚度的测量等。

### （一）变极距型电容传感器

　　如图 3-2 所示为该类传感器的结构原理图。1 为固定极板，2 为可动极板，其位移是被测量变化引起的，初始位移为 $\delta$。当可动极板向上移动时，设初始电容为 $C_0$，则电容量增大 $\Delta C$ 后，电容为：

1—固定极板；2—可动极板。

**图 3-2　变极距型电容传感器结构原理图**

$$C = C_0 + \Delta C = \frac{\varepsilon S}{\delta - \Delta\delta} = \frac{\varepsilon S}{\delta}\frac{1}{1 - \Delta\delta/\delta} = C_0\frac{(1 + \Delta\delta/\delta)}{1 - (\Delta\delta/\delta)^2} \qquad (3\text{-}2)$$

　　（3-2）式说明，传感器的输出特性 $C = f(\delta)$ 不是线性关系，而是如图 3-3 的曲线关系。

但当极距的变化远小于极板的初始距离，即 $1 - \left(\dfrac{\Delta\delta}{\delta}\right)^2 \approx 1$，$\Delta\delta/\delta \ll 1$ 时，上式可以简化为：

$$C \approx C_0(1 + \Delta\delta/\delta) \qquad (3\text{-}3)$$

此时可认为 $C$ 与 $\Delta\delta$ 呈现近似线性关系，所以变极距型电容式传感器只有在 $\Delta\delta/\delta$ 很小时，才有近似的线性输出。

另外，在 $\delta$ 较小时，对于同样的 $\Delta\delta$ 变化所引起的 $\Delta C$ 可以增大，从而使传感器灵敏度提高。但 $\delta$ 过小，容易引起电容器击穿或短路。为此，极板间可采用高介电常数的材料（云母、塑料膜等）作介质，如图 3-4 所示。

图 3-3　电容量与极板间距离的关系

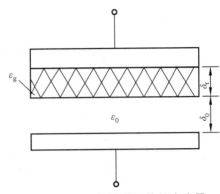

图 3-4　放置云母片的电容器

云母片的相对介电常数是空气的 7 倍，其击穿电压不小于 $1\,000\ \mathrm{kV/mm}$，而空气仅为 $3\ \mathrm{kV/mm}$。因此有了云母片，极板间起始距离可大大减小。

一般变极距型电容传感器的起始电容为 $20\sim100\ \mathrm{pF}$，极板间距离为 $100\sim1\,000\ \mathrm{\mu m}$，最大位移应小于两极板间距的 $1/10\sim1/4$，电容的变化量高达 $2\sim3$ 倍，故这类传感器在微位移测量中应用最广，变极距型电容传感器常用于测量压力、振动及相关物理量。近年来，随着计算机技术的发展，电容传感器大多配置了单片机，所以其非线性误差可以用微机来计算修正。

为了减少变极距型电容传感器的边缘效应，一般应在电容器的边缘设置保护环，又称屏蔽电极。保护环与动极板同电位，但不随极板位移。它的作用是将动极板与定极板间的边缘效应移到保护环与定极板的边缘，以得到均匀的电场分布，减少测量误差。

为了提高传感器的灵敏度，减小非线性，常常把传感器做成差动式。图 3-5（a）为差动变极距型电容传感器的示意图。中间为动极板（接地），上下两块为定极板。当动极板向上移动 $\Delta x$ 后，$C_1$ 的极距变为 $d_0-\Delta x$，而 $C_2$ 的极距变为 $d_0+\Delta x$，电容 $C_1$ 和 $C_2$ 形成差动变化，灵敏度提高近一倍，线性也得到改善。

（a）差动变极距型　　　　　　　　（b）差动变面积型

1—动极板；2—定极板。

图 3-5　差动式电容传感器结构示意图

图 3-5（b）示出了电子数显卡尺中常用到的差动变面积型电容传感器原理。当接地的动极板向左平移时（动极板与两个定极板的间距 $d_0$ 保持不变），$C_1$ 增大，$C_2$ 减小，$\Delta C = C_1 - C_2$，电容的变化量与位移呈线性关系。这种形式的电容传感器行程较大（实际上有许多对定片和动片以及屏蔽电极，通称为容栅），外界的影响诸如温度、激励源电压、频率变化等也基本能相互抵消，因此在工业中应用较广。

## （二）变面积型电容传感器

图 3-6 是一线位移电容传感器的结构原理图。被测量通过动极板移动引起两极板有效覆盖面积 $S$ 改变，从而得到电容量的变化。

设两极板原来的覆盖长度为 $b$，极板宽度为 $a$，极距为 $\delta$，当动极板相对于定极板沿长度方向平移 $\Delta x$ 时，两极板的遮盖面积 $S$ 会减小，电容量也随之减小，电容量为：

$$C_x = \frac{\varepsilon_0 \varepsilon_r (a - \Delta x) \cdot b}{\delta} = C_0 \left( 1 - \frac{\Delta x}{a} \right) \qquad （3-4）$$

式中 $C_0 = \varepsilon_0 \varepsilon_r ba / \delta$ 为初始电容。

电容相对变化量为：

$$\frac{\Delta C}{C_0} = \frac{\Delta x}{a}$$

此传感器的灵敏度为

$$K = \frac{\mathrm{d}C}{\mathrm{d}x} = -\frac{\varepsilon_0 \varepsilon_r b}{\delta} \qquad （3-5）$$

图 3-6　线位移电容传感器结构原理图

这种形式的传感器其灵敏度为常数，即其输入与输出呈线性关系。

图 3-7 是电容式角位移传感器原理图，当动极板有一个角位移 $\theta$ 时，与定极板间的有效覆盖面积就发生改变，从而改变了两极板间的电容量。

当 $\theta = 0$ 时，则

$$C_0 = \frac{\varepsilon_0 \varepsilon_r S_0}{\delta_0} \qquad （3-6）$$

图 3-7　电容式角位移传感器原理图

式中，$\varepsilon_r$ 为介质相对介电常数；$\delta_0$ 为两极板间距离；$S_0$ 为两极板间初始覆盖面积。

当 $\theta \neq 0$ 时，则

$$C = \frac{\varepsilon_0 \varepsilon_r S_0 \left( 1 - \dfrac{\theta}{\pi} \right)}{\delta_0} = C_0 - C_0 \frac{\theta}{\pi}$$

此传感器的灵敏度为

$$K = \frac{\mathrm{d}C}{\mathrm{d}\theta} = -\frac{\varepsilon_0 \varepsilon_r S_0}{\pi \delta_0} \qquad （3-7）$$

在实际使用中,可增加动极板和定极板的对数,比如做成齿形结构或差动结构,使多片同轴动极板在等间隔排列的定极板中转动,以提高灵敏度。由于动极板与轴连接,所以一般动极板接地,但必须制作一个接地的金属屏蔽盒,将定极板屏蔽起来。

由式(3-5)、式(3-7)可知,变面积型电容传感器的输出特性是线性的,灵敏度是常数。这一类传感器多用于检测直线位移、角位移、尺寸等参量,位移测量范围较大,常用的电子数显卡尺就是采用变面积型电容传感器的原理,数显电子卡尺的结构实际上有许多对的定片、动片及屏蔽电极,称为容栅。

### (三)变介质型电容传感器

因为各种介质的相对介电常数不同,所以在电容器两极板间插入不同介质时,电容器的电容量也就不同,利用这种原理制作的电容传感器称为变介质型电容传感器,它们常用来检测片状材料的性质、厚度,颗粒状物体的含水量、物位以及测量液体的液位等。表3-1列出了几种常用气体、液体、固体介质的相对介电常数。

表 3-1 几种电介质材料的相对介电常数

| 材料 | 相对介电常数 $\varepsilon_r$ | 材料 | 相对介电常数 $\varepsilon_r$ |
|---|---|---|---|
| 真空 | 1 | 硬橡胶 | 4.3 |
| 其他空气 | 1～1.2 | 石英 | 4.5 |
| 纸 | 2.0 | 玻璃 | 5.3～7.5 |
| 聚四氟乙烯 | 2.1 | 陶瓷 | 5.5～7.0 |
| 石油 | 2.2 | 盐 | 6 |
| 聚乙烯 | 2.3 | 云母 | 6～8.5 |
| 硅油 | 2.7 | 三氧化二铝 | 8.5 |
| 米及谷类 | 3～5 | 乙醇 | 20～25 |
| 环氧树脂 | 3.3 | 乙二醇 | 35～40 |
| 石英玻璃 | 3.5 | 甲醇 | 37 |
| 二氧化硅 | 3.8 | 丙三醇 | 47 |
| 纤维素 | 3.9 | 水 | 80 |
| 聚氯乙烯 | 4.0 | 钛酸钡 | 1 000～10 000 |

图 3-8 为一种常用的变介质型电容传感器结构形式。利用此传感器可以测量被测介质的插入深度。图中两平行电极固定不动,极距为 $\delta$,相对介电常数为 $\varepsilon_{r2}$ 的电介质以不同深度插入电容器中,从而改变两种介质的极板覆盖面积。

1. 无介质插入情形

为一简单平行板电容器,初始电容为:

$$C_0 = \frac{\varepsilon_0 \varepsilon_{r1} L_0 b_0}{\delta_0} \qquad (3\text{-}8)$$

式中, $b_0$ 表示极板的宽度。

图 3-8 变介质型电容传感器结构原理图

## 2. 有介质插入情形

此时相当于两段电容并联，因而有传感器总电容量 $C$ 为：

$$C = C_1 + C_2 = \varepsilon_0 b_0 \frac{\varepsilon_{r1}(L_0 - L) + \varepsilon_{r2}L}{\delta_0} \qquad (3\text{-}9)$$

电容的相对变化量为：

$$\frac{\Delta C}{C_0} = \frac{C - C_0}{C_0} = \left(\frac{\varepsilon_{r2}}{\varepsilon_{r1}} - 1\right)\frac{L}{L_0} \qquad (3\text{-}10)$$

可见，电容量的变化与电介质 $\varepsilon_{r2}$ 的移动量 $L$ 成线性关系。

图 3-9 为检测液面高度的电容式液位变送器结构原理图，被测介质的相对介电常数为 $\varepsilon_1$，液面高度为 $h$，电容器的总高度为 $H$，内筒外径为 $d$，外筒内径为 $D$，此时相当于两个同心圆柱状极板间构成电容并联组成电容式传感器，其容量

图 3-9　电容式液位
变送器结构原理图

$$
\begin{aligned}
C = C_1 + C_2 &= \frac{2\pi\varepsilon_1 h}{\ln\dfrac{D}{d}} + \frac{2\pi\varepsilon(H - h)}{\ln\dfrac{D}{d}} \\
&= \frac{2\pi\varepsilon H}{\ln\dfrac{D}{d}} + \frac{2\pi h(\varepsilon_1 - \varepsilon)}{\ln\dfrac{D}{d}} = C_0 + \frac{2\pi h(\varepsilon_1 - \varepsilon)}{\ln\dfrac{D}{d}} \qquad (3\text{-}11)
\end{aligned}
$$

由式 3-11 可知，此电容器的电容增量与被测液位高度 $h$ 呈线性关系。其灵敏度为

$$K = \frac{\mathrm{d}C}{\mathrm{d}h} = \frac{2\pi(\varepsilon_1 - \varepsilon)}{\ln\dfrac{D}{d}} \qquad (3\text{-}12)$$

由式（3-12）可知，$D/d$ 越小，灵敏度越高。但是，在 $D/d$ 较小的情况下，由于液体黏附作用的影响，两圆管间的液面将高于实际液位，从而带来测量误差。在被测液体为黏性液体时，由黏附作用引起的测量误差将更大。

## 二、电容传感器的测量转换电路

电容传感器中电容值以及电容变化值都十分微小，这样微小的电容量还不能直接为目前的显示仪表所显示，也很难为记录仪所接收。为了便于传输、记录和显示输出，必须采用某种合适的测量电路，以检出这一微小电容增量，并将其转换成与其成单值函数关系的电压、电流或者频率。电容转换电路主要有桥式电路、调频电路、运算放大器式电路、脉冲宽度调制电路等。

### （一）桥式电路

图 3-10 所示为桥式测量转换电路。其中图（a）为单臂接法的桥式测量电路，1 MHz 左右的高频电源经变压器接到电容桥的一条对角线上，电容 $C_1$、$C_2$、$C_3$、$C_x$ 构成电桥的四臂，$C_x$ 为电容传感器，交流电桥平衡时

$$\frac{C_1}{C_2} = \frac{C_x}{C_3}, \quad \dot{U}_o = 0$$

当 $C_x$ 改变时，$\dot{U}_o \neq 0$，有输出电压。

在图 3-10（b）中，接有差动电容传感器，其空载输出电压可用下式表示

$$\dot{U}_o = \frac{C_{x1} - C_{x2}}{C_{x1} + C_{x2}} \frac{\dot{U}}{2} = \frac{(C_0 \pm \Delta C) - (C_0 \mp \Delta C)}{(C_0 \pm \Delta C) + (C_0 \mp \Delta C)} \frac{\dot{U}}{2} = \pm \frac{\Delta C}{C_0} \frac{\dot{U}}{2} \tag{3-13}$$

式中，$C_0$ 为传感器的初始电容值；$\Delta C$ 为差动电容的差值。

该线路的输出还应经过相敏检波电路才能分辨 $U_o$ 的相位。

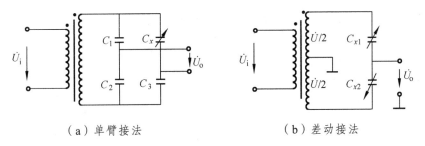

（a）单臂接法 　　　　　　　（b）差动接法

**图 3-10　电容传感器的桥式转换电路**

（二）调频测量电路

调频测量电路原理框图如图 3-11 所示，其中 $C_x$ 为可变电容器。它把电容传感器作为振荡器谐振回路的一部分。当输入量导致电容量发生变化时，振荡器的振荡频率就发生变化。

**图 3-11　调频电路**

虽然可将频率作为测量系统的输出量，用以判断被测非电量的大小，但此时系统是非线性的，不易校正，因此必须加入鉴频器，将频率的变化转换为电压振幅的变化，再经过放大就可以用仪器指示或记录仪记录下来。

调频振荡器的振荡频率为

$$f = \frac{1}{2\pi(LC)^{1/2}} \tag{3-14}$$

式中，$L$ 为振荡回路的电感；$C$ 为振荡回路的总电容，且 $C = C_1 + C_2 + C_0 \pm \Delta C$。其中，$C_1$ 为振荡回路固有电容；$C_2$ 为传感器引线分布电容；$C_0 \pm \Delta C$ 为传感器的电容。

当被测信号为 0 时，$\Delta C = 0$，则 $C = C_1 + C_2 + C_0$，所以振荡器有一个固有频率 $f_0$：

$$f_0 = \frac{1}{2\pi[(C_1 + C_2 + C_0)L]^{1/2}} \tag{3-15}$$

当被测信号不为 0 时，$\Delta C \neq 0$，振荡器频率有相应变化，此时频率为：

$$f = \frac{1}{2\pi\left[(C_1 + C_2 + C_0 + \Delta C)L\right]^{1/2}} = f_0 + \Delta f \qquad (3\text{-}16)$$

调频电容传感器测量电路具有较高灵敏度，可以测至 0.01 μm 级位移变化量。频率输出易于用数字仪器测量和与计算机通信，抗干扰能力强，可以发送、接收信号以实现遥测遥控。

### （三）运算放大器式电路

运算放大器的放大倍数 $K$ 非常大，而且输入阻抗 $Z_i$ 很高。运算放大器的这一特点可以使其作为电容传感器的比较理想的测量电路。

图 3-12 是运算放大器式电路原理图。将电容传感器接于放大器反馈回路，输入电路接固定电容，构成反相放大器。该测量电路的最大特点是能克服变极距型电容传感器的非线性。

由运算放大器工作原理可得

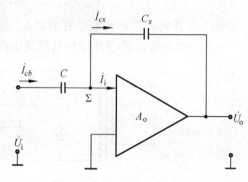

图 3-12　运算放大器式电路

$$\dot{U}_o = -\frac{C}{C_x}\dot{U}_i \qquad (3\text{-}17)$$

如果传感器为一只平行板电容，则 $C_x = \varepsilon S/\delta$，代入式（3-17），有：

$$\dot{U}_o = -\frac{C\delta}{\varepsilon S}\dot{U}_i \qquad (3\text{-}18)$$

式中 "–" 号表示输出电压 $U_o$ 与电源电压 $U_i$ 相位相反。

可见，运算放大器的输出电压与极板间距离 $\delta$ 呈线性关系。因此，运算放大器式电路解决了单个变极板间距离式电容传感器的非线性问题，但要求 $Z_i$ 及放大倍数足够大。同时，为保证仪器精度，还要求电源电压的幅值和固定电容 $C$ 值稳定。

### （四）脉冲宽度调制电路

脉冲宽度调制电路如图 3-13 所示，图中 $C_1$、$C_2$ 为差动电容传感器，利用对传感器电容的充放电使电路输出脉冲的宽度随电容传感器的电容量变化而变化，通过低通滤波器就能得到对应被测量变化的直流信号。差动电容传感器、双稳态触发器、比较器及低通滤波器有机配合，实现信号的转换，电路工作原理如下：

图 3-13　双 T 差动脉冲调宽式测量电路

若 $C_1 > C_2$，$C_1$ 充电速度慢于 $C_2$ 充电速度，$U_A$ 持续时间长于 $U_B$ 的持续时间。在 $A$、$B$ 两点输出方波电压 $U_{AB}$，经低通滤波器得到其平均值 $U_o$，经理论推倒可得到输出直流电压 $U_0$ 为：

$$U_0 = \frac{C_1 - C_2}{C_1 + C_2} U_r \quad (3\text{-}19)$$

$U_r$ 为触发器的参考电压。

从上式看出，电路输出的直流电压与电容传感器的两电容差值成正比。

# 单元二　电容传感器的应用

电容传感器的应用

随着新工艺、新材料问世，特别是电子技术的发展，使得电容传感器越来越广泛地得到应用。电容传感器可用来测量直线位移、角位移、振动振幅（可测 0.05 μm 的微小振幅），尤其适合测量高频振动振幅、加速度等机械量，还可用来测压力、液位、材料厚度、粮食中的水分含量、电解质的湿度等等。下面简单介绍几种电容传感器的应用。

## 一、电容式差压传感器

图 3-14 为差动电容式差压传感器的结构示意图，它的核心部分是一个差动变极距型电容传感器。由一个膜片动电极和两个在凹型玻璃上电镀成的固定电极组成差动电容器。弹性平膜片由于受到两侧的压力之差而凹向压力较低的一侧，膜片产生微小位移，使两个电容器的容量一个增加，一个减小，测量转换电路将此电容的变化量转换成 4 ~ 20 mA 的标准电流信号输出，通过信号电缆线输出到二次仪表。

图 3-14　差动电容式差压传感器

差动式电容差压传感器的输入激励源通常设在信号调理壳体中，频率通常选取 100 kHz 左右，幅值约为 10 V。对额定量程较小的差动电容式差压变送器来说，当某一侧突然失压时，巨大的差压有可能将很薄的平膜片压破，所以内部还设置了安悬浮膜片和限位波纹盘，起过压保护作用。

和前面论述的固态压阻式压力传感器一样，差动电容式差压变送器也可以用来测量液体的液位，可以安装在储液罐的一侧进行液体的表压测量，也可以做成投入式液位计。

## 二、电容式加速度传感器

随着微电子机械系统技术的发展，以硅微细加工技术为基础将一块多晶硅加工成多层结构，制作成"三明治"结构的电容加速度传感器，如图 3-15 所示。它是在硅衬底上，利用表面微加工技术，制造出 3 个多晶硅电极，组成变极距式差动电容 $C_1$、$C_2$。图中的底层多晶硅和顶层多晶硅固定不动，中间层的多晶硅一端固定在衬底上，是一个可以上下微动的振动片，相当于悬臂梁。它的核心部分很小，与测量转换电路封装在一起，外形酷似普通的集成电路。

1—加速度测试单元；2—信号处理电路；3—衬底；4—底层多晶硅（下电极）；
5—多晶硅悬臂梁；6—顶层多晶硅（上电极）。

**图 3-15　电容加速度传感器**

当硅微电容加速度测试单元感受到上下振动时，极距 $d_1$、$d_2$ 和电容 $C_1$、$C_2$ 呈差动变化。该类型加速度传感器既能测量交变加速度（振动），也可测量惯性力或重力加速度，可输出与加速度成正比的电压或占空比正比于加速度的数字脉冲信号。由于硅的弹性滞后很小，且悬臂梁的质量很轻，所以频率响应可达 1 kHz 以上，允许加速度范围可达 ±100 g 以上。如果在壳体内的 3 个相互垂直方向安装 3 个加速度传感器，就可以测量三维方向的振动或加速度。

硅微电容加速度传感器由于结构牢固、体积小巧、频率响应高等优点得到广泛应用，比如用于小型玩具车、机器人的防碰撞及触感传感器等。还可以安装在炸弹上，控制炸弹爆炸的延时时刻；安装在轿车上，可以作为碰撞传感器，当汽车发生碰撞测得的负加速度超过设定值时，CPU 判断发生碰撞，可以启动轿车前部的折叠式安全气囊迅速充气而膨胀，保护乘车人员的生命安全。

### 三、差动式电容测厚传感器

差动式电容测厚传感器结构图如图 3-16 所示，这一类应用适合带材类的测厚及厚度监测。传感器上下两个极板与带材上下表面间构成电容传感器。如果中间为金属带材，带材的厚度有变化，将导致它与上下两个极板间的距离发生变化，从而引起电容量的变化。将两块动极板用导

图 3-16　差动式电容测厚传感器

线连接起来，就相当于 $C_1$、$C_2$ 并联，总电容 $C = C_1 + C_2$，将总电容量作为交流电桥的一个桥臂，电容的变化将使得电桥产生不平衡输出，从而实现对厚度的检测。使用上下两个极板是为了克服带材在传输过程中的上下波动带来的误差。如果需要检测非金属类带材，电容式测厚传感器就变为介质型电容传感器，带材厚度变小，电容量也跟着变小。

### 四、电容式液位传感器

电容式液位传感器常采用棒状电极，由于固体摩擦力较大，容易"滞留"，所以电容式液位传感器一般采用单极式电容传感器，可用电极棒及容器壁组成的两极来测量非导电固体或液体的液位，或在电极外套以绝缘套管测量导电体的液位。如图 3-17 为电容式液位传感器测量示意图，若检测非导电液体时，棒状电极为传感器内电极，液体为电容传感器的介质，容器壁充当外电极，相当于变介质型电容传感器；当检测导电液体时，金属电极外面包裹聚四氟乙烯套管，当被测液体的液面上升时，引起棒状电极与导电液体之间的电容变大，此时聚四氟乙烯套管为极板间介质，导电液体为外电极。

电容式液位传感器在实际应用中，大量被用来监测液位是否超过或低于某个设置值，用作液位限位传感器，如图 3-18 所示。它与液位变送器区别在于：测量不给出模拟量，而是给出开关量，当液位到达设定值时，它输出低电平，也可以选择输出为高电平的型号。市面上的智能化液位传感器可方便地进行液位报警设置，用手指压住设定按钮，当液位达到设定值时，放开按钮，智能仪器就记住该设定，当水位高于该设定值后即可发出报警信号和控制信号。

图 3-17　电容式液位传感器

图 3-18　电容式液位限位传感器

## 五、电容式湿度传感器

在生产生活中，湿度测量用到大量的湿度传感器，多数都采用了湿敏电容，湿敏电容是指利用具有很大吸湿性的绝缘材料作为电容传感器的介质，在其两侧面镀上多孔性电极。当相对湿度增大时，吸湿性介质吸收空气中的水蒸气，使两块电极之间的介质相对介电常数大为增加（水的相对介电常数为80），所以电容量增大。

目前，成品湿敏电容主要使用以下两种吸湿性介质：一种是多孔性氧化铝，另一种是高分子吸湿膜。图 3-19 是硅 MOS 型 $Al_2O_3$ 湿敏电容传感器结构简图，图 3-20 是其电容量与相对湿度的关系曲线。

1—铝电极；2—单晶硅基底；3—$SiO_2$绝缘膜；
4—多孔 Au 电极；5—吸湿层 $Al_2O_3$；6—引脚。

图 3-19　多孔性氧化铝湿敏电容结构简图

1—电容量变化曲线；2—漏电阻变化曲线。

图 3-20　氧化铝湿敏电容的电容量及漏电阻与
相对湿度的关系

MOS 型 $Al_2O_3$ 湿度传感器是在单晶硅上制成 MOS 晶体管。其栅极绝缘层是用热氧化法生成的厚度约 80 nm 的 $SiO_2$ 膜，在此 $SiO_2$ 膜上，用蒸发或电解法制得多孔性 $Al_2O_3$ 膜，然后再镀上多孔金（Au）膜而制成。由于多孔性氧化铝可以吸附及释放水分子，所以其电容量将随空气的相对湿度而改变。与此同时，其漏电电阻也随湿度的增大而降低，形成介质损耗很大的电容器。

目前市场上出售的湿敏电容中有一个系列是用高分子亲水薄膜作为感湿材料。在该薄膜的两侧制作 3 个不相连的电极。其中背面电极是多孔透气金电极，正面是两个梳状金电极。两个梳状电极通过高分子薄膜与背面多孔性电极构成两个串联的电容器，如图 3-21 所示。空气中的水分子可以透过多孔性电极，在压力差的作用下，向亲水性高分子薄膜内扩散（其扩散速度随着湿度的升高而加剧）；由于水的介电常数十分大，所以湿敏电容的电容量随湿度增大而增大。当环境的相对湿度改变时，高分子薄膜通过多孔性背面电极释放水分或吸收更多的水分，从而导致电容器的脱湿比吸湿过程更慢些。

介质型电容传感器的电容量随介质吸收水分导致介电常数增高，和湿敏电容原理类似的还有谷物水分测试仪及土壤湿度传感器，谷物或土壤充当传感器的介质，当潮湿程度不同时电容量也有变化，这些传感器在现代农业上应用比较广泛。

（a）结构示意图　　　　　　　　　（b）等效电路

1—正面梳状电极；2—背面多孔性电极；3—亲水性高分子薄膜。

**图 3-21　高分子薄膜湿敏电容结构示意图**

## 六、电容式接近开关

### （一）结　构

电容式接近开关的核心是以单个极板作为检测端的电容器，如图 3-22 所示，从图中可以看到，检测极板设置在接近开关的最前端。测量转换电路安装在接近开关壳体内，并用介质损耗很小的坏氧树脂充填、灌封。

1—检测极板；2—充填树脂；3—测量转换电路；4—塑料外壳；
5—灵敏度调节电位器；6—工作指示灯；7—信号电缆。

**图 3-22　圆柱形电容式接近开关结构示意图及实物图**

### （二）工作原理

图 3-23 是调幅式测量转换电路。它由 LC 高频振荡电路、检波器、直流电压放大器等组成。当没有物体靠近检测极时，检测板与大地间的电容量 $C$ 非常小，它与电感 $L$ 构成高品质因数（$Q$）的 LC 振荡电路。

当被检测物体为地电位的导电体（例如与大地有很大分布电容的人体、液体等）时，检测极板对地电容 $C$ 增大，LC 振荡电路的 $Q$ 值下降，导致振荡停振。

当不接地的、绝缘被测物体靠近检测极时，由于检测极板上施加有高频电压，在它附近产生交变电场，被测物体就会受到静电感应，而产生极化现象，正负电荷分离，使检测极板的对地等效电容量增大，从而使 LC 振荡电路的 $Q$ 值降低。对介质损耗较大的介质（例如各种含水有机物）而言，它在高频交变极化过程中是需要消耗一定能量的（转为热量），该能量由 LC 振荡电路提供，必然使 LC 振荡电路的 $Q$ 值进一步降低，振荡减弱，振荡幅度减小。当被测物体靠近到一定距离时，振荡器的 $Q$ 值低到无法维持振荡而停振。根据输出电压 $U_o$ 的大小，可大致判定被测体接近的程度。

1—被测物体；2—检测极板。

**图 3-23 电容式接近开关原理框图**

（三）电容式接近开关特性

电容式接近开关的检测距离与被测物体的材料性质有很大关系，如图 3-24 所示。

当被测物是接地导电物体或者虽然未接地，但与大地之间有较大分布电容（例如站在绝缘板上的人体）时，LC 振荡电路很容易停振，所以灵敏度最高。

当被测物为介质损耗较大的绝缘体（例如含水的有机物等）时，必须依靠极化原理来使 LC 振荡电路的 $Q$ 值降低，所以灵敏度较差。物体的含水量越大或物体的面积越大，动作距离越大，灵敏度越高。

当被测物为玻璃、陶瓷及塑料等介质损耗很小的物体，它的灵敏度就极低。这与微波炉在加热物体时，必须使用玻璃、陶瓷及塑料器皿的原理是相似的。

1—地电位导电物体；2—非接地导电物体；
3—含水有机物。

**图 3-24 动作距离与被检测物体的材料、
性质及尺寸的关系**

调节接近开关尾部的灵敏度调节电位器，可以根据被测物不同来改变动作距离。例如当被测物与接近开关之间隔着一层玻璃时，可以适当提高灵敏度，扣除玻璃的影响。电容式接近开关使用时必须远离金属物体，即使是绝缘体对它仍有一定的影响。它对高频电场也十分敏感，因此两只电容式接近开关也不能靠得太近，以免相互影响。

4. 电容式接近开关的使用

对金属物体而言，不必使用易受干扰的电容式接近开关，而应选择电感式接近开关（即电涡流式接近开关）。因此只有在测量绝缘介质时才应选择电容式接近开关。图 3-25 是利用电容式接近开关测量谷物高度（物位）的示意图。也可以将电容式接近开关安装在水箱的玻璃连通器外壁上，就可以测量和控制水位。

1—粮仓外壁；2—输送管道；3—粮食；
4—电容式接近开关；5—粮食界面。

**图 3-25 物位检测示意图**

### 七、电容式差压变送器在节流式流量计中的应用

测量流量的方法很多，有流速法、容积法、质量法、水槽法等。流速法中，又有叶轮式、多普勒式、超声式、电磁式、差压节流式等。所谓节流装置，就是在管道中段设置一个流通面积比管道狭窄的孔板或者文丘里喷嘴，使流体经过该节流装置时，流束局部收缩，流速提高，压强减小，如图 3-26（a）所示。按照国家标准制造的标准节流装置的流量系数计算公式是相当完备的，所以差压节流式流量计是一种可靠性和标准化较高的流量传感器，所以在工业中大量使用。节流装置两侧的压差与通过的流量有关，瞬时体积流量 $q_V$ 与压差 $\Delta p = p_1 - p_2$ 之间的关系为：

$$q_V = \alpha \varepsilon A \sqrt{\frac{2(p_1 - p_2)}{\rho}} \qquad (3\text{-}20)$$

式中，$\alpha$ 为流量系数；$\varepsilon$ 为流体的膨胀系数；$A$ 为节流装置的开口面积；$p_1 - p_2$ 为节流前后的压力；$\rho$ 为流体密度。

在节流装置上设置前后取压口 $p_1 - p_2$，将电容式差压变送器和节流装置按规定标准安装，就可以测量管道的流体流量，图 3-26（b）就是利用节流装置测量液体时的导压管安装方法。节流式流量计的缺点是流体通过节流装置后，会产生不可逆的压力损失。另外，当流体的温度、压力变化时，流体的密度也将随之改变，所以必须进行温度、压力修正。在内设微处理器的智能化流量计中，可以分别对压力、温度进行采样，然后按有关公式对 $\rho$ 进行计算修正。

（a）流体流经节流孔板时压力和流速变化情况

（b）测量液体时导压管的标准安装方法

1—管道；2—流体；3—节流孔板；4—前取压孔位置；5—后取压孔位置；
6—截止阀；7—放气阀；8—短路阀；9—差压变送器。

**图 3-26　节流式流量计**

 展望角

北京航空航天大学教授单光存团队提出了一种利用叉指电极制备基于 MXene/PVP 的高性能电容式柔性压力传感器的新方法，通过选择合适的叉指电极数目和优化 MXene/PVP 滤纸膜的介电层，可以提高电容传感器的灵敏度。该传感可用于各种压力检测，如手指按压、

手腕脉搏、呼吸、吞咽和语音识别等。随着可穿戴电子设备在人机界面、软机器人、健康监测等领域的快速发展，高性能柔性压力传感器受到了广泛关注。尽管压力传感器在过去的几年里取得了巨大的进步，但在高灵敏度传感器的制造方面仍然存在许多挑战。研制一种灵敏度高、设计简单、制备工艺简单、可大规模生产的电容式压力传感器仍是未来电容传感器发展的一大趋势。

电容触控技术发展迅速，电容触控屏幕有纳米银、金属网格、ITO 及碳纳米管等电容屏。纳米银线触控技术是将预先合成的纳米银线墨水涂抹在塑胶或者玻璃基板上，然后利用镭射光刻技术制成具有纳米级银线导电网络图案的透明导电薄膜。纳米银电容屏到底有什么优势呢？相较于红外触摸屏，纳米银电容屏纯平面全贴合，外形更美观，触控精准且不易引起误操作，不易受环境影响，使用更稳定，触控体验感更好。纳米银材料在柔性、导电性、稳定性、透光性以及成本等各方面均有极大优势，相比 ITO 电容屏、金属网格电容屏，纳米银电容屏透光度更高、反应速度更快，尤其是在大尺寸上，具有非常明显的优势。我国的纳米银技术更是突破了 8 纳米，目前在全球处于领先地位。

## 课后思考与练习

3-1  单项选择题

（1）在两片间隙为 1 mm 的平行极板间插入_____，可测得最大的电容量。

    A. 塑料薄膜     B. 干的纸     C. 湿的纸     D. 玻璃薄片

（2）电子卡尺的分辨力可达 0.01 mm，行程可达 200 mm，它的内部所采用的电容传感器类型是_____。

    A. 变极距型     B. 变面积型     C. 变介质型

（3）在电容传感器中，若采用调频法测量转换电路，则电路中_____。

A. 电容和电感均为变量     B. 电容是变量，电感保持不变

C. 电容保持常数，电感为变量     D. 电容和电感均保持不变

（4）利用农业生产中使用的谷物水分测试仪、土壤水分检测仪等采用的电容传感器类型是_____。

    A. 变极距型     B. 变面积型     C. 变介质型

（5）电容式接近开关对_____的灵敏度最高。

    A. 玻璃     B. 塑料     C. 纸     D. 鸡饲料

（6）采用微细加工技术的差动电容式加速度传感器可以测量加速度（振动），它的核心部分采用的电容传感器类型是_____。

    A. 变极距型     B. 变面积型     C. 变介质型

3-2  某工厂采用图 3-27 所示的电容传感器来测量储液罐中的绝缘液体的液位。已知内圆管的外径为 10 mm，外圆管的内径为 20 mm，内外圆管的高度 $h_1 = 3$ m，安装高度 $h_0 = 0.5$ m。被测介质为绝缘油，其相对介电常数 $\varepsilon_r = 2.3$，测得总电容量为 401 pF。求① 液位 $h$；② 若储油罐的内直径 $D = 3$ m，油的密度 $\rho = 0.8$ t/m³，这时储油罐中油的总量为多少吨？

图 3-27 电容式液位计

3-3 简述电容式传感器的 3 种结构类型、特性及可测量的物理量。

3-4 电容式传感器的用途很多，请根据所学内容及生活经验举例简述电容传感器的应用。

3-5 根据学过的电容式接近开关的检测原理分析被测物的性质、面积大小与接近开关检测灵敏度的关系。

3-6 图 3-28 是利用分段电容传感器测量液位的原理示意图。玻璃连通器 3 的外圆壁上等间隔地套着 $n$ 个不锈钢圆环，总长为 10 m，显示器采用 101 段 LED 光柱（第一段常亮，作为电源指示）。

（1）该方法采用了电容传感器中变极距型、变面积型、变介质型 3 种原理中的哪一种？

（2）被测液体应该是导电液体还是绝缘体？

（3）当液体上升到第 $n$ 个不锈钢圆环的高度时，101 段 LED 光柱全亮。现设 $n = 32$，则当液体上升到第 8 个不锈钢圆环的高度时，共有多少段 LED 亮？

（4）分别写出该液位计的分辨力（%）及分辨力（几分之一米）的计算公式，并说明如何提高此类液位计的分辨力。

1—储液罐；2—液面；3—玻璃连通器；4—钢质直角接头；5—不锈钢圆环；6—101 段 LED 光柱。

图 3-28 光柱显示编码式液位计原理示意图

# 模块四　电感传感器

## 学习目标

1. 了解电感传感器测量微位移的特点，掌握电感传感器的类型；
2. 掌握自感式电感传感器的工作原理及测量电路；
3. 掌握差动变压器式传感器的工作原理及在位移测量领域的优势；
4. 掌握电感传感器的典型应用。

## 思政素养

认识我国电感传感器在工业领域的发展现状，增强学生的民族责任感及国际竞争意识。

## 任务引领

随着我国工业自动化程度的不断提高，传感器的用量越来越大，高精度的位移传感器在零件尺寸测量、零件轮廓检测、精度控制等领域需求量越来越大。电感传感器在微位移测量方面有着极大的优势，互感式电感传感器（差动变压器式位移传感器）已经广泛地应用于航天航空、机械、建筑、铁路、煤炭、冶金、化工等行业。在机械加工领域，如果需要进行零件表面粗糙度测量，你如何选择合适的测量工具呢？在轴承生产车间，需要根据各类轴承滚子的尺寸偏差进行等级分选，我们应该如何设计或正确使用自动化分选系统，尺寸偏差如何进行测量呢？电感传感器是靠什么原理工作的呢？它有哪些优缺点和具体的应用？就让我们带着问题，一起学习电感传感器吧。

## 知识背景

电感传感器是将被测量转换为线圈的自感或互感的变化来测量位移的装置。电感传感器（Inductance-type Transducer）利用电磁感应原理将被测非电量如位移、压力、振动等转换成线圈自感量 $L$ 或互感量 $M$ 的变化，再由测量电路转换为电压或电流的变化量输出的一种传感器。它具有分辨力及测量精度高等一系列优点，因此在工业自动化技术中得到广泛的应用。它的主要缺点是响应较慢，不宜于快速动态测量，而且传感器的分辨力与测量范围有关。测量范围大，分辨力低，反之则高。本模块我们将对电感传感器的工作原理、类型分类、典型应用进行全面阐述。通过本模块的学习，你将掌握不同类型的电感传感器在位移、压力、尺寸分选、仿形加工等方面的测量方法。

将一只 380 V 交流接触器线圈与交流毫安表串联后，接到机床用的控制变压器 36 V 交流电压源上，如图 4-1 所示。这时毫安表的示值约为几十毫安。用手慢慢将接触器的活动铁心（称为衔铁）往下按，我们会发现毫安表的读数逐渐减小。当衔铁与固定铁心之间的气隙等于零时，毫安表的读数只剩下十几毫安。由实验结果可知，气隙的长短变化引起了线圈电感值的变化，通过毫安表的读数可以得到观察。基于上述特性，接触器在非电量测量时可作为传感器使用。

1—固定铁心；2—气隙；3—线圈；4—衔铁；5—弹簧；
6—磁力线；7—绝缘外壳。

图 4-1　带铁心线圈的气隙与电感量及电流的关系实验

电感传感器种类很多，可分为自感式和互感量式两大类。人们习惯上讲电感传感器通常是指自感式传感器。而互感量式传感器，由于它利用了变压器原理，又往往做成差动式，故常称为差动变压器式传感器。

# 单元一　自感式电感传感器

电感传感器的
工作原理和类型

由电工知识可知，在图 4-1 示例中，忽略线圈的直流电阻时，流过线圈的交流电流当铁心的气隙较大时，磁路的磁阻 $R_m$ 也较大，线圈的电感量 $L$ 和感抗 $X_L$ 较小，所以电流 $I$ 较大。当铁心闭合时，磁阻变小、电感变大，电流减小。利用本例中自感量随气隙而改变的原理来制作测量位移的自感式传感器。

自感式传感器的结构主要由线圈、铁心、衔铁及测杆等组成。工作时，衔铁通过测杆（或转轴）与被测物体相接触，被测物体的位移将引起线圈电感量的变化，当传感器线圈接入测量转换电路后，电感的变化将被转换成电流、电压或频率的变化，从而完成非电量到电量的转换。自感式电感传感器常见的形式有变隙式、变截面式和螺线管式等 3 种，如图 4-2 所示。

## 一、变隙式电感传感器

变隙式电感传感器的结构示意图如图 4-2（a）所示。由磁路基本知识可知，线圈电感量为

$$L = \frac{N^2}{R_m}$$

（4-1）

式中，$N$ 为线圈匝数；$R_m$ 为磁路总磁阻。

（a）变隙式　　　　　　　　（b）变截面式　　　　　　　（c）螺线管式

1—线圈；2—铁心；3—衔铁；4—测杆；5—导轨；6—工件；7—转轴。

**图 4-2　自感式电感传感器示意图**

由于铁心和衔铁的磁阻比气隙磁阻小得多，因此铁心和衔铁的磁阻可忽略不计，磁路总磁阻 $R_m$ 近似为气隙磁阻，即

$$R_m \approx \frac{2\delta}{\mu_0 A} \qquad\qquad (4\text{-}2)$$

式中，$\delta$ 为气隙厚度；$A$ 为气隙的有效截面积；$\mu_0$ 为真空磁导率，与空气的磁导率相近。因此电感线圈的电感量为

$$L \approx \frac{N^2 \mu_0 A}{2\delta} \qquad\qquad (4\text{-}3)$$

由式（4-3）可见，在线圈匝数 $N$ 确定以后，若保持气隙截面积 $A$ 为常数，则 $L = f(\delta)$，即电感 $L$ 是气隙厚度的函数，故称这种传感器为变隙式电感传感器。

由式（4-3）可知，对于变隙式电感传感器，电感 $L$ 与气隙厚度 $\delta$ 成反比，其输出特性如图 4-3（a）所示，输入输出是非线性关系。灵敏度 $K_1$ 为

$$K_1 = \frac{\mathrm{d}L}{\mathrm{d}\delta} = -\frac{N^2 \mu_0 A}{2\delta^2} = -\frac{L_0}{\delta} \qquad\qquad (4\text{-}4)$$

由于式（4-4）中 $K_1$ 与变量 $\delta$ 有关，所以 $K_1$ 不为常数。$\delta$ 越小，灵敏度越高。由于式（4-3）在推导过程中曾忽略掉铁心和衔铁的磁阻，所以即使 $\delta$ 等于零，$L$ 也不可能等于无穷大，实际输出特性如图 4-3（a）中的实线所示。为了保证一定的线性度，变隙式电感传感器只能工作在一段很小的区域，因而只能用于微小位移的测量。

（a）L-δ 特性曲线　　　　　　　（b）L-A 特性曲线

1—实际输出特性；2—理想输出特性。

**图 4-3　电感传感器的输出特性**

## 二、变截面式电感传感器

由式（4-3）可知，在线圈匝数 $N$ 确定后，若保持气隙厚度 $\delta$ 为常数，则 $L = f(A)$，电感 $L$ 是气隙有效影截面面积 $A$ 的函数，故称这种传感器为变截面式电感传感器，其结构示意图如图 4-2（b）所示。

对于变截面式电感传感器，电感量 $L$ 与气隙截面积 $A$ 成正比，输入输出呈现线性关系，如图 4-3（b）中虚线所示，灵敏度为常数。但是由于漏感等原因，变截面式电感传感器在 $A = 0$ 时，仍有较大的电感，所以其线性区较小，而且灵敏度较低，灵敏度 $K_2$ 为

$$K_2 = \frac{\mathrm{d}L}{\mathrm{d}A} = \frac{N^2 \mu_0}{2\delta} \tag{4-5}$$

## 三、螺线管式电感传感器

单线圈螺线管式电感传感器的结构如图 4-2（c）所示，主要元件是一根螺线管和一根柱形衔铁。传感器工作时，衔铁在线圈中伸入长度的变化将引起螺线管电感量的变化。

对于长螺线管（$l \gg r$），当衔铁工作在螺线管的中部时，可以认为线圈内磁场强度是均匀的。此时线圈电感量 $L$ 与衔铁插入深度 $l$ 大致成正比。

这种传感器结构简单，制作容易，但灵敏度稍低，且衔铁在螺线管中间部分工作时，才有希望获得较好的线性关系。螺线管式电感传感器适用于测量稍大一点的位移，目前比较常用。

## 四、差动电感传感器

上述 3 种电感传感器使用时，由于线圈中通有交流励磁电流，因而衔铁始终承受电磁吸力，会引起振动及附加误差，而且非线性误差较大；另外，外界的干扰如电源电压频率的变化，温度的变化都使输出产生误差。所以在实际工作中常采用差动形式，既可以提高传感器的灵敏度，又可以减小测量误差。

（一）结构特点

差动式电感传感器结构如图 4-4 所示。两个完全相同的单个线圈的电感传感器共用一根活动衔铁就构成了差动式电感传感器。

（a）变隙式差动传感器　（b）螺线管式差动传感器

1—差动线圈；2—铁心；3—衔铁；4—测杆；5—工件。

**图 4-4　差动式电感传感器**

差动式电感传感器的结构要求是两个导磁体的几何尺寸完全相同，材料性能完全相同；两个线圈的电气参数（如电感、匝数、直流电阻、分布电容等）和几何尺寸也完全相同。

（二）工作原理和特性

在变隙式差动电感传感器中，当衔铁随被测量移动而偏离中间位置时，两个线圈的电感量一个增加，一个减小，形成差动形式。

在图 4-4 中，假设衔铁向上移动，则总的电感变化量为

$$\Delta L = L_1 - L_2 = \frac{N^2 \mu_0 A}{2(\delta_0 - \Delta\delta)} - \frac{N^2 \mu_0 A}{2(\delta_0 + \Delta\delta)} = \frac{N^2 \mu_0 A}{2}\frac{2\Delta\delta}{\delta_0^2 - \Delta\delta^2} \tag{4-6}$$

式中，$L_1$ 为上线圈的电感量；$L_2$ 为下线圈的电感量；$\delta_0$ 为衔铁与铁心的初始气隙。

当 $\delta \ll \delta_0$ 时，可以略去分母中的 $\Delta\delta^2$ 项，则

$$\Delta L \approx 2 \times \frac{N^2 \mu_0 A}{2\delta_0^2}\Delta\delta \tag{4-7}$$

灵敏度为

$$K = \frac{\Delta L}{\Delta\delta} = 2 \times \frac{N^2 \mu_0 A}{2\delta_0^2} = 2\frac{L_0}{\delta_0} \tag{4-8}$$

式中，$L_0$ 为衔铁处于差动线圈中间位置时的初始电感量。

比较式（4-4）和式（4-8）可以看出，差动式电感传感器灵敏度约为非差动式电感传感

器的两倍。从图 4-5 也可以看出，差动式电感传感器的线性较好，且输出曲线较陡，灵敏度较高。

采用差动式结构除了可以改善线性、提高灵敏度外，对外界影响，如温度的变化、电源频率的变化等也基本上可以互相抵消，衔铁承受的电磁吸力也较小，从而减少了测量误差。

1—上线圈特性；2—下线圈特性；
3—$L_1$、$L_2$ 差接后的特性。

**图 4-5  差动式与单线圈电感传感器
非线性比较**

### 五、测量转换电路

电感式传感器的测量转换电路一般采用电桥电路。转换电路的作用是将电感量的变化转换成电压或电流信号，以便送入放大器进行放大，然后用仪表指示出来或记录下来。

#### （一）交流电桥测量电路

图 4-6 所示为交流电桥测量电路，把传感器的两个线圈作为电桥的两个桥臂 $Z_1$ 和 $Z_2$，另外两个相邻的桥臂用纯电阻代替，对于高 $Q$ 值的差动式电感传感器（ $Q = \omega L / R$，线圈品质因素，即线圈直流电阻远小于其感抗），其输出电压：

$$\dot{U}_o = \frac{\dot{U}_{AC}}{2} \cdot \frac{\Delta Z_1}{Z_1} = \frac{\dot{U}_{AC}}{2} \cdot \frac{j\omega \Delta L}{R_0 + j\omega L_0} \approx \frac{\dot{U}_{AC}}{2} \cdot \frac{\Delta L}{L_0} \quad (4\text{-}9)$$

式中，$L_0$ 为衔铁在中间位置时单个线圈的电感；$\Delta L$ 为单线圈电感的变化量。

将 $\Delta L = L_0(\Delta \delta / \delta_0)$ 代入式（4-9）得 $\dot{U}_o = (\Delta \delta / \delta_0)$，可见电桥输出电压与 $\Delta \delta$ 有关。

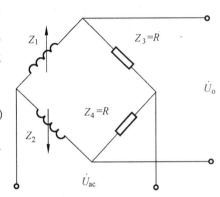

**图 4-6  交流电桥测量电路**

#### （二）变压器电桥电路

变压器电桥电路如图 4-7 所示，相邻两工作臂 $Z_1$、$Z_2$ 是差动电感传感器的两个线圈阻抗，另两臂为激励变压器的二次绕组。输入电压约为 10 V，频率约为数千赫兹，输出电压取自 $A$、$B$ 两点。假定 $D$ 点为参考电位，且传感线圈为高 $Q$（线圈品质因素）值，即线圈直流电阻远小于其感抗，则可以推导桥路输出电压为：

$$\dot{U}_o = \frac{Z_2 \dot{U}}{Z_1 + Z_2} - \frac{\dot{U}}{2} = \frac{Z_2 - Z_1}{Z_1 + Z_2} \cdot \frac{\dot{U}}{2} \quad (4\text{-}10)$$

当传感器的衔铁处于中间位置，由于线圈完全对

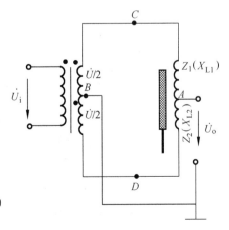

**图 4-7  变压器电桥电路**

称，即 $L_1 = L_2 = L_0$，$Z_1 = Z_2 = Z$ 时，电桥平衡，输出电压为 $\dot{U}_o = 0$。

当传感器的衔铁下移时，即 $Z_1 = Z - \Delta Z$，$Z_2 = Z + \Delta Z$，此时输出电压不为 0，与激励源电压同相。

$$\dot{U}_o = \frac{\dot{U}}{2} \cdot \frac{\Delta Z}{Z} = \frac{\dot{U}}{2} \cdot \frac{\Delta L}{L} \tag{4-11}$$

当传感器的衔铁上移时，则 $Z_1 = Z + \Delta Z$，$Z_2 = Z - \Delta Z$，此时输出电压与激励源电压反相。

$$\dot{U}_o = -\frac{\dot{U}}{2} \cdot \frac{\Delta Z}{Z} = -\frac{\dot{U}}{2} \cdot \frac{\Delta L}{L} \tag{4-12}$$

从式（4-11）及式（4-12）可知，当衔铁上下移动相同距离时，输出电压的大小相等，式中的正负号表示输出电压的相位随位移方向不同而与激励源电压同相或反相（相位差 180°）。若在转换电路的输出端接上普通指示仪表时，实际上却无法判别输出的相位和位移的方向。

图 4-6 所示的测量转换电路还存在一种称为零点残余电压的影响。当衔铁位于差动电感传感器中间位置附近时，无论怎样调节衔铁的位置，均无法使测量转换电路输出为零，总有一个很小的输出电压（零点几毫伏，有时甚至可达数十毫伏）存在，这种衔铁处于零点附近时存在的微小误差电压称为零点残余电压。图 4-8 示出了测量转换电路的输出特性曲线，图中的虚线表示理想差动电感的输出特性，而图中的实线表示存在零点残余电压时的输出特性，图中的 $E_0$ 就是零点残余电压。

（三）相敏检波电路

"检波"与"整流"的含义相似，都能将交流输入转换成直流输出。但"检波"多用于描述信号电压的转换。如果输出电压在送到指示仪前经相敏检波，则不但可以反映位移的大小（$U_o$ 的幅值），还可以反映位移的方向（$U_o$ 的幅值），并减小零点残余电压的影响，其输出特性如图 4-8（b）所示。

当衔铁向下移动时，仪表指针正向偏转。当衔铁向上移动时，仪表指针反向偏转。采用相敏检波电路，得到的输出信号既能反映位移大小，也能反映位移方向。

（a）非相敏检波　　　　　　　（b）相敏检波

1—理想特性曲线；2—实际特性曲线；$E0$—零点残余电压；$\Delta x_0$—位移的不灵敏区。

**图 4-8　不同检波方式的输出特性曲线**

# 单元二　差动变压器式传感器

　　把被测的非电量变化转换为线圈互感量 $M$ 变化的传感器称为互感式传感器。这种传感器是根据变压器的基本原理制成的，并且次级绕组采用差动形式连接，故称差动变压器式传感器，简称差动变压器。在非电量测量中，应用最多的结构是螺线管式差动变压器，它可以测量 $1 \sim 100$ mm 范围内的机械位移，并具有测量精度高、灵敏度高、结构简单、性能可靠等优点。

## 一、工作原理

　　螺线管式差动变压器结构如图 4-9 所示，它由初级线圈、两个次级线圈和插入线圈中的衔铁等组成。螺线管式差动变压器按线圈绕组排列的方式不同可分为一节、二节、三节、四节和五节式等类型，如图 4-10 所示。一节式灵敏度高，三节式零点残余电压较小，通常采用的是二节式和三节式两类。

（a）一节式　　　（b）二节式

（c）三节式　　　（d）四节式　　　（e）五节式

**图 4-10　线圈排列方式**

1—初级线圈；2—次级线圈；3—衔铁；4—测杆。

**图 4-9　差动变压器结构示意图**

　　差动变压器式传感器中两个次级线圈反向串联，并且在忽略铁损、导磁体磁阻和线圈分布电容的理想条件下，其等效电路如图 4-11 所示。当初级绕组 $N_1$ 加以激励电压 $U_i$ 时，根据变压器的工作原理，在两个次级绕组 $N_{21}$ 和 $N_{22}$ 中便会产生感应电势 $U_{21}$ 和 $U_{22}$。如果工艺上保证变压器结构完全对称，则当衔铁处于初始平衡位置时，必然会使两互感系数 $M_1 = M_2$。根据电磁感应原理，将有 $U_{21} = U_{22}$。由于变压器两次级绕组反向串联，因而 $U_o = U_{21} - U_{22} = 0$，即差动变压器输出电压为零。

　　当衔铁向上移动时，由于磁阻的影响，$N_{21}$ 中磁通将大于 $N_{22}$ 中磁通，使 $M_1 > M_2$，因而 $U_{21}$ 增加，而 $U_{22}$ 减小，输出电压 $U_o$ 不再为零，输出电压与激励源同相。反之，当衔铁向下移动时，$N_{21}$ 中磁通将小于 $N_{22}$ 中磁通，使 $M_1 < M_2$，因而 $U_{21}$ 减小，而 $U_{22}$ 增加，输出电压 $U_o$ 则与激励源反相。因为输出电压 $U_o = U_{21} - U_{22}$，当 $U_{21}$、$U_{22}$ 随着衔铁位移 $x$ 变化时，$U_o$ 也必将随 $x$ 变化。图 4-12 给出了变压器输出电压 $U_o$ 与活动衔铁位移 $x$ 的关系曲线。实际上，当衔铁位于中心位置时，差动变压器输出电压并不等于零，我们把差动变压器在零位移时的输出电压称为零点残余电压，记作 $E_0$，它的存在使传感器的输出特性不过零点，造成实际特性与理论特性不完全一致。

图 4-11　差动变压器等效电路　　　　图 4-12　差动变压器的输出特性图

零点残余电压主要是由传感器的两次级绕组的电气参数与几何尺寸不对称及磁性材料的非线性等问题引起的。零点残余电压的波形十分复杂，主要由基波和高次谐波组成。基波产生的主要原因是：传感器的两次级绕组的电气参数和几何尺寸不对称，导致它们产生的感应电势的幅值不等、相位不同，因此不论怎样调整衔铁位置，两线圈中感应电势都不能完全抵消。高次谐波中起主要作用的是三次谐波，产生的原因是磁性材料磁化曲线的非线性（磁饱和、磁滞）。零点残余电压一般在几十毫伏以下，在实际使用时，应设法减小 $E_0$，否则将会影响传感器的测量结果。

差动变压器的灵敏度用单位位移及单位激励电压下的输出的电压或电流表示（如 mV/mm·V），行程越小，灵敏度越高。影响灵敏度的因素有：激励源电压和频率、差动变压器初级线圈和次级线圈的匝数比、衔铁直径与长度、材料质量、环境温度计负载电阻等等。为了提高灵敏度，在不使初级线圈过热的情况下，适当提高励磁电压，但以不超过 10 V 为宜，电源频率以 1～10 kHz 为好。理想的差动变压器输出电压应与衔铁的位移呈线性关系。实际上由于衔铁的直径、长度、材质和线圈骨架的形状、大小等均对线性有直接影响。由于差动变压器中间部分磁场均匀而且较强，所以只有中间部分线性较好，差动变压器线性范围约为线圈骨架长度的 1/10 左右。

## 二、测转换量电路

差动变压器输出的是交流电压，若用交流电压表测量，只能反映衔铁位移的大小，而不能反映移动方向。另外，其测量值中将包含零点残余电压。为了达到能辨别移动方向及消除零点残余电压的目的，实际测量时，常常采用差动整流电路和相敏检波电路。

## （一）差动整流电路

图 4-13 给出了几种典型差动整流电路形式,这种电路是把差动变压器的两个次级输出电压分别整流,然后将整流的电压或电流的差值作为输出,图中(a)、(c)适用于交流负载阻抗,(b)、(d)适用于低负载阻抗,电阻 $R_0$ 用于调整零点残余电压。

（a）半波电压输出　　　　　　　　　（c）全波电压输出

（b）半波电流输出　　　　　　　　　（d）全波电流输出

图 4-13　差动整流电路

下面以图 4-13（c）为例,分析差动整流电路的工作原理。由电路可知,不论两个次级线圈的输出瞬时电压极性如何,流经电容 $C_1$ 的电流方向总是从 2 到 4,流经电容 $C_2$ 的电流方向从 6 到 8,故整流电路的输出电压为:

$$U_2 = U_{24} - U_{68} \tag{4-13}$$

当衔铁在零位时,因为 $U_{24} = U_{68}$,所以 $U_2 = 0$;当衔铁在零位以上时,因为 $U_{24} > U_{68}$,则 $U_2 > 0$;而当衔铁在零位以下时,则有 $U_{24} < U_{68}$,则 $U_2 < 0$。

差动整流电路具有结构简单,不需要考虑相位调整和零点残余电压的影响,分布电容影响小和便于远距离传输等优点,因而获得广泛应用。

## （二）相敏检波电路

二极管相敏检波电路如图 4-14 所示。$VD_1$、$VD_2$、$VD_3$、$VD_4$ 为 4 个性能相同的二极管,以同一方向串联成一个闭合回路,形成环形电桥。输入信号 $u_2$ 通过变压器 $T_1$ 加到环形电桥的一条对角线,参考信号 $u_0$ 通过变压器 $T_2$ 加入环形电桥的另一条对角线。输出信号 $u_L$ 从变压器 $T_1$ 与 $T_2$ 的中心抽头引出。平衡电阻 $R$ 起限流作用,避免二

图 4-14　相敏检波电路

极管导通时变压器 $T_2$ 的次级电流过大。$R_L$ 为负载电阻，$u_0$ 的幅值要远大于输入信号 $u_2$ 的幅值，以便有效控制 4 个二极管的导通状态，且 $u_0$ 和差动变压器式传感器激磁电压 $u_1$ 由同一振荡器供电，保证二者同频、同相（或反相）。

利用电路分析的基本方法，只要位移 $\Delta x > 0$，不论 $u_2$ 与 $u_0$ 是正半周还是负半周，负载 $R_L$ 两端得到的电压输出 $u_L$ 的表达式为：

$$u_L = \frac{R_L u_2}{n_1(R_1 + 2R_L)} \qquad （4-14）$$

当 $\Delta x < 0$ 时，$u_2$ 与 $u_0$ 为同频反相，采用相同的分析方法不难得到：当 $\Delta x < 0$ 时，不论 $u_2$ 与 $u_0$ 是正半周还是负半周，负载电阻 $R_L$ 两端得到的输出电压 $u_L$ 表达式为：

$$u_L = -\frac{R_L u_2}{n_1(R_1 + 2R_L)} \qquad （4-15）$$

因此，上述相敏检波电路输出电压 $u_L$ 的变化规律充分反映了被测位移量的变化规律，即 $u_L$ 的值反映位移 $\Delta x$ 的大小，而 $u_L$ 的极性则反映了位移 $\Delta x$ 的方向。

# 单元三  电感传感器的应用

电感传感器的应用

电感传感器主要对位移及与位移有关的工件尺寸、偏差、振动等参数进行测量，为接触式测量方式，由于响应较慢，不太适合快速动态测量。随着微电子技术的发展，目前已能将电感传感器的激励源、相敏或差动整流及信号放大电路、温度补偿电路等做成厚膜电路，装入传感器的外壳，它的输出信号可设计成符合国家标准的 1～5 V 或 4～20 mA，这种形式的差动变压器简称为 LVDT（Linear Variable Differential Transformer）位移传感器。

市售的差动变压器式位移传感器精度最高可达 0.1 μm，重复精度达 0.01% FS，有模拟输出、数字输出可选，多种量程可选。电感传感器适用于质量控制和计量应用中的高重复性测量，目前应用于多种行业，下面介绍几种常见电感传感器的应用。

## 一、电感式位移传感器

无论是自感传感器还是差动变压器传感器，目前都被广泛地应用于微位移相关量测量中。如图 4-15 所示为常见的电感式位移传感器（又叫电感测微仪），属于接触式测量，端部为红宝石或金刚石耐磨测头，传感器有双向量程和单向量程之分，比如 WYDC-100L 表示位移传感器，直流供电，单向、100 mm 量程，100L 与 50D 的量程量相等。传感器已经和电子变送器封装在不锈钢管内，输出标准电压或电流信号，可以与仪表配套使用，也可以单独使用。电感式位移传感器单向量程输出的是正信号（如 1～5 V、4～20 mA 等），双向量程输出的是正负信号（如 ±1～ ±5 V、0～ ±10 V 等），传感器量程从几毫米到几十毫米、上百毫米的都有，分辨力可达 0.1 μm。电感式位移传感器

图 4-15　电感式位移传感器

## 二、电感式圆度计

在轴类零件的加工中圆度测量非常重要，图 4-16 是测量轴类工件圆度的示意图，旁向式电感测微仪耐磨测头紧贴工件表面，工件绕轴心旋转，工件不圆度引起的位移通过杠杆传递给电感测头中的衔铁，从而使电感传感器有相应的输出。输出信号经圆度测试软件处理之后，可以显示工件的圆度信息以供用户分析。

1—被测物；2—耐磨测头；3—电感圆度计。

图 4-16　电感式圆度计测量示意图

## 三、电感式粗糙度仪

粗糙度是评定零件表面质量的重要指标，电感式粗糙度仪是利用电感传感器测量微位移的原理对零件表面质量进行测量与分析的（见图 4-17）。电感式粗糙度仪符合国家标准，可对多种零件表面的粗糙度、波纹度和原始轮廓进行多参数评定，可测量平面、外圆柱面、内孔表面等。

图 4-17　电感式粗糙度仪测量原理及实物图

## 四、电感式滚柱直径分选装置

人工测量和分选轴承用的滚柱直径是一项十分费时而且容易出错的工作,如图 4-18 是电感式滚柱直径分选装置的工作原理示意图。电感传感器主要是实现接触式测量滚柱的直径偏差,测量系统根据偏差值进行气缸推杆、限位挡板及电磁翻板的自动控制。如果在轴向增加一只电感传感器,还可以在测量直径偏差的同时测量圆柱滚子的长度。

1—气缸;2—活塞;3—推杆;4—被测滚柱;5—落料管;6—电感测微器;
7—钨钢测头;8—限位挡板;9—电磁翻板;10—容器(料斗)。

图 4-18　滚柱直径分选装置的工作原理示意图

## 五、电感测微仪在仿形加工中的应用

仿形机床是指按照样板或靠模控制刀具或工件的运动轨迹进行切削加工的半自动机床。某些通用机床附装仿形装置后也可实现仿形加工,如图 4-19 为铣床安装电感式测微仪作仿形头进行凸轮仿形加工示意图。电感测微仪把仿形样板的位移信号转换成电信号,经功率放大后驱动机床执行部件,采用这种控制方式的样板和触头承受压力较小。随着数控机床技术的发展及应用普及,仿形加工的应用范围也有所局限。

1—标准靠模样板；2—测端（靠模轮）；3—电感测微仪；4—铣刀龙门框架；
5—立柱；6—伺服电动机；7—铣刀；8—毛坯。

**图 4-19　仿形加工工作原理示意图**

## 六、差动变压器式压力变送器

如图 4-20 为差动变压器式压力变送器的外形及结构示意图，它适用于测量各种生产流程中的液体、水蒸气及气体压力，图中能将压力转换为位移的弹性敏感元件为波纹膜盒。膜盒由两片波纹膜片焊接而成，所谓波纹膜片是一种压有同心波纹的圆形薄膜。当膜片四周固定，两侧面存在压差时，膜片将弯向压力低的一侧，因此能够将压力变换为直线位移。波纹膜片比平膜片柔软得多，因此是多用于测量较小压力的弹性敏感元件。

1—压力输入接头；2—波纹膜盒；3—电缆；4—印制线路板；5—差动线圈；6—衔铁；
7—电源变压器；8—罩壳；9—指示；10—密封隔板；11—安装底座。

**图 4-20　差动变压器式差压变送器结构示意图**

当被测压力未导入传感器时，膜盒 2 无位移，这时衔铁在差动线圈的中间位置，因此输出电压为零。当被测压力导入膜盒 2 时，膜盒在被测介质的压力作用下，其自由端将产生正比于被测压力的位移，测杆推动衔铁产生向上位移，差动变压器输出电压，通过信号处理电路处理之后送给二次仪表，加以显示。

如图 4-20 所示的压力变送器已经将传感器与信号处理电路组合在一个壳体中，这在工业中被称为一次仪表。一次仪表的输出信号可以是电压，也可以是电流。由于电流信号不易受干扰，且便于远距离传输（可以不考虑线路压降），所以在一次仪表中多采用电流输出型。新的国家标准规定电流输出为 4~20 mA；电压输出为 1~5 V（旧国标为 0~10 mA 或 0~2 V）。4 mA 对应于零输入，20 mA 对应于满度输入。不让信号占有 0~4 mA 这一范围的原因，一方面是有利于判断线路故障（开路）或仪表故障；另一方面，这类一次仪表内部均采用微电流集成电路，总的耗电还不到 4 mA，因此还能利用 0~4 mA 这一部分"本底"电流为一次仪表的内部电路提供工作电流，使一次仪表成为两线制仪表。

所谓二线制仪表是指仪表与外界的联系只需两根导线。多数情况下，其中一根（红色）为 +24 V 电源线，另一根（黑色）既作为电源负极引线，又作为信号传输线。在信号传输线的末端通过一只标准负载电阻（也称取样电阻）接地（也就是电源负极），将电流信号转变成电压信号，如图 4-21 所示。两线制仪表的另一个好处是可以在仪表内部通过隔直、通交电容，在电流信号传输线上叠加数字脉冲信号，作为一次仪表的串行控制信号和数字输出信号，以便远程读取成为网络化仪表。上述的一次仪表输出的信号既易于处理，又符合国家标准，因此这类标准化的传感器或仪表又称为变送器。

图 4-21 二线制仪表接线方法

 展望角

LVDT 位移传感器融合了差动变压器及电感式位移传感器的工作原理，能够实现长度（深度、高度、厚度、直径、锥度等）测量、形状（圆度、直线度、平面度、垂直度、轮廓度）测量、振动测量、精密定位系统微位移检测、微操作机器人位移检测、光纤对接等等，主要指实物尺寸测量以及精密性的微位移测量工作。LVDT 位移传感器的出现解决了很多恶劣环境下的测量难题，测量过程中能够免受油污、灰尘、温度、空间等因素的影响，微米级别的测量精度搭配上无摩擦测量的特性使其能够提供稳定精准的测量数据。汽车玻璃是一个曲面，在测量产品是否合格时要求一次多点测量，可利用 LVDT 位移传感器测量汽车玻璃的曲面，同时可测 20 ~ 60 个点位，测量精度高，重复性好；挖掘机手柄上面安装 4 只（或者 2 只）LVDT 位移传感器，可以精确测量手柄的位置以便通过液压缸来控制挖掘机的动作；LVDT 位移传感器特别适合用于测量制动装置的磨损，可以通过测量气缸和制动卡钳之间的传动装置连杆的行程来测量磨损。用 LVDT 位移传感器精确测量双向比例阀的阀芯的位置，以便输出 4 ~ 20 mA 的标准电流信号经过与预先设定的值进行比较后输出一个调节信号给予阀相连的电磁开关线圈，以便在闭环阀门控制系统中动态精确控制阀芯的位置，目前已被广泛应用于工业自动化、汽车、航天航空、建筑、冶金等领域。

## 课后思考与练习

4-1 单项选择题

（1）自感式电感传感器常见的结构中，_____结构简单，制造容易，目前最常用。

  A. 变隙式     B. 变截面式     C. 螺线管式

（2）希望线性范围为 ± 1 mm，则电感式位移传感器螺线管线圈骨架长度至少应为_____。

  A. 2 mm     B. 20 mm     C. 1 mm     D. 40 mm

（3）螺线管式自感传感器采用差动结构是为了_____。

  A. 加长线圈的长度而增加线性范围     B. 降低成本

  C. 提高灵敏度、改善线性、减小误差     D. 以上都正确

（4）希望远距离传输信号，应选用具有_____输出的标准变送器。

  A. 0 ~ 2 V     B. 1 ~ 5 V     C. 0 ~ 10 mA     D. 4 ~ 20 mA

4-2 自感式电感传感器有哪几种结构形式，它们有什么特性？

4-3 简述差动电感传感器的优点。

4-4 差动变压器式传感器由哪几部分组成，画出其等效电路图，并简述其测量原理。

4-5 电感传感器可应用在哪些方面，请举例说明。

4-6 有一台两线制压力变送器，量程范围为 0 ~ 1 MPa，对应的输出电流为 4 ~ 20 mA。请将图 4-22 中的各元器件及仪表正确地连接起来。

图 4-22

# 模块五　电涡流传感器

## 学习目标

1. 掌握电涡流传感器的工作原理及结构特性；
2. 掌握电涡流传感器的测量转换电路并能够开展定性分析；
3. 掌握电涡流传感器在生产生活中的典型应用，熟悉电涡流传感器的使用方法；
4. 掌握接近开关的类型及特性，了解接近开关的接线方式及应用实例。

## 思政素养

培养学生积极乐观的学习心态及认真钻研的科研精神，激发学生的民族自豪感及职业使命感。

## 任务引领

在日常生活中，大家非常熟悉的金属探测器就是一种典型的电涡流传感器，其实质是由电涡流传感器、测量转换电路、显示器及辅助部件组成。安检门是一种典型的金属探测装置，其工作原理就是电涡流传感的应用，主要应用在机场、车站、大型会议等人流密集的公共场所，用来检查人身体上隐藏的金属物品，如枪支、管制刀具等危险品。如果在食品行业、药品行业需要检测产品中是否混有残钉等金属影响食品、药品安全，你是否能够设计自动化进行金属探测的方案呢？如果在企业，有老式设备需要升级为速度自动监测、超速报警等功能，你是否能够找到合适的传感器并设计升级方案呢？请在本模块的学习中掌握电涡流传感器的工作原理以及典型应用，并在学习中不断拓宽专业视野、探索传感器应用新思路。

## 知识背景

电涡流传感器的最大特点是可以进行非接触式测量，各种各样的金属探测设备应用于生产生活的多个领域，在检测领域可以用来非接触地探测金属、测量微小位移、振动测量、转速测量以及无损探伤等。电涡流探头结构简单、体积小巧，具有频率响应宽、测量灵敏度高、安装方便、抗干扰能力强等特点，在工业领域应用广泛。本模块将学习电涡流效应、电涡流传感器检测原理、电涡流传感器测量转换电路及电涡流传感器的典型应用等。通过本模块的学习，你将知道什么是电涡流效应，了解电磁炉的工作原理、寻宝神器——金属探测器、接近开关的工作原理。

# 单元一　电涡流传感器的工作原理及结构特性

## 一、电涡流传感器的工作原理

根据法拉第电磁感应原理，金属导体置于变化的磁场中时，导体表面将产生感应电流，感应电流在金属内自行闭合呈旋涡状称为电涡流，这种现象称为电涡流效应，而且该电涡流所产生的反磁场方向与原磁场方向相反。电涡流传感器就是根据电涡流效应来检测金属导体的各种物理参数的。

电涡流传感器的敏感元件是线圈，当给线圈通以交变电流并使它接近金属导体时，线圈产生的磁场就会被导体电涡流产生的磁场部分抵消，使线圈的电感量、阻抗和品质因数发生变化。这种变化与导体的几何尺寸、电导率、磁导率有关，也与线圈的几何参量、电流的频率和线圈到被测导体间的距离有关。如果使上述参量中的某一个变化，其余皆不变，利用电涡流效应将位移等非电量转换为线圈的电感或阻抗变化，就可制成多种用途的传感器，能对表面为金属导体的物体进行多种物理量的非接触测量。

### （一）工作原理

图 5-1 为电涡流式传感器的原理图，该图由传感器线圈和被测导体组成线圈—导体系统。根据法拉第定律，当传感器线圈通一正弦交变电流时，线圈周围空间必然产生正弦交变磁场 $\dot{H}_1$，使置于此磁场中的金属导体中感应电涡流 $\dot{I}_2$，$\dot{I}_2$ 又产生新的交变磁场 $\dot{H}_2$。根据楞次定律，$\dot{H}_2$ 的作用将反抗原磁场 $\dot{H}_1$，导致传感器线

图 5-1　电涡流传感器工作原理图

圈的等效阻抗发生变化。由上可知，线圈阻抗的变化完全取决于被测金属导体的电涡流效应。电涡流效应既与被测体的电阻率 $\rho$、磁导率 $\mu$ 以及几何形状有关，又与线圈几何参数、线圈中激磁电源频率、激励电流有关，还与线圈与导体间的距离 $x$ 有关。因此，传感器线圈受电涡流影响时的等效阻抗 $Z$ 的函数关系式为

$$Z = f(\dot{I}_1, f, \rho, \mu, r, x) \tag{5-1}$$

式中，$r$ 为线圈与被测体的尺寸因子。

如果保持上式中其他参数不变，而只改变其中一个参数，传感器线圈阻抗 $Z$ 就仅仅是这个参数的单值函数。通过传感器的测量电路测出阻抗 $Z$ 的变化量，即可实现对该参数的测量。

### （二）基本特性

电涡流传感器简化模型如图 5-2 所示。模型中把在被测金属导体上形成的电涡流等效成一个短路环，即假设电涡流仅分布在环体之内，模型中 $h$ 由以下公式求得

$$h = \sqrt{\frac{\rho}{\pi\mu_0\mu_r f}} \qquad (5\text{-}2)$$

式中，$f$ 为线圈激磁电流的频率。

根据简化模型，可画出等效电路如图 5-3 所示，图中 $R_2$ 为电涡流短路环等效电阻，其表达式为

$$R_2 = \frac{2\pi\rho}{h\ln\dfrac{r_n}{r_i}} \qquad (5\text{-}3)$$

1—传感器线圈；2—短路环；3—被测金属导体。

**图 5-2　电涡流传感器简化模型**

1—传感器线圈；2—电涡流短路环电路。

**图 5-3　电涡流传感器等效电路**

根据基尔霍夫第二定律，可列出如下方程

$$R_1\dot{I}_1 + j\omega L_1\dot{I}_1 - j\omega L_2\dot{I}_2 = \dot{U}_1 \qquad (5\text{-}4)$$

式中，$\omega$ 为线圈激磁电流角频率；$R_1$、$L_1$ 为线圈电阻和电感；$L_2$ 为短路环等效电感；$R_2$ 为短路环等效电阻。

由式（5-3）和式（5-4）解得等效阻抗 $Z$ 的表达式为

$$Z = \frac{\dot{U}_1}{\dot{I}_1} = R_1 + \frac{\omega_2 M_2}{R_2^2 + (\omega L_2)^2}R_2 + j\omega\left[L_1 - \frac{\omega_2 M_2}{R_2^2 + (\omega L_2)^2}L_2\right] = R_{eq} + j\omega L_{eq} \qquad (5\text{-}5)$$

式中，$R_{eq}$ 为线圈受电涡流影响后的等效电阻；$L_{eq}$ 为线圈受电涡流影响后的等效电感。线圈的等效品质因数 $Q$ 值为

$$Q = \frac{\omega L_{eq}}{R_{eq}} \qquad (5\text{-}6)$$

综上所述：根据电涡流式传感器的简化模型和等效电路，运用电路分析的基本方法得到的式（5-5）和式（5-6），即为电涡流的基本特性。

（三）电涡流形成范围

1. 电涡流的径向形成范围

线圈—导体系统产生的电涡流密度既是线圈与导体间距离 $x$ 的函数，又是沿线圈半径方

向 $r$ 的函数。当 $x$ 一定时，电涡流密度 $J$ 与半径 $r$ 的关系曲线如图 5-4 所示。

由图可知：

① 电涡流径向形成的范围大约在传感器线圈外径 $r_{as}$ 的 1.8 ~ 2.5 倍范围内，且分布不均匀。

② 电涡流密度在短路环半径 $r = 0$ 处为零。

③ 电涡流的最大值在 $r = r_{as}$ 附近的一个狭窄区域内。

④ 可以用一个平均半径为 $r_{as}[r_{as} = (r_i + r_a)/2]$ 的短路环来集中表示分散的电涡流（图中阴影部分）。

1—传感器线圈；2—导体表面电涡流；3—电涡流密度曲线。

图 5-4　电涡流密度 $J$ 与半径 $r$ 的关系曲线

2. 电涡流强度与距离的关系

理论分析和实验都已证明，当 $x$ 改变时，电涡流密度发生变化，即电涡流强度随距离 $x$ 的变化而变化。根据线圈-导体系统的电磁作用，可以得到金属导体表面的电涡流强度为

$$I_2 = I_1 \cdot \frac{1-x}{\sqrt{x^2 + r_{ax}^2}} \qquad (5-7)$$

式中，$I_1$ 为线圈激励电流；$I_2$ 为金属导体中等效电流；$x$ 为线圈到金属导体表面距离；$r_{ax}$ 为线圈外径。

根据上式作出归一化曲线，如图 5-5 所示。

以上分析表明：

① 电涡强度与距离 $x$ 呈非线性关系，且随着 $x/r_{as}$ 的增加而迅速减小。

② 当利用电涡流式传感器测量位移时，只有在 $x/r_{as1}$（一般取 0.05 ~ 0.15）的范围才能得到较好的线性和较高的灵敏度。

（四）集肤效应

图 5-6 是电涡流传感器工作原理示意图。当高频（100 kHz 左右）信号源产生的高频电压施加到一个靠近金属导体附近的电感线圈时，将产生高频磁场 $H_1$。如被测导体置于该交变磁场范围之内时，被测导体就产生电涡流 $I_2$。$I_2$ 在金属导体的纵深方向并不是均匀分布的，而只集中在金属导体的表面，这称为集肤效应（也称趋肤效应）。

集肤效应与激励源频率 $f$、工件的电导率 $\sigma$、磁导率 $\mu$ 等有关。通常把涡流密度减少到离开表面 $1/e$ 处（$e = 2.172$）的

图 5-5　电涡流强度与距离归一化曲线

1—电涡流线圈；2—被测金属导体。

图 5-6　电涡流传感器工作原理示意图

深度叫作标准渗透深度。它大约是电涡流密度减少到 36.8% 处的深度，用 $\delta$ 表示。频率 $f$ 越高，电涡流的渗透深度越浅，集肤效应越严重。100 kHz 时的电阻值是直流时的 1.5 倍，1 MHz 的电阻值是直流时的 4 倍。由于存在集肤效应，电涡流只能检测导体表面的各种物理参数。改变 $f$，可控制检测深度。激励源频率一般设定在 100 kHz ~ 1 MHz，有时为了使电涡流深入金属导体深处，或欲对距离较远的金属体进行检测，可采用十几千赫兹甚至几百赫兹的激励频率。

## 二、电涡流传感器的结构及特性

### （一）电涡流探头结构

电涡流传感器的传感元件是一只线圈，俗称为电涡流探头。由于激励源频率较高（数十 kHz 至数 MHz），所以匝数不必太多，一般为扁平空心线圈。有时为了使磁力线集中，可将线圈绕在直径和长度都很小的高频铁氧体磁心上。电涡流探头的结构十分简单，其核心是一个扁平"蜂巢"线圈。线圈用多股绞扭漆包线（能减小集肤效应，提高 $Q$ 值）绕制而成，置于探头的端部，外部用聚四氟乙烯等高品质因数塑料密封，如图 5-7 所示。

1—电涡流线圈；2—探头前端壳体（塑料）；3—位置调节螺纹（钢）；4—信号处理电路；
5—夹持螺母；6—电源指示灯；7—阈值指示灯；
8—输出屏蔽电缆线索；9—电缆插头。

**图 5-7　电涡流探头**

随着电子技术的发展，现在已能将测量转换电路安装到探头的壳体中。它具有输出信号大（输出信号为直流电压或电流，有时还可以是开关信号）、不受输出电缆分布电容影响等优点。

CZF-1 系列电涡流探头的性能如表 5-1 所示。

**表 5-1　CZF-1 系列电涡流探头的性能**

| 型　号 | 线性范围/μm | 线圈外径/nm | 分辨力/μm | 线性误差 /（%） | 使用温度/℃ |
|---|---|---|---|---|---|
| CZFI-1000 | 1 000 | $\phi7$ | 1 | <3 | －15 ~ ＋80 |
| CZF1-3000 | 3 000 | $\phi15$ | 3 | <3 | －15 ~ ＋80 |
| CZF1-5000 | 5 000 | $\phi28$ | 5 | <3 | －15 ~ ＋80 |

由表 5-1 可知，探头的直径越大，测量范围就越大，但分辨力就越差，灵敏度也降低。

## （二）被测体材料、形状和大小对灵敏度的影响

线圈阻抗变化与金属导体的电导率、磁导率等有关。对于非磁性材料，被测体的电导率越高，则灵敏度越高。但被测体是磁性材料时，其磁导率将影响电涡流线圈的感抗，其磁滞损耗还将影响电涡流线圈的 $Q$ 值，所以其灵敏度要视具体情况而定。

为了充分利用电涡流效应，被测体为圆盘状物体的平面时，物体的直径应大于线圈直径的 2 倍以上，否则将使灵敏度降低；被测体为轴状圆柱体的圆弧表面时，它的直径必须为线圈直径的 4 倍以上，才不影响测量结果。而且被测体的厚度也不能太薄，一般情况下，只要厚度在 0.2 mm 以上，测量就不受影响。在测量时，电涡流线圈周围除被测导体外，应尽量避开其他导体，以免干扰磁场，引起线圈的附加损失。

# 单元二 电涡流传感器的测量转换电路

根据式（5-5）可知，电涡流探头与被测金属之间的互感量变化可以转换为探头线圈的等效阻抗（主要是等效电感）以及品质因数 $Q$（与等效电阻有关）等参数的变化。因此测量转换电路的任务是把这些参数变换为频率、电压或电流，测量转换电路有调幅式、调频式和电桥式等诸多电路，这里简单介绍调幅式和调频式测量转换电路。

## 一、调幅式电路

调幅式电路又称为 AM 式电路，是以输出高频信号的幅度来反映电涡流探头与被测金属导体之间的关系。图 5-8 是高频调幅式测量转换电路原理框图。石英晶体振荡器通过耦合电阻 $R$，向由探头线圈和一个微调电容 $C_0$ 组成的并联谐振回路提供一个稳频稳幅的高频激励信号，相当于一个恒流源。当被测金属导体距探头相当远时，调节 $C_0$，使 $LC_0$ 的谐振频率等于石英晶体振荡器的频率 $f_0$，此时谐振回路的 $Q$ 值和阻抗 $Z$ 也最大，恒定电流 $I_i$ 在 $LC_0$ 并联谐振回路上的压降 $U_o$ 也最大。

**图 5-8 高频调幅式测量转换电路原理框图**

当被测导体为非磁性金属时，探头线圈的等效电感 $L$ 减小，并联谐振回路谐振频率 $f_1 > f_0$，处于失谐状态，输出电压大大降低。当被测导体是磁性金属时，探头线圈的电感量略为增大，但由于被测磁性金属体的磁滞损耗，使探头线圈的 $Q$ 值也大大下降，输出电压也降低。金属材料在高频磁场中产生电涡流，引起电涡流线圈端电压 $U_o$ 的衰减，被测导体与线圈的间距 $x$

越小，输出电压 $U_o$ 就越低，再经高放、检波、低放电路，最终输出的直流电压 $U_o$ 反映了金属体对电涡流线圈的影响。

调幅式电路的输出电压 $U_o$ 与位移 $x$ 不是线性关系，必须用千分尺逐点标定，并用计算机线性化之后才能用数码管显示出位移量。调幅式电路还有一个缺点，就是电压放大器的放大倍数的漂移会影响测量精度，必须采用各种温度补偿措施。

## 二、调频式电路

调频式电路也称为 FM 式电路，是将探头线圈的电感量 $L$ 与微调电容 $C_0$ 构成 $LC$ 振荡器，以振荡器的频率 $f$ 作为输出量，此频率可以通过 $f/V$ 转换器（又称鉴频器）转换成电压，由表头显示。也可以直接将频率信号（TTL 电平）送到计算机的计数定时器，测量出频率。

调频式测量转换电路原理框图如图 5-9 所示，并联谐振回路的谐振频率为

$$f = \frac{1}{2\pi\sqrt{LC_0}} \tag{5-8}$$

当电涡流线圈与被测导体的距离 $x$ 变小时，电涡流线圈的电感量 $L$ 也随之变小，引起 LC 振荡器的输出频率变高，此频率的变化可直接用计算机测量。如果要用模拟仪表进行显示或记录时，必须使用鉴频器，将 $\Delta f$ 转换为电压 $\Delta U$，鉴频器的特性如图 5-9（b）所示。

（a）信号流程 　　　　　　　　　　　　　　　（b）鉴频器特性

**图 5-9　调频式测量转换电路原理框图**

图 5-10 是用调频法测量铜板与电涡流探头间距 $x$ 时的特性曲线。测试时选用直径 $\phi40$ mm，$L_0 = 100$ μH 的电涡流探头，被测导体的面积必须比探头直径大 1 倍以上，在这个实验中，选取 $\phi80$ mm 的紫铜板。当铜板距离探头 $\infty$ 远时，调节 $C_0$ 使振荡器的振荡频率为 1 MHz。然后使铜板逐渐靠近探头，用频率计逐点测量振荡器的输出频率 $f$，并计算出 $\Delta P$ 值。我们可以发现 $x/\Delta f$ 的关系为非线性，如图 5-10 所示。如果用示波器观察振荡幅度，还可以发现振荡幅度随间距的缩小而降低（必须大于 5 V），但是由于限幅器的限幅特性，输入到鉴频器的幅度始终保持 TTL 电平（0 ~ 0.8 V 或 3.4 ~ 5 V）。因此调频式电路受温度、电源电压等外界因素的影响较小。

**图 5-10　铜板与探头的 $x/\Delta f$ 曲线**

# 单元三　电涡流传感器的应用

电涡流传感器能实现非接触式测量，因此可以通过灵活设计传感器的结构，巧妙安排它与被测对象的布局来达到各种应用的目的。电涡流探头线圈的阻抗受诸多因素影响，例如金属材料的厚度、尺寸、形状、电导率、磁导率、表面因素、距离等。只要固定其他因素就可以用电涡流传感器来测量剩下的一个因素，因此电涡流传感器的应用领域十分广泛。但也同时带来许多不确定因素，一个或几个因素的微小变化就足以影响测量结果，所以电涡流传感器多用于定性测量。即使要用作定量测量，也必须采用前面述及的逐点标定、计算机线性纠正法。下面就几个主要应用方面作简单的介绍。

## 一、电涡流厚度传感器

图 5-11 所示为透射式电涡流厚度传感器结构原理图。在被测金属的上方设有发射传感器线圈 $L_1$，在被测金属板下方设有接收传感器线圈 $L_2$。当在 $L_1$ 上加低频电压 $U_1$ 时，则 $L_1$ 上产生交变磁通 $\phi_1$，若两线圈间无金属板，则交变磁场直接耦合至 $L_2$ 中，$L_2$ 产生感应电压 $U_2$。如果将被测金属板放入两线圈之间，则 $L_1$ 线圈产生的磁通将导致在金属板中产生电涡流。

此时磁场能量受到损耗，到达 $L_2$ 的磁通将减弱为 $\phi'_1$，从而使 $L_2$ 产生的感应电压 $U_2$ 下降。金属板越厚，涡流损失就越大，$U_2$ 电压就越小。因此，可根据 $U_2$ 电压的大小得知被测金属板的厚度，透射式涡流厚度传感器检测范围可达 $1 \sim 100$ mm，分辨力为 $0.1$ μm，线性度为 1%。

由于存在集肤效应，电涡流传感器可用于金属镀层厚度测量，如图 5-12，镀层厚度越薄，电涡流就越小。测量前，先电涡流测厚仪对标准厚度的镀层作出"厚度-输出"电压的标定曲线，以便测量时对照。

图 5-11　透射式电涡流厚度传感器示意图

图 5-12　镀层厚度测量示意图

## 二、位移动态监测及振动测量

如图 5-13 为电涡流式数显位移测量仪，位移测量包含偏心、间隙、倾斜、弯曲、变形、移动等，来自不同应用领域的许多量都可归结为位移或间隙变化。电涡流式位移传感器属于非接触测量，不影响设备的运行工况，如图 5-14 为高速旋转设备的轴向位移动态监测示意图。

图 5-13　电涡流数显位移传感器图

1—旋转设备；2—主轴；3—联轴器；4—电涡流探头；5—电动机。

图 5-14　轴向位移动态监测示意图

　　由于轴承的推力和轴承的磨损导致联轴器端面和电涡流探头的间隙减小时，二次仪表可以发出报警信号，当位移达到危险值时发出停机信号以避免事故的发生。位移测量范围可以从高灵敏度的 0 ~ 1 mm 到大量程的 0 ~ 30 mm，缺点是线性度稍差，只能达到 1% 左右。除可动态监测机械设备主轴的轴向窜动等位移量外，还可以非接触地测量各种振动的振幅、频谱分布等参数（见图 5-15），它是测量汽轮机、空气压缩机转轴的径向振动和汽轮机叶片振幅的理想器件。电涡流传感器工作时不受灰尘等非金属因素的影响，寿命较长，可在各种恶劣条件下使用。

（a）径向振动测量　　　　　（b）长轴振动测量　　　　　（c）振动测量振幅示意图

1—电涡流线圈；2—被测对象。

图 5-15　振幅测量

## 三、电涡流式转速表

　　在测量转速方面，只要在旋转体上加工或加装一个凸起或凹槽金属体，并将电涡流探头对准旋转体的金属体，就可以实现转速测量。图 5-16 所示为电涡流式转速表的工作原理图，当被测旋转轴转动时，周期性地改变着电涡流探头和金属体之间的距离。由于电涡流效应，电涡流线圈的电感也发生变化，它们将直接影响振荡器的电压幅值和振荡频率，电涡流传感器的输出电压也周期性地发生变化。此电压信号经过放大、变换后，可用频率计测出其变化的重复频率 $f$，从而测出被测轴的转速 $n$。若旋转体上有 $z$ 个槽（或齿），频率计的读数为 $f$（Hz），则旋转体的转速 $n$（r/min）计算公式为

$$n = 60 \frac{f}{z} \tag{5-9}$$

1—电涡流探头；2—被测旋转体。

图 5-16　电涡流式转速表工作原理图

电涡流式转速表俗称电感转速表，可实现非接触式测量，抗污染能力很强，可安装在旋转轴旁长期对被测转速进行监视，电涡流式转速传感器既能响应零转速，也能响应高转速。对被测对象要求也较低，可以是一个小的孔眼、凸键或凹键，安装方便、操作简单。如图 5-17 为生产中常用的电涡流式转速传感器。

图 5-17　电涡流式转速表实物图

地下金属探测器
结构及应用

## 四、电涡流传感器用于金属分拣及探测

利用金属导体的电涡流效应，电涡流传感器在金属材料探测中有着广泛的应用。比如在考场、车站及机场用的便携式金属探测仪如图 5-18（a），军事上用的扫雷器、野外考古及寻宝的地下金属探测仪如图 5-18（b），用在海关、钱币厂、游戏厅等场合的门式金属探测仪等如图 5-18（c）。随着自动化技术的发展，电涡流传感器还在自动生产线上用于零件的分拣、计数、加工定位等，还可用于食品、木材、布料等物品的残钉、断针检测，确保产品的安全。

（a）便携式金属探测仪　　　（b）地下金属探测仪　　　（c）门式金属探测仪

**图 5-18　电涡流式金属探测仪**

## 五、电涡流表面探伤

　　利用电涡流传感器可以检查金属表面的裂纹以及焊接处的缺陷等，在金属表面探伤中，保持电涡流探头与被测导体的距离不变，探测时如果遇到裂纹，导体的电导率和磁导率就发生变化，使电涡流变小，从而引起电涡流线圈输出电压突变。图 5-19（a）是电涡流探头检测高压输油管道表面裂纹的示意图，探头对油管表面逐点扫描可得到传感器输出探伤信号，但信号十分紊乱，通过带通滤波器，滤去表面不平整、扰动等得到尖峰信号，计算机可以计算电涡流探头线圈的阻抗，得到如图 5-19（b）的花瓣阻抗图。根据长期积累的探伤经验，可以从该复杂的阻抗图中判断通裂纹的长短、深浅、走向等参数。电涡流探伤仪的最大特点是非接触测量，不磨损探头，检测速度可达每秒几米，对机械设备进行改造，还可用于轴类、滚子类的缺陷检测。

（a）输油管探伤示意图　　　　　　　（b）花瓣阻抗图

1、2—导向辊；3—楔形电涡流探头；4—裂纹；5—输油管；6—电涡流。

**图 5-19　电涡流表面探伤**

# 单元四  接近开关简介

接近开关又称无触点行程开关，它能在一定的距离（几毫米至几十毫米）内检测有无物体靠近。当物体与其接近到设定距离时，就可以发出"动作"信号。接近开关除可以完成行程控制和限位保护外，还是一种非接触型的检测装置，也可用于产品分拣、产品计数、物体定位、液面控制和加工程序的自动衔接等。接近开关给出的是开关信号（高电平或低电平），多数接近开关有较大的负载能力，能直接驱动中间继电器。

接近开关的核心部分是"感辨头"，它对正在接近的物体有很高的感辨能力。多数接近开关已将感辨头和测量转换电路设在同一壳体内，壳体上带有螺纹或安装孔，便于安装和调整。广义来讲，非接触式传感器均能做接近开关。

## 一、常用接近开关的分类

常用的接近开关有电涡流式（俗称电感接近开关）、电容式、磁性干簧开关、霍尔式等，光电式、超声波式检测距离一般可以做得较大（数米～数十米），归为电子开关系列。电涡流式对导电良好的金属起作用；电容式可检测的材料类型很多，接近开关的灵敏度与材料性质关系很大；磁性干簧开关、霍尔式对磁性物体起作用。

## 二、接近开关的特点及主要性能指标

与机械开关相比，接近开关与被测物不接触，不影响被测物的运行工况；不会产生机械磨损和疲劳损伤、工作寿命长；响应快，响应时间一般为几毫秒或十几毫秒；无触点、无火花、无噪声、防爆性能较好；输出信号负载能力强，可与计算机或 PLC 接口直接匹配；体积小、安装、调整方便，采用全密封结构，防潮、防尘等；它的缺点是触点容量较小、输出短路时易烧毁。

1. 动作（检测）距离

动作距离是指被测物由正面靠近接近开关的感应表面时，使接近开关动作的空间距离。

2. 额定工作距离

额定工作距离是指接近开关在实际工作中被设定的安装距离，额定工作距离约为动作距离的 75%，以保证工作可靠。在此距离上，接近开关不应受温度变化、电源波动等外界干扰而产生误动作。安装后还须通过调试，然后紧固。

3. 复位距离

复位距离是指接近开关动作后，又再次复位时感应面与被测物的距离，它略大于动作距离。

4. 动作滞差

动作滞差是指动作距离与复位距离之间的绝对值。动作滞越大，对外界的干扰以及被测物的抖动等的抗干扰能力就越强。

5. 动作频率 $f$

动作频率是指每秒连续不断地进入接近开关的动作距离后又离开的被测物个数或次数称为动作频率。若接近开关的动作频率太低而被测物又运动得太快时，接近开关就来不及响应物体而造成漏检。

6. 重复定位准确度

重复定位准确度是表征多次测量的动作距离平均值。其数值离散性的大小一般为最大动作距离的 1% ~ 5%。离散性越小，重复定位准确度越高。

7. 接近开关的安装方式

接近开关的安装方式有齐平式和非齐平式。齐平式（又称埋入型）的接近开关表面可与被安装的金属物件形成同一表面，不易被碰坏，但灵敏度较低；非齐平式（非埋入安装型）的接近开关则需要把感应头露出一定高度，否则将降低灵敏度。

接近开关的外形如图 5-20 所示，根据不同的用途选择不同的类型。

（a）圆柱形　　　（b）平面安装形　　　（c）方形　　　（d）槽形

图 5-20　接近开关的类型

## 三、接近开关的规格及接线方式

接近开关有二线制、三线制及四线制，三线制接线方式最常用，四线制通常有两种输出状态，可以根据使用需要进行切换。接近开关的输出状态有常开型和常闭型之分，可以选择继电器输出型，更多地采用 OC 门（集电极开路输出门）作为输出级，OC 门又有 NPN 和 PNP 之分。典型的三线制接线方式，红色（或棕色）接电源正极（标准为 DC24 V），蓝色接电源负极（接地），黑色为信号输出端。

图 5-21 为典型三线制接近开关的原理图，当被测物体未靠近接近开关时，$U_B = 0$，$I_B = 0$，OC 门截止，OUT 端为高阻态（接入负载后为接近电源电压的高电平）。当被测体靠近到动作距离 $x_{min}$ 时，OC 门的输出端对地导通，OUT 端对地为低电平（约 0.3 V），将中间继电器 KA 跨接在 + VCC 与 OUT 端上时，KA 就处于吸合（得电）状态。当被测物体远离该接近开关，

到达 $x_{max}$ 时，OC 门再次截止，KA 失电。通常将接近开关设计为具有"施密特特性"，$\Delta x$ 为接近开关的动作滞差。动作滞差越大，抗机械振动干扰的能力就越强。

当无检测物体时，对常开型接近开关而言，由于接近开关内部的输出三极管截止，所接的负载不工作（失电）；当检测到物体时，内部的输出级三极管导通，负载得电工作。对常闭型接近开关而言，当未检测到物体时，三极管反而处于导通状态，负载得电工作；反之则负载失电。

图 5-21　典型三线制接近开关的原理

## 四、接近开关的选型

在一般的工业生产场所，通常都选用电涡流式接近开关和电容式接近开关。这两种接近开关对环境的要求条件较低。当被测对象是导电物体或可以固定在一块金属物上的物体时，一般都选用电涡流式接近开关，它的响应频率高、抗环境干扰性能好、应用范围广、价格较低。当所测对象是非金属、液位高度、粉状物高度、塑料、烟草等，则应选用电容式接近开关。这种开关的响应频率低，但稳定性好。安装时应考虑环境因素的影响。若被测物为导磁材料或者为了区别和它在一同运动的物体而把磁钢埋在被测物体内时，应选用霍尔接近开关，它的价格最低。在环境条件比较好、无粉尘污染、远距离检测和控制的场合，可采用光电接近开关，光电接近开关工作时对被测对象几乎无任何影响。在多数报警系统中，为了提高识别的可靠性，通常采用几种接近开关复合使用的方法。

## 展望角

食品在原料和加工过程中，会混入一些异物，这些物质会对消费者的身体造成伤害甚至危及生命。检测食品异物的主要手段有 x 射线探测、金属探测、视觉检验、电子扫描等方法。金属探测是最为常见的方法之一。使用金属探测器最终是为了提高产品质量，维护企业形象及保护消费者利益。金属探测器作为控制金属异物的典型仪器，是食品包装以及物料传输线上的一种金属检测装置，它能够有效地识别出食品和物料中混入的金属危害物质，并通过适当方式将金属物质剔除掉。

在实际应用中，也会出现金属探测仪"失灵"和"失效"的情形，比如正常检测过程中的报警、金属探测仪的异常报警及有金属异物但未发出报警等等；有金属未检出原因可能有以下情况，产品集中在金属探测仪测试盲区、通过灵敏度设置不合理等等。金属探测仪的异常报警原因较多，比如物料速度过快，物料通过量过大，造成检测过程的连续报告，需要调整生产线速度，针对不同产品制定生产线最合理的物料速度和上料量；由于设备频繁移动，处于不同的生产环境中造成设备受环境影响，应根据生产和产品加工流程的需要，设置相对固定的金属探测仪安置区域，减少环境的变化对设备的影响；灵敏度设置不合理及与物料特性不匹配等，应检查核对选择的检测程序是否与被测试产品一致；实际应用中，应评估已检测产品，必要时返工进行金属探测，若产品中确实存在较多的金属异物，将产品先进行预处理如过强磁后再进行金属探测。

## 课后思考与练习

5-1 单项选择题

（1）利用电涡流热效应进行感应加热，高频感应加热器的频率可选为_____。

    A. 50 ~ 100 Hz     B. 1 ~ 10 kHz     C. 300 kHz ~ 2 MHz

（2）电涡流接近开关可以利用电涡流原理检测_____的靠近程度。

    A. 人体     B. 水     C. 金属零件     D. 塑料零件

（3）电涡流探头的外径越大，探测范围_____，而其分辨力_____。

    A. 越大     B. 越小     C. 越差     D. 越好

（4）电涡流探头感应面的外壳一般采用_____材料制作。

    A. 不锈钢     B. 玻璃     C. 塑料     D. 黄铜

（5）用于考古的地下金属探测仪应选择直径_____的电涡流探头，用于转速测量的电涡流转速表可选择直径为_____的电涡流探头。

    A. 2 mm     B. 20 mm     C. 100 mm     D. 300 mm

5-2 请简述电涡流式传感器非接触式测转速的原理。

5-3 电涡流式传感器可应用在哪些方面，请举例说明。

5-4 接近开关有哪些类型？在实际应用中，如何合理地选择接近开关？

5-5 用一电涡流式测振仪测量某机器主轴的轴向窜动，已知电涡流传感器的灵敏度为 25 mV/mm。最大线性范围（优于 1%）为 5 mm。现将电涡流探头安装在主轴的右侧，如图 5-22（a）所示，使用高速记录仪记录下的振动波形如图 5-22（b）所示。问：

图 5-22 电涡流测振仪测量示意图

（1）轴向振动的振幅为多少 mm?

（2）主轴振动的基频 $f$ 是多少?

（3）振动波假如不是正弦波，原因有哪些?

（4）为了得到较好的线性度与最大的测量范围，探头与被测金属的安装距离 $l$ 为多少为佳?

097

# 模块六  热电偶传感器

 学习目标

1. 掌握热电偶进行温度测量的优势，理解热电效应的含义；
2. 掌握热电偶的中间导体定律和中间温度定律；
3. 熟悉热电偶的材料、类型及结构；
4. 掌握热电偶的冷端延长及冷端温度补偿原理；
5. 了解热电偶传感器的应用。

## 思政素养

通过学习传统传感器在工业领域的重要应用，培养学生对传统工业的敬畏及适应生产环境的劳动精神。

## 任务引领

在工业生产和科学研究中，热电偶测温传感器已经得到广泛的应用。它已经成系列化、标准化的一种测温传感器，热电偶测温传感器将温度信号转换成电动势，属于自发电型传感器，测量时可以不需要外加电源，可以直接驱动动圈仪表进行显示。热电偶测温传感器测温上限可以达到 2 000 ℃以上，而且热电偶在高温范围内测量精度高，国际实用温标规定，在 630.74～1 064.43 ℃内用热电偶作为复现热力学温标的基准仪器。如果需要测量一座加热炉的温度，你是否了解选用热电偶的材料和类型，如何确定冷端的位置和温度，是否能够根据所测电压的变化计算出加热炉的温度？请在本模块的学习中找到理论知识铺垫及思路启发，并在学习中不断拓宽专业视野、探索传感器应用新思路。

## 知识背景

热电偶测温传感器广泛应用于工业生产和科学研究中。热电偶传感器是利用热电效应将温度信号转换成电动势的变化，再通过自动化仪表进行冷端补偿计算和查表得到温度。热电偶传感器属于自发电式传感器，无须外加电源，使用方便，广泛用于测量加热炉、液体、管道内的气体以及固体的表面温度。而热电偶传感器测温范围是－270～2 500 ℃之间。热电偶传感器制造容易、结构简单、精度高、测量范围大、惯性小、可以远距离传输。本模块我们将学习热电偶传感器的工作原理、热电偶的材料类型及结构、热电偶的冷端延长及冷端温度补偿。通过本模块的学习，你将知道什么叫热电效应，热电偶传感器是如何实现测温的？

# 单元一  热电偶的工作原理及类型

热电偶工作原理

热电偶传感器是将温度转换为电势大小的热电式传感器，在接触式测温中，热电偶温度计的应用最为广泛。热电偶温度计由热电偶、连接导线和显示仪表组成。热电偶温度计具有结构简单、制造方便、测温范围广（ $-260\,℃\sim+2\,800\,℃$）、准确度高、适于远距离测量和便于自动控制等优点。它不仅可用于各种流体温度的测量，而且还可以测量固体表面和内部某点的温度。

## 一、热电效应

1821 年，德国物理学家赛贝克（T·J·Seebeck）用两种不同金属组成闭合回路，并用酒精灯加热其中一个接触点（称为结点），发现放在回路中的指南针发生偏转，如图 6-1（a）所示。如果用两盏酒精灯对两个结点同时加热，指南针的偏转角反而减小。显然，指南针的偏转说明了回路中有电动势产生并有电流在回路中流动，电流的强弱与两个结点的温差有关。

在两种不同材料的导体组成的闭合回路中，当两个结点温度不相同时，回路中将产生电动势，这种物理现象称为热电效应。热电偶是指两种不同材料的导体所组成的回路，组成热电偶的导体称为"热电极"，热电偶所产生的电动势称为热电动势（以下简称热电势）。热电偶的两个结点中，置于温度为 $T$ 的被测对象中的结点称之为测量端，又称为工作端或热端；而置于参考温度为 $T_0$ 的另一结点称之为参考端，又称自由端或冷端。

（a）热电效应　　　　　（b）结点产生热电动势示意图　　（c）图形符号

1—工作端；2—热电极；3—指南针；4—参考端。

**图 6-1　热电偶原理图**

## 二、热电偶的电动势

在热电偶回路中，所产生的热电动势是由温差电动势和接触电动势组成的，图 6-2 为热电偶的热电动势示意图。

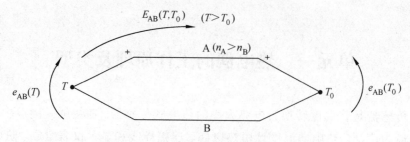

图 6-2　热电偶的热电动势示意图

（一）温差电动势

对于单一导体，如果两端温度分别为 $T$、$T_0$（也可以用摄氏温度 $t$、$t_0$），且 $T > T_0$，在导体内部，热端自由电子具有较大的动能，向冷端移动，从而使热端失去电子带正电荷，冷端得到电子带负电荷，即在导体两端产生了电动势，称为单一导体的温差电动势。导体 A、B 的温差电势分别用 $e_A(T, T_0)$、$e_B(T, T_0)$ 表示，它的数量级为 $10^{-5}$ V。

（二）接触电动势

假设两种不同的金属 A、B 的自由电子密度分别为 $n_A$ 和 $n_B$，且 $n_A > n_B$。当 A 和 B 相接触时，将产生自由电子的扩散现象。在同一瞬间，由 A 扩散到 B 中去的电子比由 B 扩散到 A 中的多，从而使 A 失去电子带正电，B 得到电子带负电，在接触面形成电场。此电场阻止电子进一步扩散，达到动态平衡时，在 A、B 之间形成稳定的电位差，即接触电动势 $e_{AB}(T)$、$e_{AB}(T_0)$。

热电偶回路中产生的总热电动势为

$$E_{AB}(T, T_0) = e_{AB}(T) + e_B(T, T_0) - e_{AB}(T_0) - e_A(T, T_0) \tag{6-1}$$

式中，$E_{AB}(T, T_0)$ 为热电偶中的总电动势；$e_{AB}(T)$ 为热端接触电动势；$e_{AB}(T_0)$ 为冷端接触电动势；$e_A(T, T_0)$ 为导体 A 的温差电动势；$e_B(T, T_0)$ 为导体 B 的温差电动势。

在总电动势中，温差电动势比接触电动势小得多，可忽略不计，则热电偶的热电动势可表示为

$$E_{AB}(T, T_0) = e_{AB}(T) - e_{AB}(T_0) \tag{6-2}$$

对于已选定的热电偶，当参考端温度 $T_0$ 恒定时，$e_{AB}(T_0)$ 为常数，则总的热电动势就只与温度 $T$ 成单值函数关系，即

$$E_{AB}(T, T_0) = e_{AB}(T) - C = f(T) = f_{AB}\Delta t \tag{6-3}$$

综上所述，可以得出以下结论：

（1）如果热电偶两电极材料相同，则接触电动势为零，即使两端温度不同（$t \neq t_0$），但总输出热电势仍为零。因此热电偶必须由两种不同的导体材料构成。

（2）如果热电偶两结点温度相同，则温差电动势为零，尽管导体材料不同，但两端点的接触电动势相互抵消，回路总的热电势必然等于零。因此热电偶两结点的温差越大，热电势越大。

（3）热电势的大小只与材料类型和两结点温差有关，而与其长短、粗细、形状无关。

如果以摄氏温度为单位，$E_{AB}(T, T_0)$ 也可以写成 $E_{AB}(t, t_0)$，其物理意义略有不同，但电动势的数值是相同的。

## 三、热电偶的基本定律

### （一）中间导体定律

在热电偶测温过程中，必须在回路中引入测量导线和仪表，当接入导线和仪表后，会不会影响热电势的测量呢？实践及理论研究证明，在热电偶回路中接入第三种导体，只要该导体两端温度相等，则热电偶产生的总热电动势不变，这就是中间导体定律，图6-3所示。同理，如果热电偶回路中接入多种导体，只要保证接入的每种导体的两端温度相等，同样不影响热电偶回路中的总热电动势，即 $E_{ABC}(T, T_0) = E_{AB}(T, T_0)$。

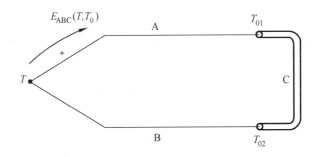

图 6-3　中间导体定律示意图

利用热电偶来实际测温时，测量回路中的各种仪表、连接导线都可看成中间导体，只要保证连接导线、仪表等接入时两端温度相同，则不影响热电偶的热电动势。实际应用中可采用开路热电偶测量温度，比如热电偶的热电极 A、B 端部不焊接直接插入液体金属中或焊在金属表面上进行测温。

### （二）中间温度定律

热电偶回路在两接点温度为 $T$、$T_0$ 时产生的热电动势等于在两结点温度为 $T$、$T_n$ 时的产生的电动势与两接点温度为 $T_n$、$T_0$ 时的产生的电动势的代数和，这就是中间温度定律，如图6-4所示，即

$$E_{AB}(T, T_0) = E_{AB}(T, T_n) + E_{AB}(T_n, T_0) \tag{6-4}$$

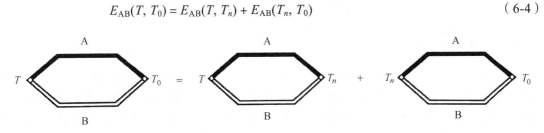

图 6-4　中间温度定律示意图

中间温度定律为在热电偶回路中应用补偿导线提供了理论依据，也为制定和使用热电偶

分度表奠定了基础。各种热电偶的分度表都是在冷端温度为 0 ℃ 时制成的,如果在实际应用中热电偶冷端不是 0 ℃,而是某一中间温度 $t_0$,这时仪表指示的热电动势值为 $E_{AB}(t, t_0)$,根据中间温度定律

$$E_{AB}(t, 0) = E_{AB}(t, t_0) + E_{AB}(t_0, 0) \tag{6-5}$$

可以计算出 $E_{AB}(t, 0)$,再用分度表查出温度 $t$,即实际温度。

### (三)标准电极定律

在结点温度均为 $T$、$T_0$ 时,用导体 A、B 组成的热电偶的热电动势,等于由导体 A、C 组成的热电偶和由导体 C、B 组成的热电偶的热电动势的代数和,导体 C 称为标准电极,如图 6-5 所示,即

$$E_{AB}(T, T_0) = E_{AC}(T, T_0) + E_{CB}(T, T_0) \tag{6-6}$$

**图 6-5　标准电极定律示意图**

标准电极 C 通常采用纯铂丝制成,铂的物理、化学性能稳定,易提纯、熔点高。如果已知某两种金属导体分别与标准电极相配的分度表,就可以用标准电极定律求出这两种导体组成的热电偶的分度表,这就大大简化了热电偶的选配工作。

## 四、热电偶的类型及特性

### (一)热电极材料

理论上讲,任何两种不同金属材料都可以配成热电偶,但选用不同的材料会影响到测温的范围、灵敏度、精度及稳定性等。为了准确可靠地测量温度,必须对热电偶组成材料严格选择。工程上用于热电偶的热电极材料应满足:在测温范围内,物理、化学稳定性要高;电阻温度系数要小;热电动势尽量大,热电动势与温度关系尽量接近线性关系;易加工,复现性好,便于成批生产,有良好的互换性等。

### (二)国际通用热电偶

目前国际上已有 8 种标准化了的通用热电偶,热电偶的名称、热电极材料、分度号、热电动势及应用特点如表 6-1 所示。表 6-1 所列热电偶中,写在前面的热电极为正极,写在后面的为负极。对于每种热电偶,还制订了相应的分度表,所谓分度表是指热电偶自由端(冷端)温度为 0 ℃ 时,热电偶工作端(热端)温度与输出热电势之间的对应关系的表格。本教材列出了工业中常用的镍铬-镍硅(K)热电偶的分度表,见附录二。

表 6-1  8 种国际通用热电偶特性表

| 名　称 | 分度号 | 测温范围 /°C | 100 °C 时的热电动势/mV | 1 000 °C 时的热电动势/mV | 特　　　点 |
|---|---|---|---|---|---|
| 铂铑 $_{30}$[①] - 铂铑 $_6$ | B | 50 ~ 1 820 | 0.033 | 4.834 | 测温上限高,性能稳定,准确度高,100 °C 以下热电动势极小,可不必考虑冷端温度补偿;价位高,热电动势小,线性差;只适用于高温域的测量 |
| 铂铑 $_{13}$ - 铂 | R | -50 ~ 1 768 | 0.647 | 10.506 | 测温上限较高,准确度高,性能稳定,复现性好;但热电动势较小,不能在金属蒸气和还原性气体中使用,在高温下连续使用时特性会逐渐变坏,价位高;多用于精密测量 |
| 铂铑 $_{10}$ - 铂 | S | -50 ~ 1 768 | 0.646 | 9.587 | 优点同铂铑 $_{13}$ - 铂;但性能不如 R 型热电偶;曾经作为国际温标的法定标准热电偶 |
| 镍铬 - 镍硅 | K | -270 ~ 1 370 | 4.096 | 41.276 | 热电动势较大,线性好,稳定性好,价廉;但材质较硬,在 1 000 °C 以上长期使用会引起热电动势漂移;多用于工业测量 |
| 镍铬硅 - 镍硅 | N | -270 ~ 1 300 | 2.744 | 36.256 | 是一种新型热电偶,各项性能均比 K 型热电偶好,适宜于工业测量 |
| 镍铬 - 铜镍（锰白铜） | E | -270 ~ 800 | 6.319 | - | 热电动势比 K 型热电偶大 50% 左右,线性好,耐高湿度,价廉;但不能用于还原性气体中;多用于工业测量 |
| 铁 - 铜镍（锰白铜） | J | -210 ~ 760 | 5.269 | - | 价廉,在还原性气体中较稳定;但纯铁易被腐蚀和氧化;多用于工业测量 |
| 铜 - 铜镍（锰白铜） | T | -270 ~ 400 | 4.279 | - | 价廉,加工性能好,离散性小,性能稳定,线性好,准确度高;铜在高温时易被氧化,测温上限低;多用于低温域测量。可作 -200 ~ 0 °C 温域的计量标准 |

① 铂铑 $_{30}$ 表示该合金含 70% 的铂及 30% 的铑,以下类推。

（三）热电势-温度曲线

图 6-6 示出了几种常用热电偶的热电动势与温度的关系曲线。从图 6-6 中可以看出:

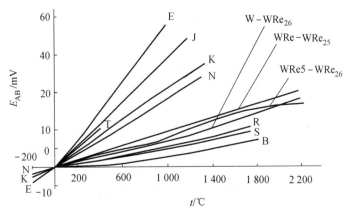

图 6-6  常用热电偶的热电势与温度的关系

103

（1）在 0 ℃ 时它们的热电势均为零，这是因为绘制热电势-温度曲线或制订分度表时，总是将冷端置于 0 ℃ 这一规定环境中的缘故。

（2）B、R、S 及 WRe_5-WRe_{26}（钨铼 _5-钨铼 _{26}）等热电偶在 100 ℃ 时的热电势几乎为零，只适合于高温测量。

（3）E、J、K、N 热电偶的灵敏度较高；R、S、B 热电偶的灵敏度较低。

（4）多数热电偶的输出都是非线性（斜率 $K_{AB}$ 不为常数）的。国际计量委员会公布了分度表，所以多采用查表法即可获得被测温度值。

## 五、热电偶的结构形式

热电偶的种类很多，应用场合及安装方式不同热电偶的结构和外形也不同。

### （一）装配型热电偶

装配型热电偶在工业上应用最多，它一般由热电极、绝缘套管、保护管和接线盒组成，其结构如图 6-7 所示。从安装固定方式来看，有固定螺纹式、固定法兰连接、活动法兰连接和无固定装置等多种形式，主要用于测量气体、蒸气和液体等介质的温度。

（a）活动法兰安装式　　　　　　　　　　（b）固定螺纹式

1—热电偶工作端；2—绝缘套；3—下保护套管；4—绝缘珠管；5—固定法兰；
6—上护套管；7—接线盒底座；8—接线绝缘座；9—引出线套管；
10—接线盒固定螺钉；11—接线盒外罩；12—接线柱。

**图 6-7　装配式热电偶的结构及外形**

（二）铠装型热电偶

铠装型热电偶是由金属保护套管、绝缘材料和热电极三者组合成一体的特殊结构的热电偶。它可以做得很细、很长（可达100 m以上），而且可以弯曲。铠装型热电偶的结构和外形如图6-8所示。铠装热电偶的响应速度快，挠性好，特别适用于复杂结构（如狭小弯曲管道内）的温度测量。

（a）结构　　　　　　（b）径向剖面图　　（c）实物外形

1—内电极；2—绝缘材料；3—薄壁金属保护套管；4—屏蔽层（接地）。

**图6-8　铠装热电偶的结构及外形**

（三）薄膜型热电偶

薄膜型热电偶是用真空蒸镀的方法，把热电极材料蒸镀在绝缘基板上而成，如图6-9所示。测量端既小又薄，热容量小，响应速度快，便于粘贴，适用于测量微小面积上的瞬变温度。

除上述结构外，还有专门用来测量各种固体表面温度的表面热电偶、探针式热电偶、螺钉式热电偶等其他类型热电偶。

1—工作端；2—薄膜热电极；3—绝缘基板；4—引脚接头；
5—引出线（材质与热电极相同）。

**图6-9　薄膜型热电偶**

# 单元二　热电偶的冷端延长及冷端温度补偿

由热电偶的工作原理可知，热电偶的输出热电势除与测量端温度有关外，还与冷端温度$t_0$有关。因此，只有在冷端温度$t_0$不变固定时，热电势才与工作端温度成单值函数关系，并且，我们平时所使用的热

**热电偶的冷端延长及冷端温度补偿**

电偶分度表都是在冷端温度为 0 ℃ 时给出的。在实际测温中，由于热电偶长度有限，冷端温度将直接受到被测物温度和周围环境温度的影响而导致不但不为 0 ℃ 且不稳定，如果不加以适当的处理，就会造成测量误差。

## 一、热电偶的冷端延长

实际测温时，为保证冷端温度不受环境影响，可以将热电偶做得很长，但势必提高测量系统的成本，很不经济。工业中则一般采用补偿导线将冷端延长，使冷端远离高温区。

### （一）补偿导线要求

在 100 ℃ 以下的温度范围内，热电特性与所配热电偶相同且价格相对便宜的导线称为补偿导线。

如图 6-10 所示，A′、B′ 为补偿导线，它们是两种不同材料构成的廉价金属导体，在一定的温度范围内，与所配接的热电偶的热电极 AB 的热电特性基本相同，即

$$E_{A'B'}(t, t_0) = E_{AB}(t, t_0) \qquad (6\text{-}7)$$

（a）补偿导线结构

（b）接线图　　　　　　　　　　　（c）补偿导线的外形图

1—测量端；2—热电极；3—接线盒1；4—补偿导线；
5—接线盒2（新的冷端）；6—铜引线；7—毫伏表。

**图 6-10　利用补偿导线延长热电偶的冷端**

### （二）补偿导线作用

（1）补偿导线将自由端从温度波动区延长到温度稳定区，使指示仪表的示值稳定。

（2）补偿导线比使用相同长度的热电极便宜许多。

（3）补偿导线多用铜及铜合金制作，单位长度的直流电阻比热电极小得多，可以减小测量误差。

（4）补偿导线用塑料做绝缘层，自身为柔软的铜合金，易于弯曲，便于敷设。

### （三）补偿导线型号

常用的补偿导线型号如表 6-2 所示。

表 6-2　常用热电偶补偿导线的特性

| 型号 | 配用热电偶 正-负 | 补偿导线 正-负 | 导线外皮颜色 | | 100 ℃ 热电势 /mV | 20 ℃ 时的电阻率/ Ω·m |
|---|---|---|---|---|---|---|
| | | | 正 | 负 | | |
| SC | 铂铑$_{10}$-铂 | 铜-铜镍 | 红 | 绿 | $0.646 \pm 0.023$ | $0.05 \times 10^{-6}$ |
| KC | 镍铬-镍硅 | 铜-康铜 | 红 | 绿 | $4.096 \pm 0.063$ | $0.52 \times 10^{-6}$ |
| WC$_{5/26}$ | 钨铼$_5$-钨铼$_{26}$ | 铜-铜镍 | 红 | 绿 | $1.451 \pm 0.051$ | $0.10 \times 10^{-6}$ |

（四）补偿导线使用注意事项

（1）两根补偿导线与两个热电极接点必须有相同温度。

（2）补偿导线必须与相应型号的热电偶配用。

（3）必须在规定的温度范围内（一般为 0~100℃）使用。

（4）极性切勿接反。

## 二、冷端温度补偿方法

用热电偶的分度表查毫伏数-温度时，必须满足冷端 $t_0 = 0$ ℃ 的条件。在实际测温中，冷端温度常随环境温度而变化，一般情况下，冷端温度均高于 0 ℃，热电势总是偏小，应想办法消除或补偿热电偶的冷端损失。消除冷端损失的方法称为冷端温度补偿，常用的冷端温度补偿方法有以下几种：

（一）冷端恒温法

冷端恒温法是将热电偶的冷端放置于恒温环境中，常用的有冰浴法、恒温器法、恒温室法 3 种。

冰浴法是在精密测量或计量部门、实验室中常用的一种方法。如图 6-11 所示，将热电偶的冷端置于装有冰水混合物的恒温容器中，使冷端的温度保持在 0 ℃ 不变，此法称为冰浴法。它消除了 $t_0$ 不等于 0 ℃ 而引入的误差，由于冰融化较快，所以一般只适用于实验室中。也可以将热电偶的冷端置于电热恒温器中，恒温器的温度略高于环境温度的上限（例如 40 ℃）。或者将热电偶的冷端置于恒温空调房间中，使冷端温度恒定。

1—被测流体管道；2—热电偶；3—接线盒；4—补偿导线；5—铜质导线；
6—毫伏表；7—冰瓶；8—冰水混合物；9—试管；10—新的冷端。

**图 6-11　冰浴法接线图**

应该指出的是，除了冰浴法是使冷端温度保持 0 ℃ 外，后两种方法只是使冷端维持在某一恒定（或变化较小）的温度上，因此后两种方法必须予以修正。

（二）计算修正法

当热电偶的冷端温度 $t_0 \neq 0$ ℃ 时，测得的热电势 $E_{AB}(t, t_0)$ 与冷端为 0 ℃ 时所测得的热电势 $E_{AB}(t, 0$ ℃$)$ 不等，不能用 $E_{AB}(t, t_0)$ 查分度表直接求得测量端温度 $t$，而应根据中间温度定律利用式（6-8）进行修正。

$$E_{AB}(t, 0\ ℃) = E_{AB}(t, t_0) + E_{AB}(t_0, 0\ ℃) \tag{6-8}$$

式（6-8）中，$E_{AB}(t, t_0)$ 是用毫伏表直接测得的热电势毫伏表。修正时，先测出冷端温度 $t_0$，然后从热电偶分度表中查出 $E_{AB}(t_0, 0$ ℃$)$，并把它加到所测得的 $E_{AB}(t, t_0)$ 上。计算修正法共需要查分度表两次。

**例 6-1** 用镍铬-镍硅（K 型）热电偶测炉温时，冷端温度 $t_0 = 30$ ℃，在直流毫伏表上测得的热电势 $E_{AB}(t, 30$ ℃$) = 38.505$ mV，试求炉温为多少？

**解** 查镍铬-镍硅热电偶（附录二）分度表，得到 $E_{AB}(30$ ℃$, 0$ ℃$) = 1.203$ mV。根据式（6-8）有

$$E_{AB}(t, 0\ ℃) = E_{AB}(t, 30\ ℃) + E_{AB}(30\ ℃, 0\ ℃) = (38.505 + 1.203)\ mV = 39.708\ mV$$

反查 K 型热电偶的分度表，得到 $t = 960$ ℃。

该方法适用于热电偶冷端温度较恒定的情况。在智能化仪表中，查表及运算过程均可由计算机完成。

（三）仪表机械零点调整法

一般显示仪表在未工作时指针指在零位上，用热电偶测温时，若 $t_0 \neq 0$ ℃，要使指示值不偏低，可先将显示仪表指针调整至热电偶冷端所处的 $t_0$ 处，这相当于在输入热电偶的热电势前就给仪表输入一个热电势 $E(t_0, 0$ ℃$)$。这样，仪表在使用时所指示的值约为 $E(t, t_0) + E(t_0, 0$ ℃$) = E(t, 0$ ℃$)$。

进行仪表机械零点调整时，必须先将仪表的电源及输入信号切断，当气温变化时，应及时修正指针的位置。此方法有误差，但测量简单，在工业上经常使用。

（四）冷端补偿器法

利用不平衡电桥产生的电动势来补偿热电偶因冷端温度变化而引起的热电势变化值，可购买与被补偿热电偶对应型号的补偿电桥，如图 6-12 所示，这种冷端温度补偿方法也叫电桥补偿法。

图 6-12　冷端补偿器法

# 单元三　热电偶传感器的应用

我国生产的热电偶均符合 ITS—90 所规定的标准，其一致性非常好，所以国家又规定了与每一种标准热电偶配套的仪表，它们的显示值为温度，而且均已线性化。

## 一、热电偶的配套仪表

与热电偶配套的仪表有动圈式仪表及数字式仪表之分。动圈式显示仪表命名为 XC 系列。按其功能分有指示型（XCZ）和指示调节型（XCT）等。数字式仪表按其功能分也有指示型（XMZ）系列和指示调节型（XMT）系列品种。

XC 系列动圈式仪表测量机构的核心部件是一个磁电式毫伏计，如图 6-13 所示。动圈式仪表与热电偶配套测温时，热电偶、连接导线（补偿导线）、调整电阻和显示仪表组成了一个闭合回路。

1—热电偶；2—补偿导线；3—冷端补偿器；4—外接调整电阻；5—铜导线；
6—动圈；7—张丝；8—磁钢（极靴）；9—指针；10—刻度面板。

**图 6-13　动圈式温度指示仪工作原理**

XMT 系列仪表有 K、R、S、B、N、E 型之分，冷端补偿范围有 0 ~ 60 °C 和 0 ~ 100 °C 几种，XMT 系列仪表能实现被测温度超限报警。其面板上设置有温度设定按键。当被测温度高于设定温度时，仪表内部的继电器动作，可以切断加热回路。与热电偶配套的某系列仪表外形及接线图如图 6-14 所示。

图 6-14（b）中，"上限输出 2"的 3 个接线端子从右到左依次为：仪表内继电器的常闭（动断）触点和常开（动合）触点。当被测温度低于设定的上限值［见图 6-15（a）］中为 300 °C）时，"高 – 总"端子接通，"低 – 总"端子断开。"高""总""低"输出端子在外部通过适当连接，能起到控温或报警作用。"上限输出 1"的两个触点还可用于控制其他电路，如风机等。

（a）XMT 仪表外形　　　　　（b）XMT 型接线

图 6-14　与热电偶配套的仪表外形及接线图

## 二、热电偶传感器的应用

热电偶具有结构简单、使用方便、性能稳定、测温范围广、信号可以远距离传输等特点，是工业中普遍使用的接触式测温装置，比如 S、R 和 K 型热电偶广泛应用于钢铁工业，用于监测整个炼钢过程中的温度和化学成分，在居民生活中的燃气热水器、燃气灶及油温计也广泛使用热电偶。

### （一）金属表面温度的测量

对于机械、冶金、能源、国防等部门来说，金属表面温度的测量是比较普遍又复杂的问题。例如，热处理中锻件、铸件以及各种余热利用的热交换器表面、气体蒸汽管道、炉壁面等表面温度的测量。根据对象的特点，测温范围从几百摄氏度到一千多摄氏度，测量的方法通常采用直接接触测温法。

直接接触测温法是指采用各种型号及规格的热电偶（视温度范围而定），用黏结剂或焊接的方法，将热电偶的结点黏附于被测金属表面，然后把热电偶接到显示仪表上组成测温系统。

### （二）管道中流体温度的测量

为了使管道的气流与热电偶充分进行热交换，装配式热电偶应尽可能垂直向下插入管道中。装配式热电偶在测量管道中流体温度时可以采用如图 6-15 所示直插法。

### （三）热电堆在红外探测器中的应用

红外辐射可引起物体的温度上升。将热电偶置于红外辐射的聚焦点上，可根据其输出的热电势来测量入红外线的强度，如图 6-16 所示。

单根热电偶的输出十分微弱。为了提高红外辐射探测器的探测效应，可以将许多对热电偶串联。它们的冷端置于环境，黑色的热端集中在聚焦区，通过输出热电势即可得到红外辐射的温度。热电偶的此种连接叫作热电堆，如图 6-17 所示。

1—热电偶；2—管道；3—绝热层。

图 6-15　管道中流体温度测量

1—透镜；2—外壳；3—热电偶；4—冷端。

图 6-16　红外辐射探测器结构示意图

图 6-17　热电堆

### 三、热电偶传感器的正确使用

正确使用热电偶不但可以准确地测量温度数值，还可以节省热电偶的材料，下面介绍几类常见的误差因素及注意事项。

（一）安装不当引入的误差

如果热电偶安装的位置及插入深度不能反映炉膛的真实温度，就应考虑热电偶不应装在太靠近门和加热的地方，插入的深度至少应为保护管直径的 8 ~ 10 倍；热电偶的保护套管与壁间的间隔未填绝热物质致使炉内热溢出或冷空气侵入，因此热电偶保护管和炉壁孔之间的空隙应用耐火泥或石棉绳等绝热物质堵塞，以免冷热空气对流而影响测温的准确性；热电偶的安装应尽可能避开强磁场和强电场，不应把热电偶和动力电缆线装在同一根导管内以免引入干扰造成误差；热电偶不能安装在被测介质很少流动的区域内，当用热电偶测量管内气体温度时，必须使热电偶逆着流速方向安装，而且充分与气体接触。

（二）绝缘变差而引入的误差

如果热电偶绝缘保护管和拉线板污垢或盐渣过多,致使热电偶电极间与炉壁间绝缘不良，在高温下更为严重，这不仅会引起热电势的损耗而且还会引入干扰，由此引起的误差有时可达上百度。

（三）热惰性引入的误差

由于热电偶的热惰性使仪表的指示值落后于被测温度的变化，在进行快速测量时这种影响尤为突出。应尽可能采用热电极较细、保护管直径较小的热电偶。测温环境许可时，甚至可将保护管取去。由于存在测量滞后，用热电偶检测出的温度波动的振幅较炉温波动的振幅小。测量滞后越大，热电偶波动的振幅就越小，与实际炉温的差别也就越大。使用中，通常采用导热性能好的材料，管壁薄、内径小的保护套管。在较精密的温度测量中，使用无保护套管的裸丝热电偶，但热电偶容易损坏，应及时校正及更换。

（四）热阻误差

高温时，如保护管上有一层煤灰，尘埃附在上面，则热阻增加，阻碍热的传导，这时温度示值比被测温度的真值低。因此，应保持热电偶保护管外部的清洁，以减小误差。

 展望角

热电偶起源于 1821 年，塞贝克（T. J. Seebeck）发现的热电效应，1826 年贝克雷尔（A. C. Becquerel）开始应用金属的热电效应来测量温度，并做成了最简易的热电偶温度计。因此，热电偶距今已有 180 多年的历史。热电偶因为进行了标准化才具有互换性和通用性，标准化为热电偶带来了制造和应用技术的不断发展。我国从 1985 年起根据 IPTS-68 国际实用温标，规定了 K、E、J、T、S、R、B 七种分度号的标准化热电偶。从 1997 年起根据 ITS-90 国际实用温标及 IEC 584-95 国际标准，增加了 N 分度号热电偶。钨铼热电偶在 20 世纪 90 年代进入实用，现执行行业标准，有 C、D 两种分度号。

第一代热电偶：热电偶经历了漫长的发展过程，从两根偶丝绞接成测量端依靠空气绝缘来测量温度的原始热电偶，到具有保护套管、焊接测量端和陶瓷绝缘的装配热电偶，我们称为第一代热电偶。这个阶段走了 150 年。

第二代热电偶：直到 1980 年代初，热电偶因绝缘材料的改进才带来了制造和应用技术的重大进步。采用氧化镁粉绝缘，将构成热电偶的三大基本要素（偶丝、绝缘材料、金属套管）组装成一体，经反复拉拔缩径和退火，将偶丝、绝缘材料、金属套管加工成一体化的细长的不可拆卸的紧密实体（标准名称叫"铠装热电偶电缆"）。在此基础上，根据需要分剪成不同长度，再制作测量端和接线端，即成为铠装热电偶，我们称为第二代热电偶。铠装热电偶因其技术性能、质量和成本上的绝对优势，已在大约 50% 的测温场合取代或改造了装配热电偶。

第三代热电偶：铠装热电偶是在装配热电偶的基础上，结构不变，偶丝和套管材料也不变，因改变绝缘材料的形式而改进了热电偶的制造方法，相应也改进了使用方法和性能，但同时也带来了诸如固定配对精度低、长期使用寿命短等问题。

课后思考与练习

6-1 单项选择题

（1）_____的数值越大，热电偶的输出热电势就越大。

    A. 热端直径

    B. 热端和冷端的温度

    C. 热端和冷端的温差

    D. 热电极的电导率

（2）测量钢水的温度，最好选择_____热电偶；测量钢退火炉的温度，最好选择_____热电偶；测量汽轮机高压蒸气（200 ℃左右）的温度，且希望灵敏度高一些，选择_____热电偶为宜。

      A．R      B．B      C．S      D．K      E．E

（3）测量 CPU 散热片的温度应选用_____型的热电偶；测量锅炉烟道中的烟气温度，应选用_____型的热电偶；测量 100 m 深的岩石钻孔中的温度，应选用_____型的热电偶。

      A．装配      B．铠装      C．薄膜      D．热电堆

（4）镍铬-镍硅热电偶的分度号为_____，铂铑 $_{13}$-铂热电偶的分度号是_____，铂铑 $_{30}$-铂铑 $_6$ 热电偶的分度号是_____。

      A．R      B．B      C．S      D．K      E．E

（5）在热电偶测温回路中经常使用补偿导线的最主要的目的是_____。

      A．补偿热电偶冷端热电势的损失

      B．起冷端温度补偿作用

      C．将热电偶冷端延长到远离高温区的地方

      D．提高灵敏度

（6）在实验室中测量金属的熔点时，冷端温度补偿采用_____，可减小测量误差；用带微机的智能化测温仪表测量炉膛的温度时，冷端温度补偿采用_____。

      A．计算修正法         B．仪表机械零点调整法

      C．冰浴法           D．冷端补偿器法（电桥补偿法）

6-2 图 6-18 所示为镍铬-镍硅热电偶测温电路，热电极 A、B 直接焊接在钢板上（V 型焊接），A′、B′ 为补偿导线，Cu 为铜导线，已知接线盒 1 的温度 $t_1 = 40.0$ ℃，冰水温度 $t_2 = 0.0$ ℃，接线盒 2 的温度 $t_3 = 20.0$ ℃。

图 6-18　采用补偿导线的镍铬-镍硅热电偶测温示意图

（1）图中 A′、B′ 和 Cu 导线的名称分别是什么，它们分别有什么作用？

（2）当 $U_x = 39.314$ mV 时，计算被测点温度 $t_x$。

（3）如果 A′、B′ 换成铜导线，此时 $U_x = 37.702$ mV，再求 $t_x$。

6-3 在炼钢厂中，有时直接将廉价热电极（易耗品，例如镍铬、镍硅热偶丝，时间稍长即熔化）插入钢水中测量钢水温度，如图 6-19 所示。试说明：

1—钢水包；2—钢熔融体；3—热电极 A、B；4、7—补偿导线接线柱；
5—补偿导线；6—保护管；8—毫伏表。

**图 6-19　用浸入式热电偶测量熔融金属示意图**

（1）为什么不必将热电偶工作端焊在一起？

（2）要满足哪些条件才不影响测量精度？采用上述方法是利用了热电偶的什么定律？

（3）如果被测物不是钢水，而是熔化的塑料行吗？为什么？

6-4　用镍铬-镍硅（K）热电偶测温度，已知冷端温度 $t_0$ 为 40 ℃，用高精度毫伏表测得这时的热电势为 29.186 mV，求被测点温度。

6-5　简述中间导体定律并分析中间导体定律在实际应用中的价值。

6-6　什么是补偿导线？为什么要使用补偿导线？使用时需要注意哪些问题？

6-7　为什么需要对热电偶进行冷端温度补偿？常用的冷端温度补偿方法有哪些？

# 模块七 压电传感器

 学习目标

1. 掌握压电传感器的工作原理,并熟悉各种压电材料的特点;
2. 了解压电传感器的等效电路、测量转换电路及其输出特性;
3. 了解不同压电材料的适用场景及典型应用,积极实践压电传感器的创新应用探索。

## 思政素养

通过学习传感器在生产生活多领域的奇妙应用,激发学生对工业技术的学习兴趣、培养不畏困难、勇于探索的精神。

## 任务引领

压电传感器的主要应用场景是对设备、仪器、生物信号以及材料进行状态监测。利用压电传感器,可以设计制作出城市高架桥的安全预警系统,公路轴距采集系统,核电冷却泵的整栋监测设备,电力传输导线威风振动传感器,以及检测心冲击信号并对实时心率进行估计……日常生活中,也有许多对压电传感器的应用,例如电子打火机、汽车上的超声倒车雷达,以及燃气灶的点火装置,你都能说出他们的原理吗?通过本章内容的学习,请大家思考如何应用压电传感器设计能够识别车速、车流量以及车辆负载的公路路况监测系统?或自动感应开门并监测门的闭合状态的门禁系统?分别应该使用哪种压电材料制作压电元件?

## 知识背景

压电传感器是一种典型的自发电式传感器,它以某些晶体受力后在其表面产生电荷的压电效应为转换原理,可以实现机电能量转换,压电晶体是机电转换元件。它可以测量最终能够转化为力的非电学物理量,例如力、压力、加速度等。由于压电传感器的特性,他主要用于动态力、动态压力和振动加速度的测量,不能用于静态参数的测量。压电式传感器具有体积小、质量轻、频响高、灵敏度高、使用频带宽、信噪比高、工作可靠稳定等优点。压电传感器的技术的发展历程可以分为3个阶段:第一个阶段是20世纪60~70年代,传感器以电荷输出为主,测量系统包括压电传感器和以电荷放大器为主的信号调试装置;到了80~90年代中期,出现了IEPE(In Electronics Piezoelectricity)传感器,也被称为低阻抗电压输出传感器,它主要解决了压电信号以高阻抗传输带来的一系列问题;第三阶段是90年代中期至今,发展出了即插即用智能TEDS混合模式接口传感器。

# 单元一  压电传感器的工作原理及结构

　　压电传感器是一种自发电式传感器，压电元件是力敏感元件。它以某些电介质的压电效应为基础，在外力作用下，在电介质表面产生电荷，从而实现非电量电测的目的。压电效应是一种自然现象，比如在完全黑暗的环境中，将一块干燥的冰糖用榔头敲碎，可以看到冰糖在破碎的一瞬间，发出暗淡的蓝色闪光，这就是晶体的压电效应，在敲击瞬间由强电场放电所产生的闪光。有时在沙丘上滑沙时也会遇到噼啪的声响，这是因为沙丘中的石英晶体在碰撞、摩擦中产生电荷引起的压电效应，并通过空气放电发出声音。在电子打火机中，多片串联的压电材料受到敲击，产生很高的电压，通过尖端放电而点燃。与此相反，在音乐贺卡中是利用集成电路的输出脉冲电压，来激励压电片，利用逆压电效应产生振动而发声的。

## 一、压电传感器的工作原理

　　某些电介质在沿一定方向上受到外力的作用时，导致晶格畸变，内部产生极化现象，同时在其两个表面产生符号相反的电荷，当外力去掉后，又重新回到不带电的状态，这种现象称为压电效应；当作用力方向改变时，电荷的极性也随之改变，压电效应可将机械能转换为电能。压电效应示如图 7-1 所示，具有这种效应的材料称为压电材料。反之，在电介质的极化方向上施加交变电场或电压，它会产生机械变形，当去掉外加电场时，电介质变形随之消失，这种现象称为逆压电效应（电致伸缩效应）。利用逆压电效应，可以制作产生振动的振动源或作为发声元件。具有压电效应的物质很多，如天然的石英晶体、人工制造的压电陶瓷等。

　　以石英晶体为例来说明压电效应的机理。天然结构的石英晶体呈六角形棱柱，如图 7-2 所示，纵向轴 $z$ 为光轴，光沿着 $z$ 轴通过晶体时不发生折射，$z$ 轴又叫中性轴，因为沿着 $z$ 轴方向受力时不产生压电效应，一般作为基准轴；$x$ 轴称为电轴，它通过六面体相对的两个棱线并垂直于光轴，在垂直于此轴的面上压电效应最强；$y$ 轴称为机械轴，它垂直于两个相对的晶柱棱面。石英晶体各个方向的特性是不同的，因此石英晶体切割方向应该按极化规律进行。

图 7-1  压电效应示意图          图 7-2  石英晶体外形和坐标系

石英晶体具有压电效应，是由其内部分子结构决定的。图 7-3（a）是一个单元组体中构成石英晶体的硅离子 $Si^{4+}$ 和氧离子 $O^{2-}$ 在垂直于 $z$ 轴的 $xy$ 平面上的投影。图中大圆代表 $Si^{4+}$，小圆代表 $2O^{2-}$。当作用力 $F_x = 0$ 时，正、负离子（即 $Si^{4+}$ 和 $2O^{2-}$）正好分布在正六边形顶角上，形成 3 个互成 120°夹角的电偶极矩，此时正负电荷中心重合，电偶极矩的矢量和等于零，所以晶体表面不产生电荷，呈电中性。

当晶体受到沿 $x$ 方向的压力（$F_x < 0$）作用时，晶体沿 $x$ 方向将产生收缩，正、负离子的相对位置随之发生变化。此时正、负电荷中心不再重合，它们在 $x$ 轴的正方向出现正电荷，在 $y$、$z$ 方向上的分量为 0，不出现电荷，如图 7-3（b）所示。当晶体受到沿 $x$ 方向的拉力（$F_x > 0$）作用时，则在 $x$ 轴的正向出现负电荷，在 $y$、$z$ 方向依然不出现电荷。可见，当晶体受到沿 $x$（电轴）方向的力 $F_x$ 作用时，它在 $x$ 方向产生正压电效应，而 $y$、$z$ 方向则不产生压电效应，如图 7-3（c）所示。

晶体在 $y$ 轴方向受力 $F_y$ 作用下的情况与 $F_x$ 相似。当 $F_y > 0$ 时，晶体的形变与图 7-3（b）相似；当 $F_y < 0$ 时，则与图 7-3（c）相似。由此可见，晶体在 $y$（即机械轴）方向的力 $F_y$ 作用下，在 $x$ 方向产生正压电效应，在 $y$、$z$ 方向同样不产生压电效应。

晶体在 $z$ 轴方向受力 $F_z$ 的作用时，因为晶体沿 $x$ 方向和沿 $y$ 方向所产生的正应变完全相同，所以，正、负电荷中心保持重合，电偶极矩矢量和等于零。这就表明，在沿 $z$（即光轴）方向的力 $F_z$ 作用下，晶体不产生压电效应。

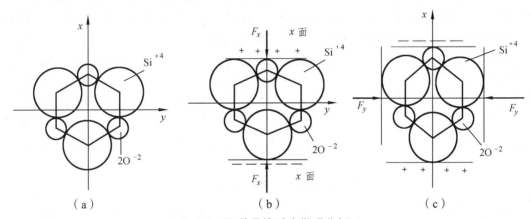

图 7-3 石英晶体受力微观分析

用金刚石刀具切割出一片正方形薄片，当晶体薄片受到压力时，晶格产生变形，表面产生正电荷，电荷 $Q$ 与所施加的力 $F$ 成正比，当外力的方向改变时，电荷的极性随之改变，输出电压的频率与动态力的频率相同。当动态力变为静态力时，电荷将由于表面漏电而很快泄漏、消失，所以压电式传感器只适用于动态测量。即

$$Q = dF \tag{7-1}$$

式中，$d$ 为压电常数。

## 二、常见压电材料及特性

压电传感器中的压电元件材料主要有 3 类：压电晶体（单晶体）、经过极化处理的压电陶瓷（多晶体）、高分子压电材料。

（一）石英晶体

石英晶体有天然和人工制造两种类型。人工制造石英晶体的物理、化学性质几乎与天然石英晶体无多大区别。石英晶体的突出优点是性能非常稳定，在 20 ~ 200 ℃ 的范围内压电常数的变化率只有 − 0.000 1/℃，石英晶体的居里点为 573 ℃，即到 573 ℃ 时它将完全丧失压电特性。它具有自振频率高、动态响应好、机械强度高等优点，没有热释电效应，缺点是灵敏度很低，压电常数小（$d = 2.31 \times 10^{-12}$ C/N），大多只在标准传感器、高精度传感器或使用温度较高的传感器中使用，石英晶体在振荡电路中工作时，压电效应与逆压电效应交替作用，可以产生稳定的振荡输出频率。而在一般要求的测量中，基本上采用压电陶瓷。

（二）压电陶瓷

压电陶瓷是人工制造的多晶压电材料，是一种应用最普遍的压电材料。压电陶瓷具有烧制方便、耐湿、耐高温、易于成型等特点。在通常情况下，它比石英晶体的压电系数高得多，而制造成本却较低，因此目前国内外生产的压电元件绝大多数都采用压电陶瓷。它具有类似铁磁材料磁畴结构的电畴结构。电畴是分子自发形成的区域，它有一定的极化方向，从而存在一定的电场。在无外电场作用时，各个电畴在晶体上杂乱分布，它们的极化效应被相互抵消，因此原始的压电陶瓷内极化强度为零，如图 7-4（a）所示。

当在一定的温度条件下，对压电陶瓷进行极化处理，即以强电场使电畴规则排列，这时压电陶瓷就具有了压电性，在极化电场去除后，电畴基本上保持不变，留下了很强的剩余极化。此时的材料具备压电特性，如图 7-4（b）和（c）所示。

（a）未极化的陶瓷　　　　　　（b）正在极化的陶瓷　　　　　　（c）极化后的陶瓷

**图 7-4　压电陶瓷的极化**

如果在陶瓷片上加一个与极化方向平行的压力 F，陶瓷片将产生压缩形变，片内的正、负束缚电荷之间的距离变小，极化强度也变小。因此，原来吸附在电极上的自由电荷有一部分被释放出现放电现象。当压力撤消后，陶瓷片恢复原状（这是一个膨胀过程），片内的正、负电荷之间的距离变大，极化强度也变大，因此电极上又吸附一部分自由电荷而出现充电现象。这种由机械效应转变为电效应，或者由机械能转变为电能的现象，就是压电陶瓷的正压电效应。

1. 锆钛酸铅系列压电陶瓷（PZT）

该陶瓷有较高的压电常数[$d =$（200 ~ 500）$10^{-12}$ C/N]和居里点（500 ℃ 左右），PZT 压电陶瓷的压电性能和温度稳定性等方面都优于其他压电陶瓷，是目前普遍采用的一种压电材料。

2. 非铅系压电陶瓷

为减少铅对环境的污染，人们正积极研制非铅系压电陶瓷。目前非铅系压电陶瓷体系主要有：$BaTiO_3$ 基无铅压电陶瓷、BNT 基无铅压电陶瓷、铌酸盐基无铅压电陶瓷、钛酸铋钠钾无铅压电陶瓷和钛酸铋锶钙无铅压电陶瓷等，它们的各项性能多已超过含铅系列压电陶瓷，是今后压电陶瓷的发展方向。

压电陶瓷的特点是压电常数大，灵敏度高，制造工艺成熟，成型工艺好，成本低，利于广泛应用。压电陶瓷除了具有压电特性外，还具有热释电性。

### （三）高分子压电材料

某些合成高分子聚合物薄膜经延展拉伸和电极强化后，具有一定的压电性能，这类薄膜称为高分子压电薄膜。这类压电材料柔软，不易破碎，价格便宜，可以大量生产和制成较大的面积，可以根据需要制成压电薄膜和压电电缆。高分子压电材料经极化处理之后具备压电特性，常用在对测量准确度要求不高的场合，比如水声测量、防盗报警，高分子材料还是一种很有发展前景的电声材料。

高分子压电材料有聚偏二氟乙烯（PVF2 或 PVDF）、聚氟乙烯（PVF）、改性聚氯乙烯（PVC）等。其中以 PVF2 和 PVDF 的压电常数最高。高分子压电材料的工作温度一般低于 100 ℃。温度升高时，灵敏度将降低。它的机械强度不够高，耐紫外线能力较差，不宜暴晒，以免老化。如果将压电陶瓷粉末加入高分子化合物中，可以制成高分子-压电陶瓷薄膜，它既保持了高分子压电薄膜的柔软性，又具有较高的压电常数，是一种很有希望的压电材料。

### （四）压电材料的特性参数

（1）压电常数：衡量材料压电效应强弱的参数，直接关系到压电输出的灵敏度。

（2）弹性常数：决定着压电器件的固有频率和动态特性。

（3）介电常数：对于一定形状、尺寸的压电元件，其固有电容与介电常数有关；而固有电容又影响着压电传感器的频率下限。

（4）电阻：压电材料的绝缘电阻将减少电荷泄漏，改善压电传感器的低频特性。

（5）居里点：压电材料的温度达到某一值时，开始丧失压电特性，这一温度称为居里温度，或者居里点。

选用合适的压电材料是设计高性能压电传感器的关键，选用压电材料应考虑以下几个方面：

（1）转换性能：具有较大的压电常数。

（2）机械性能：压电元件作为受力元件，希望它强度高，刚度大，以期获得较宽的线性范围和良好的低频特性。

（3）电性能：具有较高的电阻率和较大的介电常数，以期减弱外部分布电容的影响和良好的低频特性。

（4）温度和湿度稳定性：具有较高的居里点，以期得到较宽的工作范围。

（5）时间稳定性：压电特性不随时间改变。

## 三、压电传感器的等效电路

### （一）压电传感器的结构

不管是压电晶体还是压电陶瓷，它的压电效应都有方向性，根据应用的不同制成不同方向的压电晶片。石英晶体一般是在 $x$ 轴方向上进行切割（见图 7-2），压电传感器通常在压电晶片的两个工作面上蒸镀金属膜，构成两个电极。实际使用中，为了获得较大的输出电压或电量，通常采用多个压电晶片连接的方式。

**1. 并联连接**

压电晶片并联接法中（见图7-5），参数关系为：$C' = 2C$，$Q' = 2Q$，$U' = U$（$Q$ 为电荷，$C$ 为电容，$U$ 为电压）。并联接法输出电荷大，本身电容大，时间常数大，适宜用在测量慢变信号并且以电荷作为输出量的场合。

**2. 串联连接**

压电晶片串联接法中（见图7-6），参数关系为：$C' = C/2$，$Q' = Q$，$U' = 2U$。串联接法输出电压大，本身电容小，适宜用于以电压作输出信号，并且测量电路输入阻抗很高的场合。

图7-5　压电晶片并联接法　　　　　图7-6　压电晶片串联接法

**（二）压电元件的等效电路**

由压电元件的工作原理可知，压电传感器可以看作一个电荷发生器。同时，它也是一个电容器，晶体上聚集正负电荷的两表面相当于电容的两个极板，压电元件就相当于一个以压电材料为介质的电容器，如图7-7（a）所示，其符号如图7-7（b）所示，则其电容量 $C_a$ 为

$$C_a = \frac{\varepsilon A}{d_x} = \frac{\varepsilon_0 \varepsilon_r A}{d} \qquad (7\text{-}2)$$

式中，$A$ 为压电元件电极面面积；$\varepsilon_0$ 为真空的介电常数；$\varepsilon_r$ 为压电材料的相对介电常数；$d$ 为压电元件厚度。

因此，压电传感器可以等效为一个电荷源与一个电容器并联的电荷等效电路，如图7-7（c）所示。电容器上的电压 $U$、电荷量 $Q$ 和电容量 $C_a$ 三者关系为：$U = Q/C_a$。

压电传感器在实际使用时总要与测量仪器或测量电路相连接，因此还应考虑连接电缆的等效电容 $C_c$、放大器的输入电阻 $R_i$ 和输入电容 $C_i$，以及压电传感器的泄漏电阻 $R_a$，这样压电传感器在测量系统中的实际等效电路如图7-8所示。

（a）结构示意图　　（b）压电元件的符号　　（c）压电元件的等效电路

1—上电极；2—下电极；3—压电晶体。

**图7-7　压电元件及等效电路**

（a）电压源实际等效电路          （b）电荷源实际等效电路

**图 7-8　实际等效电路**

由于外力作用在压电元件上产生的电荷只有在无泄漏的情况下才能保存，即需要测量回路具有无限大的输入阻抗，这实际上是不可能的，因此压电传感器不能用于静态测量。压电元件在交变力的作用下，电荷可以不断补充，所以压电传感器只适用于动态测量。

**（三）压电传感器的测量电路**

压电传感器本身的内阻抗很高，而输出的信号微弱，因此它的测量电路通常需要接入一个高输入阻抗的前置放大器，其作用为：一是把压电传感器的高输出阻抗变换为低输出阻抗；二是放大传感器输出的微弱信号。压电传感器的输出可以是电压信号，也可以是电荷信号，因此前置放大器也有电压放大器和电荷放大器两种形式。由于电压前置放大器中的输出电压与屏蔽电缆的分布电容及放大器的输入电容有关，故目前多采用性能稳定的电荷放大器。

电荷放大器常作为压电传感器的输入电路，由一个反馈电容 $C_f$ 和高增益运算放大器构成，当略去 $R_a$ 和 $R_i$ 并联电阻后，电荷放大器可用图 7-9 所示等效电路表示，图中 A 为运算放大器增益。

1—压电传感器；2—屏蔽电缆；3—分布电容；4—电荷放大器；Sc—灵敏度选择开关；
$S_R$—带宽选择开关；$C_f'$ — $C_f$ 在放大器输入端等效电容；$C_f''$ — $C_f$ 在放大器输出端等效电容。

**图 7-9　电荷放大器**

由于运算放大器阻抗极高，放大器输入端几乎没有分流，电荷放大器的输出电压为 $U_0 \approx U_{c(f)}$，式中 $U_{c(f)}$ 为反馈电容两端电压。

由运算放大器基本特性，可求出电荷放大器的输出电压，如公式 7-3 所示。

$$U_o = \frac{-AQ}{C_c + C_i + C_c + (1+A)C_f} \qquad (7\text{-}3)$$

式（7-3）中，$A$ 为开环放大系数，通常 $A = 10^4 \sim 10^6$，$C_f$ 为放大器的反馈电容，在放大器输入端的米勒等效电容 $C_f' = (1+A)C_f \gg C_a + C_c + C_i$，可以得到

$$U_o \approx -\frac{Q}{C_f} \qquad (7\text{-}4)$$

由式（7-4）可见，电荷放大器的输出电压 $U_o$ 与电缆电容 $C_c$ 无关，且与 $Q$ 成正比，这些优点使得压电传感器基本上都用电荷放大器作为转换电路。目前把这种性能比较稳定的 $Q/U$ 转换器称为电荷放大器，其实，其本身并无放大电荷的作用，只是一种习惯叫法。通过调节反馈电容 $C_f$ 的大小可以改变电荷放大器的灵敏度，当测量的动态力较小时，可以调节将反馈电容调小一些以提高灵敏度。

# 单元二　压电传感器的应用

压电传感器的应用

压电传感器主要用于脉动力、冲击力、振动等动态参数的测量。不同的压电材料，其特性不同，用途也不一样。石英晶体主要用于精密测量，多作为实验室基准传感器；压电陶瓷灵敏度较高，机械强度稍低，多用作测力和振动传感器；而高分子压电材料多用作定性测量。

## 一、石英晶体传感器的应用

### （一）石英晶体振荡器

石英晶体振荡器又名石英谐振器，是利用石英晶体的压电效应制成的一种谐振器件。在石英晶体上沿着与主光轴呈一定角度的方向切割出一片石英晶体薄片，在它的两个对应面上涂敷银层作为电极，在每个电极上各焊一根引线接到管脚上，再加上封装外壳就构成了石英晶体振荡器，简称晶振。其产品一般用金属外壳封装，也有用玻璃壳、陶瓷或塑料封装的（图7-10 为金属封装的石英晶振），具有体积小、质量轻、可靠性高、频率稳定度高等优点，被广泛应用于家用电器和通信设备中。

图 7-10　石英晶体振荡器及其内部结构

由于石英晶片的压电特性，如果在晶片的两极上加交变电压，晶片就会产生机械振动，同时晶片的机械振动又会产生交变电场。在一般情况下，晶片机械振动的振幅和交变电场的振幅非常微小，但当外加交变电压的频率为某一特定值时，振幅明显加大，比其他频率下的振幅大得多，这种现象称为压电谐振，它与 LC 回路的谐振现象十分相似。它的谐振频率与晶片的切割方式、几何形状、尺寸等有关。由于晶片的等效电感很大，而等效电容很小，阻抗也小，因此回路的品质因数 $Q$ 很大，可达 1 000 ~ 10 000。加上晶片本身的谐振频率基本上只与晶片的切割方式、几何形状、尺寸有关，而且可以做得精确，因此利用石英谐振器组成的振荡电路可获得很高的频率稳定度。目前，石英晶体振荡器的研制在更高精度和频率稳定度的基础上，向小型化、薄片化、低噪声、高频化方向发展，许多高性能的石英晶振被应用于通信网络、无线数据传输、高速数字数据传输中。

### （二）石英晶体微天平

石英晶体微天平（Quartz Crystal Microbalance，QCM）又叫压电石英生物传感器，是一种基于石英晶体的压电效应对其电极表面质量变化进行测量的仪器。石英晶体微天平的核心是石英晶体震荡片，若石英晶体表面沉积了一定质量的物质，其振荡频率就会发生相应的变化，而频率的改变正比于压电石英体质量的增加。利用石英谐振器的这种压电效应，石英晶体微天平就可以将石英晶振电极表面质量的变化转化为石英晶体振荡电路输出电信号的频率变化，进而通过计算机等其他辅助设备获得高精度的数据。

图 7-11 所示为一种 QCM 传感器，它主要由石英晶振片、金属电极、敏感材料、晶体支架和引线构成，石英晶片被夹在两个金属激发电极之间，引线从支撑石英晶振片和电极的晶体支架上引出，经真空沉积或蒸镀在晶片上下表面修饰金、银、铂等金属电极构成谐振式传感器。QCM 湿敏传感器性能取决于敏感涂层材料的化学性质和物理性质。石英晶体微天平的发展始于 20 世纪 60 年代初期，因具有高精度（可达纳克级）、实时数字频率输出、在线跟踪检测、操作简单等优点，广泛应用于生物化学、医学、表面科学等领域。

图 7-11　QCM 传感器结构

图 7-12　压电式单向测力传感器结构

### （三）压电式测力传感器

压电式测力传感器是利用压电元件直接实现力-电转换的传感器，在拉、压场合，为保证静态特性及其稳定性，通常较多采用双片或多片石英晶体作为压电元件。其刚度大，测量范围宽，线性及稳定性高，动态特性好。当采用大时间常数的电荷放大器时，可测量准静态力。

按测力状态分，有单向、双向和三向传感器，它们在结构上基本一样。图 7-12 是压电式单向测力传感器结构图，它主要由石英晶片、绝缘套、电极、上盖及基座组成。传感器上盖为传力元件，它的外缘壁厚为 0.1 ~ 0.5 mm，当受外力 $F$ 作用时，它将产生弹性变形，将力传递到石英晶片上。该传感器的测力范围为 0 ~ 50 N，最小分辨力为 0.01 N，固有频率为 50 ~ 60 kHz，整个传感器重 10 g。

压电式加速度传感器
原理及应用

## 二、压电陶瓷传感器的应用

基于压电振动传感器的振动分析是一种状态监测的重要手段，通过安装在设备表面的振动传感器获得振动信号，从中提取特征量后结合数据处理及故障诊断方法，可有效评估运行状态，被广泛应用于工程检测及设备监测领域。振动可分为机械振动、土木结构振动、运输工具振动、武器、爆炸引起的冲击振动等。压电式振动传感器是一种常用的接触式振动传感器，压电陶瓷常被用来作为其中的敏感元件。

### （一）压电振动传感器的种类

按用途可将压电振动传感器分为压电加速度传感器、压电力传感器、压电力矩传感器、压电应力传感器等，其中以压电加速度传感器使用最为广泛。对压电加速度传感器结构和后续电路做微小改动即可实现其余几种压电振动传感器。按不同振动方式和传感器结构，压电加速度传感器可分为压缩式（d33 型）、剪切式（d15 型）、弯曲式（d31 型）等。当驱动力较大而结构形变不大时，选择 d33 型转换；驱动力较小而形变大时，考虑选择 d31 型转换。

### 1. 压缩式压电加速度传感器

图 7-13 是一种中心安装压缩型结构的压电振动加速度传感器及实物图。它主要由压电元件、质量块、预压弹簧、基座及外壳等组成。整个部件装在外壳内，并用螺栓加以固定。当压电式加速度传感器和被测物一起受到冲击振动时，压电元件受质量块惯性力的作用，根据牛顿第二定律，此惯性力是加速度 $a$ 的函数，即

$$F = ma \tag{7-5}$$

式中，$F$ 为质量块的惯性力；$m$ 为质量块的质量。

**图 7-13　压缩式压电加速度传感器结构及实物**

惯性力 $F$ 作用于压电元件上产生电荷，电荷由引出电极输出，由此将振动加速度转换为电参量。当传感器选定后，质量块的质量 $m$ 为常数，传感器输出电荷 $Q$ 与加速度 $a$ 成正比，因此，测得加速度传感器输出的电荷便可知加速度的大小。

压缩式加速度传感器通常能承受很大的加速度冲击，而由于压电材料和基座直接连接，在强冲击下基座应变和压电材料形变会导致传感器输出信号发生零点漂移和温度漂移。选取弹性模量较高的材料或者选用剪切式压电加速度传感器（基座不与压电材料直接接触），可在一定程度抑制漂移现象。

### 2. 剪切式压电加速度传感器

剪切式压电加速度传感器如图 7-14 所示。其结构与压缩式传感器类似，压电敏感元件处于中心柱和质量块中间，采用压缩环或螺栓提供预压力。在接收外部振动时，质量块产生的剪切应力直接作用在敏感元件上。由于敏感元件和传感器基座分离，敏感元件受温度影响较小。压电元件围绕固定中心支柱径向安装，惯性质量块围绕这些元件安装。整个结构通过最常用的粘接方式连在一起，剪切型加速度通常表现出更高的基座应变灵敏度和温度瞬态响应灵敏度。

### 3. 弯曲式压电加速度传感器

压缩式传感器较易获得外界振动激励，剪切式传感器压电材料 d15 系数较高、压电性能较好，是目前使用最多的两类振动传感器。然而这两类传感器输出响应调控主要基于选取不同规格质量块，谐振频率普遍较高，难以适用于低频微振动传感。采用弯曲式悬臂梁结构，有望突破低频微振动传感的关键问题。

弯曲式压电加速度传感器如图 7-15 所示。弯曲式压电加速度传感器多采用悬臂梁结构，悬臂梁自由端装配质量块，压电晶片（或薄膜）粘贴于悬臂梁侧面，根据粘贴晶片的数量可分为单晶悬臂梁和双晶悬臂梁。传感器受力振动时，侧面受拉伸压缩，使压电材料发生形变输出电信号。根据传感器振动模式可以发现，压电晶片输出电压方向垂直于受力方向，弯曲式压电加速度传感器压电性能主要受压电系数 d31 影响。弯曲式压电加速度传感器多采用"软"压电陶瓷或柔性压电聚合物以增加其振幅。

图 7-14　剪切式压电加速度传感器

图 7-15　弯曲式压电加速度传感器

### （二）压电振动加速度传感器的性能指标

压电振动加速度传感器属于自发电式传感器，它的输出为电荷量，以 pC（皮库伦）为单位，而输入量为加速度，单位为 m/s²，因此灵敏度以 pC /（m/s²）为单位。但在振动测量中，通常用标准重力加速度 g（1 g≈9.8 m/s²）作为加速度的单位，这是检测行业的一种习惯用法。大多数测振仪的面板或说明书中会标出，灵敏度范围约为 10≈100 pC/g。许多压电振动加速度传感器已将电荷放大器设置在同一个壳体中，输出信号为电压，因此压电振动加速度传感器的灵敏为 mV/g，范围约为 1～1 000 mV/g。灵敏度低的压电振动传感器可以测量较大的振动，比如汽车的撞击试验、家电的跌落试验、爆破试验等；而高灵敏度的压电振动加速度传感器可以测量微弱的振动，比如地下管道泄漏点监测、精密机床床身振动测量及桥梁、地基的微弱振动等等。

（三）压电振动加速度传感器的安装及使用

压电振动加速度传感器属于接触式测量的传感器，理论上压电振动加速度传感器应与被测振动体刚性连接，但在实际使用中，有以下几种安装使用方法，如图 7-16 所示。

（1）用于长期监测振动机械的压电振动加速度传感器应采用双头螺栓牢固地固定在监视点上，如图 7-16（a）所示。

（2）短时间监测低频微弱振动时，可用磁铁将钢质压电振动加速度传感器底座吸附在监测量上，如图 7-16（b）所示。

（3）测量更微弱的振动时，可以用环氧树脂或瞬干胶将压电振动加速度传感器牢牢地粘贴在监测点上，如图 7-16（c）所示。但要注意传感器底座与被测体之间的胶层愈薄愈好，否则将会使高频响应变差，使用上限频率降低。

（4）在对许多测试点进行定期巡检时，也可采用手持探针式压电振动加速度传感器。使用时，用手握住探针，紧紧地抵触在监测点上，如图 7-16（d）所示。这种方法使用方便，但测量误差较大，重复性差，用于对测量结果要求不太高的情况下。

（a）双头螺丝固定　（b）磁铁吸附　　（c）胶水粘贴　　（d）手持探针式
1—压电式加速度传感器；2—双头螺栓；3—磁钢；4—黏结剂；5—顶针。

**图 7-16　压电振动加速度传感器的安装使用方法**

（四）压电振动传感器的应用

1. 在汽车上的应用

压电振动传感器与电容式加速度传感器的功能类似，压电振动加速度传感器也可以用在汽车上做碰撞传感器，作为判断安全气囊是否启动的条件之一。压电振动加速度传感器在汽车发动机点火时间控制中的也起着重要作用。汽车发动机中的气缸点火时刻必须十分精确。如果恰当地将点火时间提前一些，可使汽缸中汽油与空气的混合气体得到充分燃烧，使扭矩增大，排污减少。但提前角太大时或压缩比太高时，混合气体燃烧受到干扰或自燃，就会产生冲击波，以超音速撞击气缸壁，发出尖锐的金属敲击声，称为爆振。爆震可能使火花塞、活塞环熔化损坏，使缸盖、连杆、曲轴等部件过载、变形。将压电振动传感器装在气缸体侧壁上，当发生爆振时，压电式爆震传感器产生共振，输出尖脉冲信号（5 kHz 左右）送到汽车发动机的电控单元进而推迟点火时刻，尽量使点火时刻接近爆振区而不发生爆振，又能使发动机输出尽可能大的扭矩（见图 7-17）。

图 7-17　压电式爆震传感器结构及其压电陶瓷元件

### 2. 机械设备故障诊断

如果将压电振动加速度传感器安装在机械设备存在振动的部位，可以依靠频谱法进行故障诊断。某机械设备的变速箱振动很大，将压电振动加速度传感器固定在减速箱体上，根据频谱仪测得的减速箱振动时的频谱图进行故障分析（见图 7-18）。根据设备数据及判断经验可以分析各个谱线对应的设备构件，可以分析谱线频率是否在正常范围内，根据频率异常判断齿轮是否啮合不好或齿轮磨损严重。在调试时还可以发现，谱线随着减速箱固定螺丝的旋紧、联轴器及电动机角度的调整而发生变化，依靠频谱仪可以将机械设备调整到最佳状态。

图 7-18　依靠频谱法进行齿轮箱故障诊断

### 3. 动态切削力的测量

压电振动加速度传感器也可以用来进行金属加工动态切削力的测量。压电陶瓷制成的压电片通常是两片（或两片以上）黏结在一起，一般常用的是并联接法。片形电极通过电极引出插头将电荷输出。电荷 $Q$ 与所受的动态力成正比。只要用电荷放大器测出 $\Delta Q$，就可以测知 $\Delta F$。

图 7-19 是利用压电陶瓷传感器测量刀具切削力的示意图。由于压电陶瓷的自振频率高，特别适合测量变化剧烈的载荷。压电动态力传感器安装在车刀前端的正下方，车刀在切削力的作用下，上下剧烈颤动，将脉动力传递给压电传感器，电荷变化量由电荷放大器转换成电压，记录仪记录下切削力的变化量。

1—单向动态力传感器；2—刀架；
3—车刀；4—工件。

**图 7-19　刀具切削力测量示意图**

### 三、高分子压电材料的应用

由于高分子压电材料具有优异的压电性能，且拉伸强度高、韧性好、成本低，具有很好的加工性，是制作柔性传感器的主要材料。

#### （一）玻璃打碎报警装置

在一些贵重物品的橱窗，可以在隐蔽处安装玻璃打碎报警装置，当有暴力击碎玻璃时发出报警信号。玻璃打碎报警元件可采用高分子压电测振薄膜，粘贴在玻璃上感受到玻璃破碎时发出的振动，并将电压信号传送给集中报警系统。图 7-20 所示为高分子压电薄膜振动感应片。

1—正面透明电极；2—PVDF 薄膜；3—反面透明电极；4—保护膜；5—引脚；6—质量块。

**图 7-20　高分子压电薄膜振动感应片**

高分子压电薄膜厚约 0.2 mm，用聚偏二氟乙烯（PVDF）薄膜裁制成 10 mm × 20 mm 大小。在它的正反两面各喷涂透明的二氧化锡导电电极，再用超声波焊接上两根柔软的电极引线，并用保护膜覆盖，使用时，用瞬干胶将其粘贴在玻璃上。当玻璃遭暴力打碎的瞬间，压电薄膜感受到剧烈振动，表面产生电荷 $Q$，在两个输出引脚之间产生窄脉冲报警信号。

#### （二）血压、心音、脉搏测试仪

在血压、心音、脉搏测试仪中，压电薄膜以一定的支撑形式保持膜内一定张力。在外来声压作用下，膜面的曲率发生变化，使膜内应力改变，产生相应的压电信号。除此以外，压电式薄膜传感器还常被用在病床监护、婴儿呼吸监控、宫缩监测等健康状态监测设备中。

#### （三）压电式周界报警系统

将长的压电电缆埋在泥土的浅表层，可起分布式地下麦克风或听音器的作用，可在几十米范围内探测人的步行，对轮式或履带式车辆也可以通过信号处理系统分辨出来。高分子压电电缆周界报警系统如图 7-21 所示，压电电缆可长达数百米，可警戒较大的区域，不易受电、光、雾、雨水等干扰，常用于重要位置出入口、周界安全防护等。

图 7-21 压电式周界报警系统示意图

## （四）交通监测

将高分子压电电缆埋在公路上（见图 7-22），根据传感器输出信号波形和计算机内部的档案数据，可以判定车速、载荷分布、车型（包括轴数、轴距、单双轮胎）等。还可用于收费站地磅、闯红灯拍照、停车区域监控、交通数据信息采集（道路监控）及机场滑行道等。

图 7-22 高分子压电电缆用于交通监测示意图

 展望角

压电传感器前沿发展的一个主要方向为新材料的研究和开发，例如无铅压电陶瓷和新型高分子压电材料的研制。

近年来，国内外主要将高分子压电材料制备成压电性能优异的薄膜式传感器，广泛应用于新能源、电子电气、生物医学、土木和机械，以及航空航天等行业。在新能源行业，有研究利用底端压电层结构将 PVDF 膜和铝电极结合，开发出一种新型纳米发电机。该发电机整流后混合输出的电能能够点亮 50 盏 LED 灯。将此种新型发电机存储在电容中，可以为电子表的正常工作提供电能；在电子电气行业，有研究将 PVDF 薄膜制成的压电传感器安装于机器人足部，通过足底压力设备实时监测机器人的重心位置信号，实现对机器人腿部平衡的监测；在生物医学行业，有研究者开发出了一种基于 PVDF 压电薄膜传感器的睡眠检测枕，通过分析睡眠时人体头部对枕头施加的压力变化，实现了睡眠时呼吸暂停识别报警、鼾声自动监测记录及睡眠呼吸暂停综合征前期检查监测等功能；在土木和机械行业，有研究利用 PVDF 智能传感元件设计了一种结构探伤系统，通过监测与分析金属结构裂纹的萌生与扩展，输出特征信号，确定金属结构损伤的位置，实现安全评定。

此外，将高分子压电材料（例如聚偏氟乙烯，PVDF）与其他材料通过静电纺丝、熔融纺丝等新型纺丝技术制备出多组分纤维，并添加石墨烯等高介电性材料改进其电学性能，可制备出既有纺织材料的柔性又具有良好电学性能的新型纤维基 PVDF 传感器，在工程应用、可穿戴健康设备、催化及电池材料、机器人结构部件等方面具有良好的应用前景。高分子压电材料柔性好、压电性能强等特点，为智能纺织品的研发提供了新的方向。

## 课后思考与练习

7-1　单项选择题

（1）将超声波（机械振动波）转换成电信号是利用压电材料的_____；蜂鸣器中发出"嘀……嘀……"声的压电片发声原理是利用压电材料的_____。

A. 应变效应　　　　　B. 电涡流效应　　　　　C. 压电效应　　　　D. 逆压电效应

（2）在电路中产生振荡信号的晶振一般采用_____压电材料；能制成薄膜，粘贴在一个微小探头上、用于测量人的脉搏的压电材料应采用_____；在压电振动加速度传感器中测量振动的压电材料应采用_____。

A. PTC　　　　　　　B. PZT　　　　　　　C. PVDF　　　　　　D. $SiO_2$

（3）使用压电陶瓷制作的力传感器可测量_____。

A. 人的体重　　　　　　　　　　　B. 车刀的压紧力

C. 车刀在切削时感受到的动态切削力　　D. 自来水管中的水的压力

（4）动态力传感器中，两片压电片多采用_____接法，可增大输出电荷量；在电子打火机和煤气灶点火装置中，多片压电片采用_____接法，可使输出电压达上万伏，从而产生电火花。

A. 串联　　　　　　　B. 并联　　　　　　　C. 既串联又并联

（5）测量人的脉搏应采用灵敏度 $K$ 约为_____的 PVDF 压电传感器；在家用电器（已包装）做跌落试验，以检查是否符合国标准时，应采用灵敏度 $K$ 为_____的压电传感器。

A. 1 V/g　　　　　　B. 100 mV/g　　　　　C. 1 mV/g

7-2　简述压电效应及逆压电效应。

7-3　简述常用压电材料及其特性。

7-4 压电传感器有哪些特点？它可应用在哪些场合，请举例说明。

7-5 用压电式加速度计及电荷放大器测量振动加速度，若传感器的灵敏度为 70 pC/g（g 为重力加速度），电荷放大器灵敏度为 10 mV/pC，试确定输入 3 g（平均值）加速度时，电荷放大器的输出电压 $U_o$（平均值，不考虑正负号）；并计算此时该电荷放大器的反馈电容 $C_f$。

7-6 两根高分子压电电缆相距 $L = 2$ m，平行埋设于柏油公路的路面下约 50 mm，如图 7-23 所示。它可以用来测量车速及汽车的载重量，并根据存储在计算机内部的档案数据，判定汽车的车型。现有一辆肇事车辆以较快的车速冲过测速传感器，两根 PVDF 压电电缆的输出信号如图 7-23（b）所示，求：

（1）估算车速为多少 km/h。

（2）估算汽车前后轮间距 $d$（可据此判定车型）；轮距与哪些因素有关？

（3）说明载重量 $m$ 以及车速 $v$ 与 A、B 压电电缆输出信号波形的幅度或时间间隔之间的关系。

（a）PVDF 压电电缆埋设示意图    （b）A、B 压电电缆的输出信号波形

1—公路；2—PVDF 压电电缆（A、B 共两根）；3—车轮。

图 7-23 PVDF 压电电缆测速原理图

# 模块八　光电传感器

## 学习目标

1. 掌握光电效应的实质，熟悉常见光电元件的外观、特性及应用特点。
2. 掌握光电开关的类型及应用，熟悉光电传感器在生产生活中的应用，能够根据光电元件特点进行简单的创新应用设计；
3. 了解光纤传感器的结构、类型及在生产生活中的典型应用；
4. 了解红外传感器和激光传感器的检测原理及典型应用。

## 思政素养

通过学习我国传感器新技术在自动化发展中的重要地位，激发学生的民族自信心和自豪感，培养学生的职业意识和家国情怀。

## 任务引领

大家在日常生活中一定接触过自动出水龙头、自动干手机、自动门、用于安全防护的光幕、电梯自动运行判断、电梯防夹人等设施，这些设备都是怎么实现的呢？在生产生活中要善于观察、注重理论联系实际，你是否了解光电元件都有哪些类型，它们是怎么实现光电转换的？光电传感器可以用于透明度测量、烟雾报警器、转速测量、产品颜色分拣、位移测量等等，大家也对红外线温度计、热成像系统、激光测距仪、三维激光扫描传感器等有所了解。如果需要在银行自助柜员机设置"一米线"等待提醒，你有几种可实施的创新方案，是采用人体红外检测的热释电元件还是设置光幕来实现呢？在地铁运行中，接触网会有小鸟停留，你能否设计一款驱鸟器为地铁的安全运行服务呢？大家一起进行光电传感器相关知识的学习，开始你的创新设计吧。

## 知识背景

光电传感器是一种能将光信号转换为电信号的传感器，最突出的优点是反应快、非接触式测量。本模块内容以传统光电传感器为主，学习光电效应、光电元件的分类及特性、光电开关及光电断续器、光电传感器的典型应用，在传感器的新技术方面介绍光纤的概念及光纤传感器的典型应用、红外传感器及激光传感器。随着传感器技术的发展及高科技材料的技术进步，传感器的发展呈现多样化的趋势，检测范围也由军事领域普及到民用行业。红外辐射技术是近几十年发展起来的一门综合性技术，激光技术也是近代科学技术发展的重要成果之一，目前已被成功地应用于精密计量、军事、宇航、医学、生物、气象等各领域……

# 单元一　光电传感器基础知识

光电现象由德国物理学家赫兹在 1887 年首先发现，1905 年德国物理学家爱因斯坦用光量子学说解释了光电发射效应，1916 年美国物理学家密立根以精确的光电效应实验证实了爱因斯坦的光电方程，爱因斯坦和密立根分别于 1921 年和 1923 年获得诺贝尔物理学奖。

## 一、光电效应及典型光电元件

德国物理学家爱因斯坦认为，光由光子组成，每一个光子具有的能量 E 正比于光的频率 $f$，光子的频率越高，光子的能量就越大。比如相同光子数的紫外线能量就比红外线的能量大得多。用光照射某一物体，可以看作物体受到一连串能量为 $hf$（$h$ 为普朗克常数）的光子轰击，组成该物体的材料吸收光子能量而发生相应电效应的物理现象称为光电效应。通常把光电效应分为外光电效应、内光电效应和光生伏特效应三类，如图 8-1 所示。

（a）外光电效应　　　　　（b）内光电效应　　　　　（c）光生伏特效应

**图 8-1　光电效应示意图**

### （一）外光电效应

在光线的作用下能使电子逸出物体表面的现象称为外光电效应，也称为光电发射效应，逸出的电子称为光电子。基于外光电效应的光电元件有光电管、光电倍增管、光电摄像管等，光子能量为：

$$E = hf \tag{8-1}$$

式中，$h$ 为普朗克常数，$h = 6.626×10^{-34}$ J.s，$f$ 为光的频率（$s^{-1}$）。

Einstein 光电方程为：

$$hf = \frac{1}{2}mv_0^2 + A_0 \tag{8-2}$$

$$\frac{1}{2}mv_0^2 = hf - A_0 \geqslant 0 \tag{8-3}$$

式中，$m$ 为电子质量；$v_0$ 为逸出电子的初速度；$A_0$ 为物体的逸出功（或物体表面束缚能）。

电子能够从物质表面逸出的最低入射光波频率叫红限频率 $f_0$（又称光谱域值），因材料性质不同物质的逸出功也不同，因此红限频率 $f_0$ 为：

$$f_0 = \frac{A_0}{h} \tag{8-4}$$

对应的光波波长 $\lambda_0$（红限波长）为：

$$\lambda_0 = hc/A_0 \tag{8-5}$$

式中，$h$ 为普朗克常数；$c$ 为光速；$A_0$ 为物体的逸出功。

当入射光的频谱成分不变时，产生的光电子（或光电流）与光强成正比。

### 1. 光电管

光电管的结构为真空（或充气）玻璃泡内装两个电极，分别为光电阴极和阳极，阳极加正电压。当光电阴极受到适当波长的光线照射时发射光电子，从阴极表面逸出的电子被具有正电压的阳极所吸引，在光电管中形成电子流，在外电路中便产生光电流 $I$，如图 8-2 所示。光电流正比于光电子数，光电子数正比于光照度。

（a）结构图　　　　　（b）工作原理　　　　　（c）电路符号

**图 8-2　光电管的结构和工作原理**

（1）伏-安特性。

当入射光的频谱和光通量一定时，阳极电压与阳极电流之间的关系称为伏-安特性，如图 8-3（a）、（b）所示。

（a）真空光电管伏安特性　　（b）充气光电管伏安特性　　（c）光电管的光电特性

**图 8-3　光电管的特性**

（2）光电特性。

当光电管的阳极与阴极间所加电压和入射光谱一定时，阳极电流 $I$ 与入射光在光电阴极上的光通量之间的关系如图 8-3（c）所示。

（3）光谱特性。

同一光电管对于不同频率的光灵敏度不同，这就是光电管的光谱特性。锑铯（CsSb）材料阴极，红限波长 $\lambda_0 = 0.7\ \mu m$，对可见光的灵敏度较高，转换效率可达 20% ~ 30%。锑钾钠铯阴极光谱范围较宽（0.3 ~ 0.75 μm），灵敏度也较高，与人眼的光谱特性很接近，是一种新型光电阴极。

人们可以根据检测对象是可见光或紫外光而选择不同阴极材料的光电管。对紫外光源，常采用锑铯阴极和镁镉阴极。目前紫外光电管在工业检测中多用于紫外线测量、火焰监测等，可见光较难引起光电子的发射。

（a）结构图

### 2. 光电倍增管

光电倍增管的结构由光电阴极、若干倍增极和阳极组成，如图 8-4 所示。光电倍增管工作时，各倍增极（$D_1$、$D_2$、$D_3\cdots$）和阳极均加上电压，并依次升高，阴极 K 电位最低，阳极 A 电位最高。入射光照射在阴极上，打出光电子，经倍增极加速后，在各倍增极上打出更多的"二次电子"。如果一个电子在一个倍增极上一次能打出 $\sigma$ 个二次电子，那么·个光电子经 $n$ 个倍增极后，最后在阳极会收集到 $\sigma^n$ 个电子而在外电路形成电流。一般 $\sigma = 3 \sim 6$，$n$ 为 10 左右，因此光电倍增管的放大倍数很高。光电倍增管工作的直流电源电压 700 ~ 3 000 V 之间，相邻倍增极间电压为 50 ~ 100 V。

（b）原理图

（c）供电电路

图 8-4　光电倍增管

一个光子在阴极上能够打出的平均电子数称为光电阴极的灵敏度。而一个光子在阳极上产生的平均电子数称为光电倍增管的总灵敏度。另外，光电倍增管的光谱特性与同材料阴极的光电管的光谱特性相似。

## （二）内光电效应

当光照射在物体上，使物体的电阻率发生变化的现象称为内光电效应。基于内光电效应的光电元件有光敏电阻、光敏二极管、光敏三极管及光敏晶闸管等。

在光线作用下，材料内电子吸收光子能量从键合状态过渡到自由状态，而引起材料电阻率变化。入射光能引起内光电效应的临界波长 $\lambda_0$ 为

$$\lambda_0 = hc/E_g \tag{8-6}$$

式中，$h$ 为普朗克常数；$c$ 为光速；$E_g$ 为半导体材料禁带宽度。

### 1. 光敏电阻

光敏电阻的结构和工作原理如图 8-5 所示，光敏电阻由梳状电极和均质半导体材料制成，其电阻值随光照而变化。光敏电阻是纯电阻器件，具有很高的光电灵敏度，常作为光控元件用。

构成光敏电阻的材料有金属的硫化物、硒化物、碲化物等半导体，半导体的导电能力完全取决于半导体内载流子数目的多少。当光敏电阻受到光照时，半导体材料的表面产生自由电子，同时产生空穴，电子-空穴对的出现使电阻率变小。光照越强，光生电子-空穴对就越多，阻值就越低。入射光消失，电子-空穴对逐渐复合，电阻也逐渐恢复原值。

图 8-5　光敏电阻结构和工作原理

（1）暗电阻、亮电阻和光电流。

暗电阻：光敏电阻在室温条件下、无光照时具有的电阻值，称为暗电阻（>1 MΩ），此时流过的电流称为暗电流。光敏电阻受温度的影响很大，温度上升时，暗电阻减小，暗电流增大，导致灵敏度下降，这也是光敏电阻的一大缺点。

亮电阻：光敏电阻在一定光照下所具有的电阻值为在该光照下的亮电阻（<1 kΩ），此时流过的电流称为亮电流。

（2）光电特性。

在光敏电阻两极电压固定不变时，光照度与电阻及光电流之间的关系，称为光电特性。图 8-6 是某型号的光敏电阻的光照-电阻特性曲线，图 8-7 是某型号光敏电阻的光照-电流特性曲线。光照通常用照度来表示，照度是光源照射在被照物体单位面积上的光通量，光通量则是光源在单位时间内发出的光量总和，照度用单位勒克斯（lx）表示。

从图中看出，当光照大于 100 lx 时，它的光电特性非线性就十分严重了。光敏电阻光电特性为非线性，不适合用于光的精密测量，只能用于定性地判断有无光照或光照度是否大于某设定值。光敏电阻价格便宜，虽准确度不高，但可用于照相机的测光元件及光控灯的光敏元件等。

图 8-6　光敏电阻的光照-电阻特性

图 8-7　光敏电阻的光照-电流特性

（3）光谱特性。

光谱特性表征光敏电阻对不同波长的光其灵敏度不同的性质。

（4）响应时间和频率特性。

光敏电阻在照射光强变化时，其电阻的变化在时间上有一定的滞后，通常用响应时间表示。光敏电阻上升和下降时间的长短，表示其对动态光信号响应的快慢，即频率特性。光敏电阻的频率特性不仅与元件的材料有关，而且还与光照的强弱有关。光敏电阻有时延特性，不能用在要求快速响应的场合。

（5）温度特性。

在光照一定的条件下，光敏电阻的阻值随温度的升高而下降，即温度特性，用温度系数 $\alpha$ 来表示。

$$\alpha = \frac{R_2 - R_1}{(T_2 - T_1)R_2} \times 100\% \tag{8-7}$$

式中，$R_1$ 为在一定光照下，温度为 $T_1$ 时的阻值；$R_2$ 为在一定光照下，温度为 $T_2$ 时的阻值。

温度不仅影响光敏电阻的灵敏度，而且还影响其光谱特性，温度升高，光谱特性向短波方向移动。

### 2. 光敏二极管

光敏二极管的基本结构就是具有光敏特性的 PN 结，如图 8-8（a）所示。光敏二极管在电路中处于反向偏置工作状态，如 8-8（b）所示，否则流过它的电流就与普通二极管的正向电流一样，不受入射光的控制。

将光敏二极管的 PN 结设置在透明管壳顶部的正下方，无光照时反向电阻很大，电路中仅有反向饱和漏电流，一般为 $10^{-9} \sim 10^{-7}$ A，称为暗电流，相当于光敏二极管截止；光照射到光敏二极管的 PN 结时，电子-空穴对数量增加，使少数载流子浓度大大增加，光电流与照度成正比。因此，通过 PN 结的反向电流也随之增加，形成光电流，相当于光敏二极管导通；入射光照度变化，光电流也变化。可见，光敏二极管具有光电转换功能，故又称为光电二极管。

（a）结构简化模型及实物　　　　　　　　（b）基本电路

**图 8-8　光敏二极管结构和基本电路**

目前还研制出几种新型光敏二极管，它们都有优异的性能。PIN 光敏二极管工作电压（反向偏置电压）高，光电转换效率高，暗电流小，灵敏度比普通的光敏二极管高得多；APD 光敏二极管（雪崩光敏二极管）反向偏压很高，能将光子产生的光电子加速到很高的动能，撞击其他原子产生新的电子-空穴对，形成对原始光电流的放大作用。可广泛应用于微光信号检测、长距离光纤通信等。

### 3. 光敏三极管

光敏三极管与光敏二极管的结构相似，内部具有两个 PN 结，通常没有基极引线，只有两个引出电极。光敏三极管与普通三极管类似，也有电流增益，在电路中接法相同，基极开路，集电结反偏，发射结正偏，如图 8-9 所示。

**图 8-9　NPN 型光敏三极管结构模型和工作电路**

当无光照时，光敏三极管集电结因反偏，集电极与基极间有反向饱和电流 $I_{\text{cbo}}$，该电流流入发射结放大，使集电极与发射极之间有穿透电流 $I_{\text{ceo}} = (1 + \beta) I_{\text{cbo}}$，此即光敏三极管的暗电流。当有光照射光敏三极管集电结附近基区时，产生光生电子-空穴对，使其集电结反向饱和电流大大增加，此即为光敏三极管集电结的光电流；该电流流入发射结进行放大成为集电极与发射极间电流，即为光敏三极管的光电流，它将光敏二极管的光电流放大（$1 + \beta$）倍，所以它比光敏二极管具有更高的光电转换灵敏度。

由于光敏三极管中对光敏感的部分是光敏二极管，所以它们的特性基本相同，只是反应程度即灵敏度差（$1 + \beta$）倍。

（1）光谱特性。

光敏三极管在恒定电压作用和恒定光通量照射下，光电流（用相对值或相对灵敏度）与入射光波长的关系，称为光敏管的光谱特性，如图 8-10 所示。由图中可见：

**图 8-10　硅和锗光敏管的光谱特性**

Si 光敏管，光谱响应波段 400 ~ 1 300 nm，峰值响应波长约为 800 nm；

Ge 光敏管，光谱响应波段 500 ~ 1 700 nm，峰值响应波长约为 1 500 nm。

（2）伏安特性。

光敏管在一定光照下，其端电压与器件中电流的关系，称为光敏管的伏安特性。图 8-11 所示是 Si 光敏晶体管在不同光照下的伏安特性。

（a）硅光敏二极管　　　　　　（b）硅光敏三极管

**图 8-11　硅光敏管的伏安特性**

（3）光照特性。

在端电压一定条件下，光敏管的光电流与光照度的关系，称为光敏管的光照特性。Si 光敏管的光照特性如图 8-12 所示。

（a）硅光敏二极管　　　　　　（b）硅光敏三极管

**图 8-12　硅光敏管的光电特性**

（4）温度特性。

在端电压和光照度一定的条件下，光敏管的暗电流及光电流与温度的关系，称为光敏管的温度特性，如图 8-13 所示。

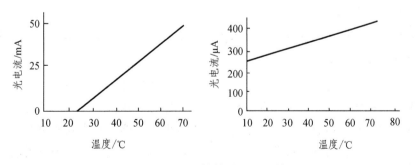

**图 8-13　光敏管的温度特性**

4. 光控晶闸管

光控晶闸管是利用光信号控制电路通断的开关元件，属三端四层结构，有 3 个 PN 结 $J_1$、

139

$J_2$、$J_3$，如图 8-14 所示。其特点在于控制极 G 不一定由电信号触发，可以由光照起触发作用。经触发后，A、K 间处于导通状态，直至电压下降或交流过零时关断。

（a）　　　　　　　（b）　　　　　　　（c）

**图 8-14　光控晶闸管结构及其等效电路**

四层结构可视为两个三极管，如图 8-14（b）所示。光敏区为 $J_2$ 结，若入射光照射在光敏区，产生的光电流通过 $J_2$ 结，当光电流大于某一阈值时，晶闸管便由断开状态迅速变为导通状态。

考虑光敏区的作用，其等效电路如图 8-14（c）所示。无光照时，光敏二极管 VD 无光电流，三极管 $T_2$ 的基极电流仅是 $T_1$ 的反向饱和电流，在正常外加电压下处于关断状态。一旦有光照射，光电流 $I_P$ 将作为 $T_2$ 的基极电流。如果 $T_1$、$T_2$ 的放大倍数分别为 $\beta_1$、$\beta_2$，则 $T_2$ 的集电极得到的电流是 $\beta_2 I_P$。此电流实际上又是 $T_1$ 的基极电流，因而在 $T_1$ 的集电极上又将产生一个 $\beta_1 \beta_2 I_P$ 的电流，这一电流又成为 $T_2$ 的基极电流。如此循环反复，产生强烈的正反馈，整个器件就变为导通状态。如果在 G、K 间接一电阻，必将分去一部分光敏二极管产生的光电流，这时要使晶闸管导通，就必须施加更强的光照。可见，用这种方法可以调整器件的光触发灵敏度。

光控晶闸管作为光控无触点开关使用更方便，它与发光二极管配合可构成固态继电器，体积小、无火花、寿命长、动作快，并具有良好的电路隔离作用，在自动化领域得到广泛应用。

### （三）光生伏特效应

在光线的作用下，能使物体产生一定方向电动势的现象称为光生伏特效应，基于光生伏特效应的光电元件是光电池。

光电池是利用光生伏特效应将光能直接转变成电能的器件，从能源利用的角度看，它广泛用于将太阳能直接转变为电能，因此又称为太阳能电池。从信号检测的角度来看，光电池作为一种自发电型的光电传感器，可用于检测光的强弱以及能引起光强变化的其他非电量。

光电池的种类很多，有硅、砷化镓、硒、锗、硫化镉光电池等，其中应用最广是硅光电池。硅光电池具有性能稳定、光谱范围宽、频率特性好、传递效率高、价格便宜等特点。

光电池的结构如图 8-15 所示，它实质上是一个大面积的 PN 结。当光照射到 PN 结上时，便在 PN 结两端产生电动势（P 区为正，N 区为负）形成电源。

（a）结构简图　　　　　　　　（b）工作原理示意图

**图 8-15　硅光电池**

P 型半导体与 N 型半导体结合在一起时，由于载流子的扩散作用，在其交界处形成一过渡区，即 PN 结，并在 PN 结形成一内建电场，电场方向由 N 区指向 P 区，阻止载流子的继续扩散。当光照射到 PN 结上时，在其附近激发电子-空穴对，在 PN 结电场作用下，N 区的光生空穴被拉向 P 区，P 区的光生电子被拉向 N 区，结果在 N 区聚集了电子，带负电；P 区聚集了空穴，带正电。这样 N 区和 P 区间出现了电位差，若用导线连接 PN 结两端，则电路中便有电流流过，电流方向由 P 区经外电路至 N 区；若将电路断开，便可测出光生电动势。

1. 光谱特性

光电池对不同波长的光，其光电转换灵敏度是不同的，即光谱特性，如图 8-16 所示。

硅光电池的光谱响应范围是 400～1 200 nm，光谱响应峰值波长在 700 nm 附近，随着制造业的进步，硅光电池已具有从近红外到蓝紫光的宽光谱特性。硒光电池的光谱响应范围是 370～750 nm，光谱响应峰值波长在 500 nm 附近。硒光电池和锗光电池由于稳定性较差，目前应用较少。

2. 光照特性

光电池在不同照度下，其光电流和光生电动势是不同的。硅光电池的开路电压和短路电流与光照度的关系曲线如图 8-17 所示。

**图 8-16　光电池的光谱特性**　　**图 8-17　硅光电池的开路电压和短路电流与光照度关系**

开路电压与光照度关系是非线性的，而且在光照度为 2 000 lx 时出现饱和，其开路电压相当于一个 PN 结的导通电压，对于硅材料的 PN 结导通电压约为 0.6～0.7 V，锗材料的 PN 结导通电压约为 0.2～0.3 V，故其不宜作为检测信号。短路电流（负载电阻很小时的电流）

141

与光照度关系在很大范围是线性的，负载电阻越小，线性度越好（见图8-18），因此，将光电池作为检测元件时，是利用其短路电流，作为电流源的形式来使用。

图8-18 硅光电池在不同负载下的光照特性

**3. 频率特性**

光电池的频率特性是指其输出电流随照射光调制频率变化的关系，如图8-19所示。硅光电池响应频率较高，高速计数的光电转换中一般采用硅光电池；硒光电池响应频率较低，不宜用作快速光电转换。

**4. 温度特性**

光电池的温度特性是指其开路电压和短路电流随温度变化的关系。

图8-20是硅光电池在1 000 lx照度下的温度特性曲线。由图可见：开路电压随温度升高下降很快，约3 mV/℃；短路电流随温度升高而缓慢增加，因此当光电池作为测量元件时，在仪器设计时应考虑温度补偿措施。

图8-19 光电池的频率特性

图8-20 硅光电池的温度特性（照度1 000 lx）

## 二、光电元件的测量转换电路

光敏电阻、光敏晶体管、光电池等光电元件必须根据各自的特点，使用不同的电路，才能达到最佳的使用效果。

**（一）光敏电阻基本应用电路**

分析图8-21（a）中，当无光照时，光敏电阻$R_\phi$很大，$I_\phi$在$R_L$上的压降$U_o$很小。随着入射光增大，$R_\phi$减小，$U_o$随之增大。

图8-21（b）的情况恰好与图8-21（a）相反，入射光增大，$U_o$反而减小。

（a）$U_o$与光照变化趋势相同的电路　（b）$U_o$与光照变化趋势相反的电路

图8-21 光敏电阻基本应用电路

## （二）光敏二极管应用电路

光敏二极管在应用电路中必须反向偏置，否则其电流就与普通二极管的正向电流一样，不受入射光的控制。利用反相器可将光敏二极管的输出电压转换成 TTL 电平，如图 8-22 所示。

（a）光敏二极管的反向偏置接法　　　　（b）光敏二极管的应用电路

**图 8-22　光敏二极管基本应用电路**

请大家逐步分析：强光照时，$U_o$ 为何电平？

## （三）光敏三极管应用电路

光敏三极管在电路中必须遵守集电结反偏，发射结正偏的原则，与普通三极管工作在放大区时条件是一样的，如图 8-23 所示。输出状态比较见表 8-1。

（a）射极输出电路　　　　（b）集电极输出电路

**图 8-23　光敏三极管的两种常用电路**

**表 8-1　输出状态比较**

| 电路形式 | 无光照时 | | | 强光照时 | | |
|---|---|---|---|---|---|---|
| | 三极管状态 | $I_C$ | $U_o$ | 三极管状态 | $I_C$ | $U_o$ |
| 射极输出 | 截止 | 0 | 0（低电平） | 饱和 | $(V_{CC}-0.3)/R_L$ | $V_{CC}-U_{CES}$（高电平） |
| 集电极输出 | 截止 | 0 | $V_{CC}$（高电平） | 饱和 | $(V_{CC}-0.3)/R_L$ | $U_{CES}$（0.3 V，低电平） |

分析表 8-1：射极输出电路的输出电压变化与光照的变化趋势相同，而集电极输出恰好相反。

例 8-1 利用光敏三极管来达到强光照时继电器吸合的光控继电器电路如图 8-24 所示，请分析工作过程。

**解** 当无光照时，$V_1$ 截止，$I_B = 0$，$V_2$ 也截止，继电器 KA 处于失电（释放）状态。

当有强光照时，$V_1$ 产生较大的光电流 $I_\phi$，$I_\phi$ 一部分流过下偏流电阻 $R_{B2}$（起稳定工作点作用），另一部分流经 $R_{B1}$ 及 $V_2$ 的发射结。当 $I_B > I_{BS}$（$I_{BS} = I_{CES}/\beta$）时，$V_2$ 也饱和，产生较大的集电极饱和电流 $I_{CES}$，$I_{CES} = (V_{CC} - 0.3)/R_{kA}$，因此继电器得电并吸合。如果将 $V_1$ 与 $R_{B2}$ 位置上下对调，其结果相反，请读者自行分析。

图 8-24 光控继电器电路

**（四）光电池的应用电路**

为了得到光电流与光照度成线性的特性，要求光电池的负载短路，常采用集成运算放大器组成的 $I/U$ 转换电路，如图 8-25 所示。$I/U$ 转换电路的输出电压 $U_o$ 与光电流 $I_\phi$ 成正比，从而达到电流/电压转换的目的。若希望 $U_o$ 为正，可将光电池极性调换。

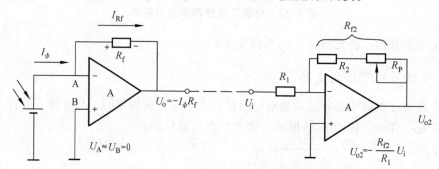

图 8-25 光电池短路电流测量电路

**（五）光电耦合器**

光电耦合器是以光为媒介传输电信号的一种电-光-电转换器件，发光元件与光电元件集成在一起便构成光电耦合器，如图 8-26 所示。发光元件的引脚为输入端，光电元件的引脚为输出端，常见的发光元件为发光二极管，光电元件为光敏二极管、光敏三极管等，少数采用光敏达林顿管或光晶闸管。在光电耦合器输入端加电信号使光源发光，光的强度取决于激励电流的大小，此光照射到封装在一起的光电元件上，因光电效应产生光电流实现了电-光-电的转换。发光元件和光电元件之间具有相同的光谱特性，以保证其灵敏度最高；若要防止环境光干扰，透射式和反射式都可选用红外波段发光元件和光电元件。

（a）窄缝透射式　（b）反射式　（c）全封闭式　（d）全封闭式

图 8-26 光电耦合器典型结构

如果需要使用带有微控制器的命令来驱动高压电机，光电耦合器能够为开关系统提供电机和微控制器输出之间的完全电气隔离连接，保护高敏感电路免受高压电路冲击。光电耦合器具有比保险丝更先进的保险功能，在电路中光电耦合器用于使用数字信号或使用非常低的电压来切换系统，如果出现电压尖峰或出现浪涌电流，则整个输出电路将不受影响。光电耦合器的响应时间非常快（纳秒级），它被广泛用于通过整流器检测交流电源的过零，通过数字信号可以找到需要的波形变化，还可以用于消除信号中的电噪声。

### 三、光电开关

光电传感器主要由光源、光学通路、光电元件及信号处理电路等部分组成，根据输出信号类型不同有模拟式和脉冲式两大类，模拟式将被测量转换成连续变化的电信号，脉冲式是指光电元件的输出仅有两种稳定状态，即"通"和"断"的开关状态，这种形式的光电传感器也称为光电开关或光电断续器。

**认识光电开关**

#### （一）光电开关的类型

光电开关可分为反射型和遮断型两大类。遮断型根据检测距离不同分对射型光电开关和光电断续器（又称槽式光电开关），遮断型光电开关的发射器和接收器相对安放，轴线严格对准。反射型光电开关分为反射镜反射型和被测物漫反射型（简称散射型）。

**1. 对射型光电开关**

对射型光电开关由相互分离且相对安装的光发射器和光接收器组成，如图 8-27 所示。光电开关的发射器和接收器相对安装，轴线严格对准。当有物体在两者中间通过时，红外光束被遮断，接收器接收不到红外线而产生开关信号。光发射器通常采用不可见的红外光源，对所有能遮断光线的物体均可检测，对射型光电开关的检测距离一般可达十几米。

**2. 槽式光电开关**

槽式光电开关也称为光电断续器，发射器和接收器设置在体积很小的同一塑料壳体中，通常是标准的 U 字形结构，发射器和接收器两者可靠地对准并形成一光柱，如图 8-28 所示。

图 8-27　对射型光电开关　　　　　　图 8-28　光电断续器

光电断续器比较可靠，较适合高速检测。从原理上讲和对射型光电开关没有太大的差别，光电断续器是整体结构，其检测距离只有几毫米至几十毫米，因此常用于线材或带材料类物品的检测。

3. 反射型光电开关

可分为被测物漫反射型（也称散射型）和反射镜反射型。

（1）被测物漫反射型，如图 8-29，当被测物体经过该光电开关时，发射器发出的光线经被测物体表面反射，由接收器接收并产生开关信号，检测距离与被测物黑度有关，检测距离较小。

（2）反射镜反射型，如图 8-30，光发射器和光接收器一体，与反射镜相对安装，配合使用。反射镜使用偏光三角棱镜，能将发射器发出的光转变成偏振光反射回去，光接收器表面覆盖一层偏光透镜，只能接受反射镜反射回来的偏振光。这种类型抗干扰能力强，不惧灰尘，可靠性高，从 0.1 至 20 m 的距离都可以有效检测。

（3）定区域反射型，光电开关有一个非常确定的检测区域，不经过该区域的被测物体不会引起光电开关产生开关信号。

图 8-29　漫反射型光电开关　　　　　图 8-30　反射镜反射型光电开关

（二）光电开关的电气参数

光电开关电气参数较多，不同品牌型号表述不同，下面简单介绍部分参数的含义。

（1）工作电压：12～30VDC 表明光电开关在直流 12 V 到 30 V 的电压范围内均可以正常使用，目前比较常用的工作电压是直流 24 V。

（2）检测距离：是指检测体按一定方式移动，当开关动作时测得的基准位置（光电开关的感应表面）到检测面的空间距离，额定动作距离指接近开关动作距离的标称值。

（3）回差距离：动作距离与复位距离之间的绝对值。

（4）响应频率：在规定的 1 s 的时间间隔内，允许光电开关动作循环的次数。

（5）输出状态：分常开和常闭，当无检测物体时，常开型的光电开关所接通的负载由于光电开关内部的输出晶体管的截止而不工作，当检测到物体时，晶体管导通，负载得电工作。

（6）输出形式：分 NPN 二线、NPN 三线、NPN 四线、PNP 二线、PNP 三线、PNP 四线、AC 二线、AC 五线等多种常用的输出形式。三线制光电开关，棕色线接电源正极，蓝色线接电源负极，黑色线是输出信号线。四线制光电开关又分为 NPN 常开常闭型和 PNP 常开常闭型，负载可以是接触器线圈、继电器线圈及 PLC 等。

（7）消耗电流：消耗电流因电路内部的元器件、组件设计、制造工艺等因素造成的损耗，数值越小说明电路设计制造工艺精湛。

（8）反相保护：指电源正负极如果接反，传感器会自动保护，不会因为接错线而烧坏产品。

（9）短路保护：在负载有短路故障产生后的极短时间内切断电源。

（10）过载保护：指运行电流超过其额定电流但小于 1.5 倍额定电流的运行状态时启动自动保护。

### （三）光电开关的应用

光电开关已被用作物位检测、液位控制、产品计数、宽度判别、速度检测、孔洞识别、自动门检测、色标检出、加工机床安全防护等诸多领域，利用红外光源的隐蔽性特点，还可在银行、仓库、商店、办公室等场合作为防盗警戒之用。为了使各种类型的光电开关可靠地工作，应避免在水、油、灰尘多及室外太阳光直射的环境下使用。

光电开关在自动生产线上用于零件颜色识别及自动计数，在安装空间比较有限的场所也会用到光纤式光电开关。在咖啡罐装自动生产线中，对射型光电开关可实现产品计数，定区域反射型光电开关可检测咖啡罐里咖啡物位状态，是否按要求进行装罐。大家熟悉的地铁站检票闸机也安装了多对光电开关，可实现乘客通过检测、防止扇门误夹人、儿童通过检测及逆向通过检测等功能。在写字楼、居民楼等场所的进出口闸机也设置光电开关，实现出门时自动感应开门的功能等。在公共卫生间的自动感应水龙头、电梯自动运行条件判断、防火卷帘门下降位置检测设备上也用到了光电开关。

# 单元二　光电传感器的应用

光电传感器的
应用

光电传感器是一种能将光信号转换为电信号的传感器，它最突出的优点是非接触、反应快、形式灵活、应用广泛。光电传感器的核心是光电元件，一般由光源、光学通路、光电元件、测量转换电路及被测物组成，在设计应用中要特别注意光电元件与光源的光谱特性匹配。

## 一、光电传感器的应用类型

光电传感器的应用大致分为以下 4 种类型，如图 8-31 所示。

图 8-31　光电元件的应用类型

（1）吸收式。被测物吸收恒光源发射的光通量，被测物和光电元件置于光路两侧，恒光源发出的光穿过被测物，部分被吸收后透射光投射到光电元件上，如图 8-31（a）所示。透

147

射光强度决定被测物对光的吸收大小，而吸收的光通量与被测物透明度有关，比如用来测量液体、气体的透明度、复印纸的走纸故障判断、烟雾颗粒浓度等。

（2）反射式。被测物反射恒光源发出的光通量，恒光源发出的光投射到被测物上，再从被测物体表面反射后投射到光电元件上，如图 8-31（b）所示。反射光通量取决于反射表面的性质、状态及其与光源间的距离，这种类型应用最为广泛，可用于物体表面光洁度、粗糙度测试，判断是否有物体通过等等。

（3）遮光式。被测物遮挡恒光源发出的光通量，光源发出的光经被测物遮去其中一部分，使投射到光电元件上的光通量改变，其变化程度与被测物在光路中的位置有关，如图 8-35（c）所示。这种类型可用于测量物体的尺寸、位置、振动、位移等。

（4）辐射式。被测物本身就是光源，所发射的光通量射向光电元件，如图 8-35（d）所示，也可经过一定光路后作用到光电元件上。这种类型可用于照度计、光控路灯及光电比色高温计等应用中。

## 二、光电传感器应用实例

### （一）辐射式

#### 1. 光电式照度计

照度与人们的生活有着密切的关系。充足的光照，可防止人们免遭意外事故的发生。反之，过暗的光线可引起人体疲劳的程度远远超过眼睛的本身。因此，不适或较差的照明条件是造成事故和疲劳的主要原因之一。光的照度 $E$ 的单位是 lx（勒克斯），它是常用的光度学单位之一，它表示受照物体被照亮程度的物理量，可以用照度计来测量，如图 8-32 所示。为保障人们在适宜的光照下生活，我国制定了有关室内（包括公共场所）照

图 8-32　光电式照度计

度的卫生标准。如在公共场所商场（店）的照度卫生标准≥100 lx；图书馆、博物馆、美术馆、展览馆台面照度的卫生标准≥100 lx；在工厂，生产线上的视觉工作的照度要求为1 000 lx……照度计通常是由硒光电池或硅光电池和微安表组成。

#### 2. 热释电传感器用于人体检测

热释电红外传感器是一种能检测人或动物发射的红外线而输出电信号的传感器。热释电晶体已广泛用于红外光谱仪、红外遥感以及热辐射探测器。除了在人体感应自动开关、防盗报警上得到应用外，在越来越多的领域得到广泛应用。比如：房间无人时会自动停机的空调、饮水机；电视机能判断无人观看或观众已经睡觉后自动关机的电路；摄影机或数码照相机自动记录动物或人的活动等等，热释电人体感应传感器的核心是热释电元件，热释电元件表面必须罩上一块由一组平行的棱柱型透镜所组成的菲涅尔透镜，每一透镜单元都只有一个不大的视场角，当人体在透镜的监视视野范围中运动时，顺次地进入第一、第二单元透镜的视场，两个反向串联的热释电单元将输出一串交变脉冲信号。如果人体静止不动地站在热释电元件前面，它是"视而不见"的，热释电元件在红外线检测中得到广泛的应用。它可用于能产生

远红外辐射的人体检测，比如防盗门、宾馆大厅自动门、自动灯的控制等等，热释电传感器的元器件及感应开关如图 8-33 所示。

（a）热释电元件　　　　（b）菲涅尔透镜　　　　（c）热释电人体感应开关

**图 8-33　热释电传感器**

### 3. 光控灯

大家熟悉的汽车自动大灯、家用光控小夜灯、公园里的光控路灯等等，都用到了光控开关电路，如图 8-34 所示。自然光相当于光源，辐射到光敏元件上将光线的明暗线明暗转换为开关信号。除了各式各样的光控灯，随着光控技术的逐渐成熟，光控开关也被运用在生产生活中的各个方面，如摄影机、监视器、电动窗帘等科技产品，都实现了与光控技术巧妙结合。

**图 8-34　光控开关及光控小夜灯**

## （二）吸收式

### 1. 光电式浊度计

水样的浊度测量是水文资料的重要内容之一，如图 8-35 是光电式浊度计的原理图。光源发出的光线经过半反半透镜分成两束强度相等的光线，一路光线穿过标准水样 8 到达光电池 9，产生作为被测水样浊度的参比信号。另一路光线穿过被测水样 5 到达光电池 6，其中一部分光线被样品介质吸收，样品水样越混浊，光线衰减量越大，到达光电池 6 的光通量就越小。两路光信号均转换成电压信号 $U_{o1}$、$U_{o2}$ 由运算电路 11 计算出 $U_{o1}$、$U_{o2}$ 的比值，并进一步算出被测水样的浊度。采用分光镜 3、标准水样 8 以及光电池 9 作为参比通道的好处是：当光源的光通量因种种原因有所变化或环境温度变化引起光电池灵敏度发生改变时，由于两个通道的结构完全一样，所以在最后运算 $U_{o1}$、$U_{o2}$ 值时，上述误差可自动抵消，减小了测量误差。

利用光电元件还可以制成光电比色计，光电传感器还可用在测量复印机的走纸故障、智能模糊洗衣机自动判断衣物脏净、废水的分类回收等设备上。

1—恒流源；2—半导体激光器；3—半反半透镜；4—反射镜；5—被测水样；
6、9—光电池；7、10—电流/电压转换器；8—标准水样。

**图 8-35　光电式浊度计工作原理图**

### 2. 光电式烟雾报警器

　　烟雾传感器是通过监测烟雾的浓度来实现火灾探测的，光电式烟雾报警器是一种稳定可靠的报警器，被广泛运用到各种火灾自动报警系统中。按光电式烟雾报警器内部结构来分，主要有直射型和漫反射型，如图 8-36 所示。图 8-36（a）中红外线 LED 与红外光敏晶体管的峰值波长相同，称为红外对管。它们的安装孔处于同一轴线上。无烟雾时，光敏晶体管接收到 LED 发射的恒定红外光。而在火灾发生时，烟雾进入检测室，遮挡了部分红外光，使光敏晶体管的输出信号减弱，经阈值判断电路后，发出报警信号。室内抽烟也可能引起误报警，所以必须与其他火灾传感器组成综合火灾报警系统，由火灾报警主机作出综合判断，并开启相应房间的消防设备。

（a）直射型烟雾报警器　　　　（b）漫反射型烟雾报警器　　　　（c）外形

1—红外发光二极管；2—烟雾检测室；3—透烟孔；4—红外光敏晶体管；5—黑色吸光绒布。

**图 8-36　光电式烟雾报警器**

　　上述直射式烟雾报警器的灵敏度不高，只有在烟气较浓时光通量才有较大的衰减。图 8-36（b）所示的反射式烟雾报警器灵敏度较高。在没有烟雾时，由于红外对管相互垂直，烟雾室内又涂有黑色吸光材料，所以红外 LED 发出的红外光无法到达红外光敏晶体管。当烟雾进入烟雾室后，烟雾的固体粒子对红外光产生漫反射，使部分红外光到达光敏晶体管。在反射式烟雾报警器中,红外 LED 的激励电流不是连续的直流电,而是用 40 kHz 调制的脉冲,所以红外光敏晶体管接收到的光信号也是同频率的调制光。它输出的 40 kHz 电信号经选频放大器放大、检波后称为直流电压,再经低放和阈值比较器输出报警信号。

### (三)反射式

#### 1. 光电式转速表

光电式转速表主要有反射式和直射式两种基本类型,如图 8-37 所示,反射式转速表有便携式(见图 8-38),非接触式测转速非常方便,而直射式的常安装在运转设备上用于动态监测。为了提高转速测量的分辨率,采用机械细分技术,使转动体每转动一周有多个(Z)反射光信号或透射光信号。

若直射型调制盘上的孔(或齿)数为 Z(或反射型转轴上的反射体数为 Z),测量电路计数时间为 T 秒,被测转速 n(r/min),则计数值为

$$N = nZT/60 \tag{8-9}$$

（a）反射式                （b）直射式

1—转轴;2、5、7—透镜;3—光源;4—光敏元件;6—半反半透镜。

**图 8-37　光电式转速表**

光电脉转换电路如图 8-39 所示。

**图 8-38　便携式光电转速表**　　　　**图 8-39　光电脉冲转换电路**

#### 2. 色标传感器

现代化工业生产中,颜色检测和颜色识别等的应用越来越多。例如,在包装生产中机器要确定哪种产品放在什么颜色的包装中、如何保证产品的正面朝向包装盒的玻璃纸窗口等等。色标传感器常用于检测特定色标或物体上的斑点,它是通过与非色标区相比较来实现色标检测,而不是直接测量颜色。

色标传感器指的是对各种标签进行检测，即使背景颜色有着细微的差别的颜色也可以检测到，处理速度快。色标传感器实际是一种反向装置，如图8-40，光源垂直于目标物体安装，而接收器与物体成锐角方向安装，让它只检测来自目标物体的散射光，从而避免传感器直接接收反射光，并且可使光束聚焦很窄。白炽灯和单色光源都可用于色标检测。

大家在生活中非常熟悉的条形码扫描笔、光电式自动门、自动干手机感应启动、自动水龙头感应出水等都是反射式光电传感器的应用。

图 8-40　色标传感器

（四）遮光式

1. 光电式带材跑偏仪

图8-41是光电式带材跑偏仪原理图，主要由轧钢设备、液压装置、边缘位置检测传感器、测量转换电路等组成，它是用于冷轧钢带生产过程中钢带跑偏而进行实时纠偏的一种自动控制装置。当带材跑偏时，边缘经常与传送机械发生碰撞，易出现卷边，造成废品。带材的边缘位置检测选用光电断续器，根据信号处理电路输出电压反映带材跑偏的方向及大小。

1—带材；2—电机；3—滚轴；4—液压缸；5—活塞；6—调节架；7—光电断续器。

图 8-41　光电式带材跑偏仪原理图

图8-42为光电式带材跑偏检测器的光电检测装置示意图及电路图，电路图中 $R_1$ 和 $R_2$ 是相同型号的光敏电阻，$R_1$ 为测量元件，$R_2$ 用遮光罩罩住，起温度补偿作用，当带材处于中间/正确位置时 $R_1$、$R_2$、$R_3$ 和 $R_4$ 组成的电桥平衡，放大器输出的电压为零，当带材左偏时，遮光面积减小，$R_1$ 阻值减小，电桥失去平衡，放大器输出电压 $U_o$ 为负值，反之，当带材右偏时，输出信号符号相反，输出电压 $U_o$ 反映了带材跑偏的方向及大小。

图 8-42　光电式带材跑偏检测示意图及电路原理图

2. "光幕"（光电阵列）的应用

两个柱形结构相对而立，每隔数 10 mm 安装一对发光二极管和光敏接收管，形成光幕，如图 8-43（a）所示，当有物体遮挡住光线时，传感器可发出报警信号，可在光幕式防入侵系统中起保护、预警作用。

光幕具有非接触、高精度、快速响应等优点，被广泛应用于物体检测和位置控制等领域。安全光幕主要应用于流水线、木工机械、冲床、液压机、生产装配线等领域的安全检测，在生产作业中扮演着非常重要的角色，可以有效地避免操作人员与危险设备接触导致安全事故的发生。把光幕安装到锻压机床、冲床上用于工人的"误入侵"安全防护，如图 8-43（b）；在电梯上设置电梯光幕，如图 8-43（c），乘梯时起到防夹人功能等。

（a）光幕　　　　（b）光幕用于设备的安全防护　　　　（c）电梯光幕

图 8-43　光幕及光幕的应用

153

在物流仓储业，测量光幕采用三套对射型的光幕，如图 8-44（a），实现对物品长宽高的三维尺寸高精度测量和体积计算，通过软件将数据显示出来，大大提高了测量效率。在交通领域，光幕可用于自动收费系统的车辆检测，如图 8-44（b）；在自动化生产线上，可以利用光幕实现对物体的自动检测和定位，从而提高生产效率和质量；在机器人领域，光幕可以用于机器人的安全保护和位置控制等；光幕还可用于贵重物品橱窗安全预警、高档住宅的电子防护网等，我国未来或将光幕引入到城市道路的红绿灯系统，科技感十足的"光幕红绿灯"让车辆、行人不敢"闯红墙"。

（a）光幕用于三维尺寸测量

（b）光幕用于车辆通过检测

**图 8-44　光幕的应用**

# 单元三　光纤传感器

光纤传感器

光导纤维简称光纤，它是用特别的工艺拉成的细丝，光纤透明纤细，能够把光封闭其中，并沿轴向进行传播。光纤传感器是近些年来随着光导纤维技术的进步而发展起来的传感器，光纤在网络通信方面发挥着不容忽视的作用，在检测领域，光纤传感器又可用于位移、压力、温度、流量、液位、电场、磁场等多种参量的测量。

## 一、光纤传感器的基本原理

### （一）光纤的结构

光纤结构如图 8-45 所示。纤芯采用玻璃或石英，直径 $\phi$ 为几十微米，折射率 $n_1$；包层为玻璃或塑料，$\phi = 100 \sim 200 \ \mu m$，折射率 $n_2$；保护层为塑料，折射率 $n_3$；

其中 $n_2 < n_3 < n_1$，故称为阶跃型光纤，光在纤芯中传播。此外还有一种梯度型光纤，其断面折射率分布从中央高折射率逐步变化到包皮的低折射率。

**图 8-45　光纤的基本结构**

## （二）光纤的导光原理

光纤是利用光传输的全反射原理进行导光的，光纤中能传输的光波是其横向分量在光纤中形成驻波的光线组，这样一些光线组称为"模"。通信技术上常用的光纤模式有：

- 单模（基模）光纤：$\phi 5 \sim 10\ \mu m$ 纤芯，只能传输一个模式（基模）的光波；
- 多模光纤：$\phi 50 \sim 150\ \mu m$ 纤芯，传输多种模式的光波。

在光通信中发现，光纤受到外界环境因素的影响（比如压力、振动、温度、电场、磁场）时，将引起光纤传输的光波参数（比如光的强度、波长、频率、相位、偏振态等）发生变化，测量出光波参数，就可以知道这些导致光波变化的物理量。光纤传感器是光纤和光通信技术迅速发展的产物，光纤传感器的应用也得到了迅速的发展。光纤传感器具有很多优异的性能，比如电绝缘性能好、抗电磁干扰能力强、高灵敏度、光路可弯曲，可实现被测信号远距离监控等。

## 二、光纤传感器的结构和类型

光纤传感器一般由光源、敏感元件、光纤、光敏元件（光电接收）和信号处理系统组成，其中光纤包括纤芯、包层及外套等。光纤与电光转换元件耦合时，两者的轴心必须严格对准并固定，可使用专用的连接头及光纤插座来完成。

### （一）按工作原理分类

#### 1. 功能型光纤传感器

利用光纤本身的某种特性或功能制成的传感器，如图 8-46（a）所示。功能型光纤传感器只能用单模光纤。

#### 2. 传光型光纤传感器

光纤仅仅起传输光波的作用，必须在光纤端面加装其他敏感元件，才能构成传感器，如图 8-46（b）所示。传光型光纤传感器主要采用多模光纤。

（a）功能型

（b）传光型

**图 8-46　光纤传感器类型**

（二）按对光波的调制方式分类

1. 强度调制型光纤传感器

利用被测对象的变化引起敏感元件的折射率、吸收或反射等参数的变化，而导致光强度变化来实现敏感测量的传感器。

2. 相位调制型光纤传感器

利用被测对象对敏感元件的作用，使敏感元件的折射率或传播参数发生变化，而导致光的相位变化，然后用干涉仪来检测这种相位变化而得到被测对象的信息。

3. 频率调制型光纤传感器

利用被测对象引起光频率的变化来进行检测的传感器。

4. 偏振调制型光纤传感器

利用光的偏振状态的变化来传递被测对象信息的传感器。

## 三、光纤传感器的应用

光纤传感器应用广泛，能用于温度、压力、位移、速度、加速度、电压、电流、流速、液位等物理量的测量，表 8-2 为部分光纤传感器的型号与用途。

表 8-2  部分光纤传感器的型号与用途

| 名称/型号 | 性 能 指 标 | | 应 用 |
|---|---|---|---|
| FM 型微型光纤传感器 | 设计距离：10 ~ 30 mm 　光纤材料：塑料<br>工作光源：LED　　　　感光元件：光电晶体管<br>光纤长度：30 ~ 100 mm　连接方式：软线 2 m | | 用于分离性放大器，可与其他用途的控制器使用 |
| FE7B-F 小型光纤式光电开关传感器 | 工作方式：透光型、直接反光型<br>设计距离：10 mm，30 mm<br>最大开闭次数：200 Hz　工作电源：DC 10 ~ 28 V<br>最大输出电流：100 mA | | 产品计数、物体检测、料位检测、尺寸控制等 |
| GGO102 光纤型 60 kV 高压模拟传输光耦合器 | 耐高压、电气隔离、抗干扰性好 | | 高压自动控制设备的模拟传输控制 |
| E32 型光纤传感器 | 形式：分离（通过光束）、扩散反射<br>传感器距离：1.2 m、1.5 m、3.5 m、5 m、10 m、12 m | | 电子零件插脚、二极管颜色标记、水位、气密等检测 |

（一）光纤位移传感器

1. 光纤开关与定位装置

利用光纤中光强度的跳变（开关）来测出各种移动物体的极端位置，输出信号是跳变信号。

（1）简单光纤开关、定位装置，如图 8-47 所示。

图 8-47（a）：光纤计数；测位移（工件间隔均匀、已知）。

图 8-47（b）：测角位移；测转速。

图 8-47（c）：工件加工定位装置。

图 8-47（d）：光纤液位检测、控制装置。

（2）移动球镜式光纤开关传感器，如图 8-48 所示。

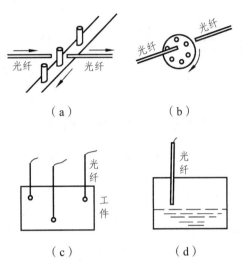

（a）　　　　　　　　（b）

（c）　　　　　　　　（d）

**图 8-47　简单光纤开关定位装置**

发送光纤将光强为 $I_0$ 的光束照射到球透镜上，球透镜把光束聚焦在两个接收光纤的端面上，当球透镜处于平衡位置时，两接收光纤得到的光强 $I_1 = I_2$。如果球透镜在垂直于光路的方向上产生微小位移，则 $I_1 \neq I_2$。光强比值 $I_1/I_2$ 的对数与球透镜位移量 $x$ 呈线性关系。

（a）原理图　　　　　　　　（b）光强比值与位移关系

**图 8-48　移动球透镜位移传感器**

2. 传光型光纤位移传感器

由两段光纤构成，当它们之间产生相对位移时，通过它们的光强发生变化，从而达到测量位移的目的。

（1）直射型光纤位移传感器，如图 8-49 所示。

（a）结构示意图 1　　　　　　　　　（b）结构示意图 2

**图 8-49　直射型光纤位移传感器**

（2）反射型光纤位移传感器，如图 8-50 所示。

（a）原理图　　　　　　（b）输出电压与位移关系

**图 8-50　反射型光纤位移传感器**

（3）其他光纤位移传感器，如图 8-51 所示。

（a）挡光型　　　　　　　　　　　　（b）楔合型

**图 8-51　光纤位移传感器**

3. 受抑全内反射光纤位移（液面）传感器

基于全内反射被破坏，而导致光纤传输特性改变的原理，可以制成位移传感器来测位移、压力、温度、液位等。

（1）受抑全内反射光纤位移传感器，如图 8-52 所示，直接耦合。

（2）棱镜式全内反射光纤位移传感器，如图 8-53 所示，棱镜耦合。

（3）全内反射光纤液面探测器，如图 8-54 所示，空气耦合。

（4）光纤液体分界面探测器，如图 8-55 所示，液体耦合。

图 8-52 受抑全内反射位移传感器

图 8-53 棱镜式全内反射光纤位移传感器

（a）圆锥体测头 （b）U形测头 （c）棱镜测头

图 8-54 光纤液面探测器

（a）原理图

（b）改进测头

图 8-55 光纤液体分界面探测器

## （二）光纤加速度传感器

图 8-56 所示是利用马赫-泽德（Mach-Zehnder）干涉仪的光纤加速度计实验装置。

加速度 $a$ ⇒ 质量块 $m$ 产生惯性力（$ma$）⇒ 圆柱顺变体变形 ⇒ 绕在顺变柱体上的单模光纤伸缩 ⇒ 产生传输光光程（相位）差 ⇒ 干涉条纹（信号）变化。

图 8-56 光纤加速度计实验装置

## （三）光纤振动传感器

### 1. 相位调制光纤振动传感器

图 8-57 所示为检测垂直表面振动分量的光纤振动传感器原理图。

振动体振动 ⇒ 反射体位移 ⇒ 反射光束光程（相位）改变 ⇒ 信号光束与参考光束间相位差 $\Delta\varphi = \dfrac{4\pi}{\lambda}U_\perp \cos\omega t$ ⇒ 干涉。

图 8-57 垂直表面振动分量光纤振动传感器原理图

159

可测振动体垂直分量振幅和面内振动振幅，线性度好。

垂直分量振幅，$10^{-6}$ μm；表面内振动振幅，$0.5 \times 10^{-7}$ μm；

可测频率范围：1 kHz ~ 30 MHz。

## 2. 元件型光纤压力和振动传感器

压力和振动使光纤变形，从而改变光在光纤中的传播特性，图 8-58 是元件型光纤压力和振动传感器的原理示意图。图 8-58（a）是将光纤夹在波浪形受压板之间的压力传感器，加压板使光纤生成许多细小的弯曲形变，这种传感器对低频压力变化特别灵敏，可检测最小 100 μPa 的压力。图 8-58（b）是将光纤完成 U 形的振动传感器，在 U 形前端加振幅为 50 μm 的振动时，可观测到收到百分之几振幅调制的输出光。光纤压力和振动传感器发展的主要障碍是温度性能差，目前正致力于开发稳定且方便的光纤传感器。

（a）微扭曲光纤压力传感器　　　　　　　（b）光纤振动传感器

**图 8-58　光纤压力和振动传感器**

## （四）光纤温度传感器

### 1. 传光型光纤温度传感器

图 8-59 为半导体吸光型光纤温度传感器示意图，测温原理为半导体感温元件的吸光性与温度有关从而达到检测温度的目的。半导体材料的光透过率与温度的特性曲线如图 8-60 所示，当温度升高时，其透过率曲线向长波长方向移动。

（a）装置简图

（b）感温探头

**图 8-59　半导体吸光型光纤温度传感器**

1—光源光谱分布；2—透过率曲线。

**图 8-60　半导体的光透过率特性曲线**

**2. 感温光纤用于隧道实时温度监测**

如图 8-61 为常见的用于火灾自动报警系统的感温光纤探测系统,系统由光纤主机和探测光纤组成,光纤主机负责光纤信号处理、报警和参数设置等,探测光纤负责现场的温度采集。光纤测温的机理是依据后向喇曼散射效应,如图 8-62 所示,激光脉冲与光纤分子相互作用发生散射,喇曼散射是由于光纤分子的热振动,光纤受外部温度的调制使光纤中的光强发生变化,可以实现实时分布式温度采集,并向火灾自动报警控制器输出报警信息。

感温光纤适用于安装在需要实时监测环境温度的地下空间,比如公路隧道、铁路隧道和城市地铁隧道等等。

**图 8-61　感温光纤探测系统**

**图 8-62　感温光纤测温机理**

# 单元四　红外传感器概述

红外辐射技术是近几十年发展起来的一项综合性技术,红外传感器在非接触测温、红外遥感、热成像、故障诊断、搜索跟踪系统等方面应用广泛。红外线技术应用在车辆测速、探测系统等领域，红外线应用于速度测量领域时，最难克服的是受强太阳光等多种含有红外线的光源干扰，外界光源的干扰成为红外线应用于野外的瓶颈。本单元重点介绍红外传感器的工作原理、类型及应用。

## 一、红外传感器的工作原理

红外光又称红外辐射，它是太阳光谱中的不可见光，其频率和波长范围如图 8-63 所示。从紫光到红光热效应逐渐增大，而最大的热效应却位于红外光处。红外光和所有电磁波一样，具有反射、折射、散射、干涉、吸收等性质，红外光在介质中传播时会产生衰减，主要是由于介质的吸收和散射造成的。金属对红外光衰减非常大，多数半导体及一些塑料能透过红外光，大多数液体对红外光的吸收非常大，气体对于红外光也有不同程度的吸收。大气层对不同波长红外光的穿透程度不同，因构成大气的一些分子对红外光存在着不同程度的吸收带。除了太阳能辐射红外线外，自然界中任何物体，只要它本身具有一定的温度（高于绝对零度），都能辐射红外线。

图 8-63　电磁波谱

### （一）基尔霍夫（Kirechhoff）定律

物体在一定温度下与外界处于热平衡时，单位时间内从单位面积发射出的辐射能 $E_R$ 为

$$E_R = \sigma E_0 \tag{8-10}$$

式中，$\sigma$ 为物体的吸收系数；$E_0$ 为常数，绝对黑体在同温度条件下的发射本领。

所谓黑体，即在任何温度下全部吸收任何波长的光的物体，其吸收本领与波长、温度无关。不同物体的吸收本领（同时也是发射本领）是不同的，如黑色物体的吸收本领较大，但它一经加热恰恰是最容易向外辐射热量的物体。

### （二）斯特藩-彼尔兹曼（Stefan-Boltzmann）定律

物体温度越高，向外辐射的能量越多。在单位时间内，物体单位面积辐射的总能量 $E_R$ 为

$$E_R = \sigma \varepsilon T^4 \tag{8-11}$$

式中，$T$ 为物体的绝对温度（K）；$\sigma$ 为 Stefan-Boltzmann 常数，$\sigma = 5.669\ 7 \times 10^{-12}\ \text{W/(m}^2 \cdot \text{K}^4)$；$\varepsilon$ 为比辐射率，黑体的 $\varepsilon = 1$，一般物体的 $\varepsilon < 1$。

### （三）维恩（Wien）位移定律

红外辐射的电磁波中包含各种波长，其辐射能谱峰值波长 $\lambda_\text{m}$ 与物体自身的温度 $T$ 成反比，即

$$\lambda_\text{m} = 2\ 897/T(\mu\text{m}) \tag{8-12}$$

图 8-64 所示为物体峰值辐射波长与温度的关系曲线，从曲线中可以看出，随着温度的升高，峰值辐射波长向短波方向移动。在温度不很高的情况下，峰值辐射波长在红外区域。

（a）温度为 15～100 °C  　　　（b）温度为 1 000～2 000 K

图 8-64　物体峰值辐射波长与温度的关系曲线

## 二、红外传感器系统构成及类型

一个典型的红外传感器系统框图如图 8-65 所示。根据待测目标的红外辐射特性可进行红外传感器系统的设计。待测目标的红外辐射，通过地球大气层时，由于气体分子和各种气溶胶粒的散射和吸收，将使红外源发出的红外辐射发生衰减。光学接收器接收目标的部分红外辐射，并传输给红外探测器，辐射调制器对来自待测目标的辐射调制成交变的辐射光，提供目标方位信息，并可滤除大面积背景干扰信号。红外探测器是红外传感器系统的核心，它是利用红外辐射与物质相互作用所呈现的物理效应探测红外辐射的传感器，多数情况下是利用这种相互作用所呈现的电学效应。由于某些探测器必须在低温下工作，

图 8-65　典型的红外传感器系统框图

163

所以相应的系统设有制冷装置，探测器经制冷后，可缩短响应时间，提高探测灵敏度。将探测器所接收到的低电平信号进行放大、滤波，并从这些信号中提取所需信息。然后，将此信号转换成所要求的形式，最后输送到控制设备或显示器中去。显示装置是红外传感器系统的终端设备，常用的显示器有示波管、显像管、红外感光材料、指示仪表和记录仪等。

从近代测量技术角度看，能把红外辐射量的变化转变成电量的变化装置叫红外探测器，红外探测器按工作原理分为热探测器和光子探测器。

## （一）热探测器

热探测器利用红外辐射的热效应制成，采用热敏元件将红外辐射转换为电信号。无论什么波长的红外辐射，只要规律相同，对物体加热效果也相同，它对任何波长的红外辐射都能全部吸收，对入射辐射的各种波长具有基本相同的响应，也称这类探测器为无选择性红外探测器。

### 1. 热敏电阻型探测器

热敏电阻红外探测器如图 8-66 所示。

（a）结构　　　　　　　　（b）桥式测量电路

图 8-66　热敏电阻红外探测器

### 2. 热电偶型探测器（热电堆光敏器件）

用多个微型热电偶串联起来，将其工作端密集地排列在很小的面积上，使入射红外线照射在工作端上，参考端则处于掩蔽场所，可以获得一定的热电势，如图 8-67 所示。对波长无选择性，响应频率范围宽，时间常数大，不能测快速变化的红外辐射。利用薄膜技术制作微型热电偶，适当选择窗口材料，便可得到所需的光谱范围。

图 8-67　热电堆红外探测器

164

3. 高莱气动型探测器

利用气体吸收红外线后温度升高、体积增大的特性，来反映红外辐射的强弱，其结构原理如图 8-68 所示。灵敏度高，性能稳定；但响应时间长，结构复杂。

图 8-68  气动型红外探测器

4. 热释电型探测器

若使某些电介质的表面温度发生变化，在这些物质表面上就会产生电荷的变化，这种现象称为热释电效应。热释电红外传感器是一种能检测人或动物发射的红外线而输出电信号的传感器。热释电探测器已广泛用于红外光谱仪、红外遥感以及热辐射探测器，热释电红外传感器结构如图 8-69 所示。

（a）外形　　　　　（b）内部结构　　　　　（c）电路

图 8-69  热释电红外传感器

热释电红外光敏材料主要是压电陶瓷和陶瓷氧化物，如 $LiTaO_3$，锆钛酸铅（PZT）等。热释电红外光敏元件只能测动态信号，不能测静态信号，入射光必须调制成脉冲光进行检测。热释电红外光敏元件内阻极高（可达 $10^{13}\ \Omega$），输出电压极其微弱，则须进行阻抗变换和信号放大才能应用，测量电路如图 8-69（c）所示。热释电红外光敏元件光谱响应范围宽（ $0.2 \sim 20\ \mu m$ ），采用不同材料的滤光片作为窗口，使其光谱响应范围变窄，以适应不同的用途。如人体（36 ℃）红外辐射峰值波长 $\lambda_m = 9.4\ \mu m$，则人体热释电红外传感器的滤光片选取 8.5 ~ 14 μm 波段为好。

### （二）光子探测器

光子探测器就是利用某些半导体材料在入射光照射下，产生光子效应，使材料电学性质发生变化，通过测量其电学性质的变化，达到测量红外辐射强弱的目的。光子探测器灵敏度高、响应快、探测波段窄、需在低温下工作。外光电探测器（PE 器件）利用外光电效应的光电管和光电倍增管，内光电探测器利用光电导探测器（PC 器件）、光生伏特探测器（PU 器件）及光磁电探测器（PEM 器件）等。

#### 1. 光电导探测器（PC 器件）

利用光电导效应制成的探测器，称为光电导探测器，光电转换原理如图 8-70 所示。光敏材料主要有：PbS，PbSe，InSb，HgCdTe 等。

#### 2. 光生伏特探测器（PU 器件）

利用光生伏特效应制成的探测器，称为光生伏特探测器，光敏材料主要有：InAs，InSb，HgCdTe 等。光生伏特探测器一般都在加反向偏压的条件下工作，因此图 8-70 的电路对光伏型探测器也适用，只是要注意外加电池的极性。光伏型探测器的探测频率与响应时间基本无关，而光导型的探测率与响应时间有正比关系。新型红外材料的出现和制造工艺的进步，使红外探测器正朝着高度集成化、智能化的方向发展。

M—调制盘；R—光电导电阻；RL—负载电阻。

**图 8-70　光电转换电路及信号波形**

## 三、红外传感器的应用

### （一）红外测温技术

任何物体在绝对零度以上都能产生热辐射。温度较低时，辐射的是不可见的红外线，随着温度的升高，波长短的光开始丰富起来。温度升高到 500 ℃ 时，开始辐射一部分暗红色的光。通过测量光的颜色及辐射强度，可以粗略判定物体的温度。特别是在高温（2 000 ℃ 以上）区域，已无法用常规的温度传感器来测量，所以超高温测量多依靠辐射原理的温度计。红外辐射温度计既可用于高温测量，又可用于冰点以下的温度测量。

红外测温仪基本结构如图 8-71 所示，主要由光学系统、调制器、探测器、放大器和指示器等组成。

红外测温技术应用广，适合于远距离和非接触测量，特别适合于高速运动体、带电体、高温、高压物体的温度测量；红外测温响应快、灵敏度高、准确度高（可达 0.1 ℃）、测温范围宽（摄氏零下几十度到零上几千度）等。红外测温仪按测温工作原理分类为全辐射测温、亮度测温和比色测温，按量程分为低温（100 ℃ 以下）、中温（100 ~ 800 ℃）和高温（800 ℃ 以上）。红外测温

图 8-71 红外测温仪原理示意图

技术已广泛地用于铁路机车轴温检测、冶金、化工、高压输变电设备、热加工流水线表面温度测量等，还可用于快速测量人体温度，如图 8-72 所示。

图 8-72 红外测温仪实例图

（二）红外成像技术

红外成像是在红外检测的基础上发展起来的图像传感器技术。红外成像传感器主要由热电元件和扫描机构组成。红外成像传感器可以检测到常规光电传感器无法响应的中、远红外信号，并得到发热物体的图像（热像）。红外探测器可将物体辐射的红外功率信号转换为电信号，在计算机成像系统的显示屏上得到与物体表面热分布相对应的热像图。运用这一方法能实现对目标进行远距离状态图像成像和分析判断各点温度，红外成像技术广泛应用于军事、医学、输变电、化工等许多领域。如图 8-73 所示为医疗及工业红外热像图，用不同的颜色和亮度代表不同的温度，通过热像图可以直观判断各部位的温度状况，并可发现温度的异常分布。通过红外热像图也可以对工业中的各种设备进行过热诊断，红外热像仪能透过烟尘、云雾、小雨及树丛等许多自然或人为的伪装来看清目标，手持式及安装于轻武器上的红外热成仪可以让使用者看清 800 m 或更远的人体大小目标。

图 8-73 红外热像仪热像图实例

### （三）红外分析

根据物质的红外吸收特性制成红外分析仪，分析物质组成和百分比含量。根据不同目的设计出多种红外分析仪，如红外气体分析仪、红外分光光度计、红外光谱仪等。

医用 $CO_2$ 气体分析仪就是利用 $CO_2$ 气体对波长为 4.3 μm 的红外辐射有强烈的吸收特性进行测量分析的，它主要用来测量、分析人或动物呼出的气体中 $CO_2$ 的浓度。医用 $CO_2$ 分析仪的光学系统如图 8-74 所示。

1—红外光源；2—标准气室；3—滤光片；4—反射光锥；5—锗浸没透镜；
6—红外探测器；7—测量气室；8—调制盘；9—电机。

**图 8-74　医用 $CO_2$ 分析仪的光学系统图**

### （四）热释电红外传感器

**热释电传感器**

热释电红外传感器主要是由一种高热电系数的材料，如锆钛酸铅系陶瓷、钽酸锂等制成的探测元件。在每个探测器内装入一个或两个热释电晶片，并将两个热释电晶片反极性串联，以抑制由于自身温度升高而产生的干扰。由探测元件将探测并接收到的红外辐射转变成微弱的电压信号，经装在探头内的场效应管放大后向外输出。为了提高探测器的探测灵敏度以增大探测距离，一般在探测器的前方设一个菲涅尔透镜，该透镜用透明塑料制成，将透镜的上、下两部分各分成若干等份，制成一种具有特殊光学系统的透镜，它和放大电路相配合，可将信号放大 70 dB 以上，这样就可以测出 20 m 范围内人的行动。菲涅尔透镜利用透镜的特殊光学原理，在探测器前方产生一个交替变化的"盲区"和"高灵敏区"，以提高它的探测接收灵敏度。当有人从透镜前走过时，人体发出的红外线就不断地交替从"盲区"进入"高灵敏区"，这样就使接收到的红外信号以忽强忽弱的脉冲形式输入，从而加强其能量幅度。

人体辐射的红外线中心波长为 9~10 μm，而探测元件的波长灵敏度在 0.2~20 μm 范围内几乎稳定不变。在传感器顶端开设一个装有滤光镜片的窗口，这个滤光片可通过光的波长范围为 7~10 μm，正好适合于人体红外辐射的探测，而对其他波长的红外线由滤光片予以吸收，这样形成一种专门用作探测人体辐射的红外线传感器。图 8-75 为热释电探测元件，热释电红外探测元件可用于人控自动开关、防盗报警及智能家电的开关，还可以用于人或动物的活动管理等。

**图 8-75　热释电探测器**

# 单元五　激光传感器概述

激光技术是近代科学技术发展的重要成果之一，目前已被成功地应用于精密计量、军事、宇航、医学、生物、气象等各领域。激光传感器具有精度高、量程范围宽、反应迅速、非接触、抗干扰能力强和易于数字化等一系列优点，应用极为广泛。激光传感器具有不同的类型，都是将外来的能量（电能、热能、光能等）转化为一定波长的光，并以光的形式发射出来。本单元内容包括激光的特性、激光传感器的类型及激光传感器的应用。

## 一、激光特性概述

"激光"一词在英文里是"LASER"，意为"受激发射的辐射光放大"。1964 年按照我国著名科学家钱学森建议将"光受激发射"改称"激光"。早在 1917 年爱因斯坦就预言受激辐射的存在和光放大的可能，继而建立了激光的基本理论。1954 年 GordonJP-TownesCH 根据爱因斯坦的理论制成了受激辐射光放大器，1960 年梅曼（MaimanTH）制成了世界上第一台激光器——红宝石激光，一种完全新颖的光源诞生了。激光虽带有"光"字，然而，它却和普通的光截然不同。

（1）激光的颜色单一。太阳光和电灯光看起来似乎是白色的，当让它通过一块三棱镜的时候，就可以看到红、橙、黄、绿、蓝、青、紫 7 种颜色的光，还含有我们看不见的红外光和紫外光。激光的颜色非常单纯，而且只向着一个方向发光，亮度极高。

（2）激光的方向性好。在发射方向的空间内光能量高度集中，所以激光的亮度比普通光的亮度高千万倍，甚至亿万倍。而且，由于激光可以控制，使光能量不仅在空间上高度集中，同时在时间上也高度集中，因而可以在一瞬间产生出巨大的光热，成为无坚不摧的强大光束。激光在传播中始终像一条笔直的细线，发散的角度极小，一束激光射到 38 万 km 外的月球上，光圈的直径充其量只有 2 km 左右。

（3）激光的亮度最高。太阳是人类共有的自然光源，太阳表面的亮度比蜡烛大 30 万倍，比白炽灯大几百倍。一台普通的激光器的输出亮度，比太阳表面的亮度大 10 亿倍。激光的出现，更是光源亮度上的一次惊人的飞跃。

（4）激光的能量很高。利用激光可以容易地在钢板上打洞或切割。

## 二、激光的形成

激光是媒质的粒子受激辐射产生的，但它必须具备下述的条件才能得到。

### （一）粒子数反转

为了形成受激辐射，必须设法使某一高能级的原子数多于低能级的原子数。原子数的这种分布称为粒子数反转。能形成粒子数反转分布的工作介质叫增益介质。

图 8-76（a）表示媒质中粒子能级的正常分布，媒质中大部分粒子处在低能级（以黑点

表示），只有少数粒子处于高能级（以圆圈表示）。而图 8-76（b）表示在外界激发的条件下形成了粒子数反转。

（a）正常分布　　　　　　（b）粒子数反转

**图 8-76　媒质中粒子能级的正常分布和粒子数反转示意图**

### （二）激光器的光振荡放大

激光器都是由一个粒子数反转的粒子系统（叫工作物质）和一个光学共振腔组成。光学共振腔由两端为各种形状的曲面反射镜构成。最简单的光学共振腔是两面相互平行的平面反射镜，镜面对光有很高的反射率，而工作物质封装在有两个反射镜的封闭体中。

当工作物质产生受激辐射时，受激辐射光在两反射镜之间作一定次数的往返反射，而每次返回时都经过建立了粒子数反转分布的工作物质，这样使受激辐射一次又一次地加强，如图 8-77 所示。

（a）　　　　　　　　（b）　　　　　　　　（c）

**图 8-77　激光振荡器的工作过程**

这样几十次、几百次的往返，直至能获得单方向的强度非常集中的激光输出为止。我们把激光在共振腔内往返放大的过程叫作振荡放大。被激发的工作物质中的某些原子受激辐射而放出光子，如果发射方向正好和腔轴线平行，则可能在腔内起放大作用。

一部分偏离轴线方向的光子则跑出腔外而成为一种损耗，如图 8-77（a）所示。若光在来回反射过程中，放大作用克服了各种衰减作用（如共振腔的透射、工作物质对光的散射和吸收等），就形成稳定的光振荡而产生激光，以很好的方向沿轴向输出，如图 8-77（b）、（c）所示。

在实际应用中，激光器发出的光按受激方法不同，有连续激光器和脉冲激光器之分。前者的激光输出是连续光，如氦氖气体激光器；后者的激光输出是脉冲式的，如固体红宝石激光器，它的持续时间为 1 ~ 2 ms，由脉冲氙灯激励。

（三）激光输出

激光光束在激光器的共振腔内往返振荡放大,那么怎样输出呢?共振腔内反射镜起着反射光束并使其往返振荡的作用,从光放大角度看,反射率越高,光损失越小,放大效果越好。在实际设计中,将一侧反射镜设计得尽量使它对激光波长的反射率接近 100%,而另一侧反射镜则稍低一些,这一端的透镜将有激光穿透,这一端即为激光的输出端。

对于输出端透镜的反射率要适当选择,如果反射率太低,虽然透光能力强了,但对腔内光束损失太大,就会影响振荡器放大倍数,这样输出必然减弱。目前,最佳反射率一般在给定激光条件下由实验来确定。

（四）产生激光的条件

（1）外界光子能形成受激辐射光源。

（2）受激光在增益介质中多次重复放大。

（3）受激光的光能密度不断增加。

（4）受激光沿某一方向传播。

激光传感器是利用激光技术进行测量的传感器。它由激光器、激光检测器和测量电路组成。激光传感器是新型测量仪表,它的优点是能实现无接触远距离测量,速度快,精度高,量程大、抗光、电干扰能力强等。激光传感器工作时,先由激光发射二极管对准目标发射激光脉冲,经目标反射后激光向各方向散射,部分散射光返回到传感器接收器,被光学系统接收后成像到雪崩光电二极管上,雪崩光电二极管是一种内部具有放大功能的光学传感器,它能检测极其微弱的光信号,并将其转化为相应的电信号。

## 三、激光传感器的类型及测量原理

激光器的种类有很多,激光器按工作物质可分为气体激光器、固体激光器、液体激光器和半导体激光器 4 种。

气体激光器的工作物质为气体,现已有各种气体原子、离子、金属蒸气、气体分子激光器。常用的有二氧化碳激光器、氦氖激光器和一氧化碳激光器,其形状如普通放电管,特点是输出稳定,单色性好,寿命长,但功率较小,转换效率较低。

固体激光器的工作物质是固体,常用的有红宝石激光器、掺钕的钇铝石榴石激光器（即YAG 激光器）和钕玻璃激光器等,它们的结构大致相同,特点是小而坚固、功率高,钕玻璃激光器是目前脉冲输出功率最高的器件,已达到数十兆瓦。

液体激光器又可分为螯合物激光器、无机液体激光器和有机染料激光器,其中最重要的是有机染料激光器,它的最大特点是波长连续可调。

半导体激光器是较年轻的一种激光器,其中较成熟的是砷化镓激光器,特点是效率高、体积小、质量轻、结构简单,适宜于在飞机、军舰、坦克上,以及步兵随身携带,可制成测距仪和瞄准器,但输出功率较小、定向性较差、受环境温度影响较大。

大型养路机械的激光准直测量系统采用的是气体激光器和半导体激光器。下面简单介绍气体激光器、半导体激光器和固体激光器。

## （一）气体激光器

这是一类以气体为工作物质的激光器。气体可以是纯气体，也可以是混合气体；可以是原子气体，也可以是分子气体；还可以是离子气体、金属蒸气等。最常见的有氦-氖激光器、氩离子激光器、二氧化碳激光器、氦-镉激光器和铜蒸气激光器等。氦-氖激光器是当前应用最为广泛的激光器之一，可用于外科医疗、激光美容、建筑测量、准直指示、照排印刷、激光陀螺等。

比氦-氖激光器晚 3 年由帕特尔（Patel）发明的二氧化碳激光器是一种能量转换效率较高和输出最强的气体激光器。目前准连续输出已有 400 kW 的报道，微秒级脉冲的能量则达到 10 kJ，经适当聚焦，可以产生 $1\,013\ W/m^2$ 的功率密度。工业上用于多种材料的加工，包括打孔、切割、焊接、退火、熔合、改性、涂覆等；医学上用于各种外科手术；军事上用于激光测距、激光雷达，乃至定向能武器。

因气体的光学均匀性好，气体激光器的输出光束具有较好的方向性、单色性和较高的频率稳定性。而气体的密度小，不易得到高的激发粒子浓度，气体激光器输出的能量密度一般比固体激光器小。氦氖激光器是应用最广泛的气体激光器，激光器的常见结构如图 8-78 所示，在放电管内充有一定气压和一定氦氖混合比的气体。氦氖激光器的转换效率较低，输出功率一般为毫瓦级。在充有 He-Ne 气体的激光谐振腔电极两端加上 9 000 ~ 10 000 V 电压，使气体电离放电，He-Ne 气体成为激活介质。在激活介质中产生的高能量级原子，发射出的光子在谐振腔两端平行的反射镜之间来回反射，形成光子的振荡。光子在激活介质中来回振荡的过程中获得光子束的雪崩式放大，当光子束积累到一定能量时，光束就会穿透反射镜射出去，从而获得激光输出。He-Ne 激光器输出波长为 632.8 nm 的红色激光。

（a）内腔式　　　　　　（b）半内腔式　　　　　　（c）外腔式

**图 8-78　激光器的结构**

He-Ne 激光器结构原理如图 8-79 所示，它的优点是光束输出幅度较稳定、结构简单、输出的激光束为直径 1 mm 的可见红光、光束平行度极好。缺点是电光转换效率低、工作电压高、工作电流较大、激光管体积大。

**图 8-79　氦氖激光器结构示意图**

## （二）半导体激光器

在半导体材料砷化镓（GaAs）PN 结的电极两端加上适当电压时，在 PN 结产生被激发的高能量光子，在平行反射面所构成的光学谐振腔内反复振荡放大，形成激光束输出。半导体激光器如图 8-80 所示，红光半导体激光器的输出波长为 635 ~ 680 nm。

半导体激光器是目前用途最广泛的激光器，具有体积小、质量轻、寿命长、电光转换效率高、工作电压电流小等优点，在许多激光应用领域正

图 8-80　半导体激光器

在取代 He-Ne 激光器。但也有缺点，如耐高温性能较差（最高工作温度 50 ℃）、输出光束的光斑成像不规则，这是远距离应用的一大难题。半导体激光器本身只有针孔那么大，长度还不到 1 mm，将它装在一个晶体管模样的外壳内或在它的两面安装上电极，其质量不超过 2 g，使用起来十分方便。它可以做成小型激光通信机，或做成装在飞机上的激光测距仪，还可装在人造卫星和宇宙飞船上作为精密跟踪和导航用激光雷达。

## （三）固体激光器

固体激光器的工作物质主要是掺杂晶体和掺杂玻璃，最常用的是红宝石（掺铬）、钕玻璃（掺钕）、钇铝石榴石（掺钕）。红宝石激光器是世界上第一台激光器，1960 年 7 月 7 日，美国青年科学家梅曼宣布世界上第一台激光器诞生，这台激光器就是红宝石激光器，工作波长一般为 6 943 nm，工作状态是单次脉冲式，每脉冲在 1 ms 量级，输出能量为焦耳数量级。YAG（掺钕钇铝石榴石）是最常用的固体激光器，工作波长一般为 1 064 nm。YAG 适用于高功率输出，这种材料的碟片激光器在激光工业加工领域有很强优势。钛蓝宝石激光器具有较宽的波长调节范围（670 ~ 1 200 nm）。

红宝石激光器是在椭圆形聚光器内密封红宝石棒和脉冲氙灯，红宝石棒的基质为 $Al_2O_3$，掺入质量比约 0.05% 的铬离子 $Cr^{3+}$，作为增益介质，以形成受激辐射，工作原理如图 8-81 所示。

（a）结构图　　　　　　　　　（b）能级图

1—全反射镜；2—红宝石棒；3—脉冲氙灯；4—聚光器；5—部分反射镜。

**图 8-81　红宝石激光器的原理**

### 四、激光传感器的应用

利用激光的高方向性、高单色性和高亮度等特点可实现无接触远距离测量。激光传感器常用于长度、距离、振动、速度、方位等物理量的测量，还可用于探伤和大气污染物的监测等。在工业生产中，利用激光高亮度特点已成功地进行了激光打孔、切割和焊接。在医学上，利用激光的高能量可使剥离视网膜凝结和进行外科手术。在测绘方面，可以进行地球到月球之间距离的测量和卫星大地测量。在军事领域，激光能量提高，可以制成摧毁敌机和导弹的光武器。

#### （一）激光测长

精密测量长度是精密机械制造工业和光学加工工业的关键技术之一。现代长度计量多是利用光波的干涉现象来进行的，其精度主要取决于光的单色性的好坏。激光是最理想的光源，它比以往最好的单色光源（氪-86 灯）还纯 10 万倍。因此激光测长的量程大、精度高。用氦氖气体激光器，最大可测几十千米。一般测量数米之内的长度，其精度可达 0.1 μm。激光干涉测长仪的工作原理如图 8-82 所示。

**图 8-82　激光干涉测长仪原理**

#### （二）激光测距

激光测距的原理与无线电雷达相同，将激光对准目标发射出去后，测量它的往返时间，再乘以光速即得到往返距离。由于激光具有高方向性、高单色性和高功率等优点，这些对于测远距离、判定目标方位、提高接收系统的信噪比、保证测量精度等都是很关键的，因此激光测距仪日益受到重视。在激光测距仪基础上发展起来的激光雷达不仅能测距，而且还可以测目标方位、运行速度和加速度等，已成功地用于人造卫星的测距和跟踪，例如采用红宝石激光器的激光雷达，测距范围为 500 ~ 2000 km，误差仅几米。目前已研制出的 LDM 系列测距传感器，可以在数千米测量范围内的精度可以达到微米级别。图 8-83 所示为激光测距仪和激光雷达实物图。常采用红宝石激光器、钕玻璃激光器、二氧化碳激光器以及砷化镓激光器作为激光测距仪的光源。

**图 8-83　激光测距仪和激光雷达**

### （三）激光车速测量仪

激光车速测量仪是基于多普勒原理的一种激光测速方法，用得较多的是激光多普勒流速计，它可以测量风洞气流速度、火箭燃料流速、飞行器喷射气流流速、大气风速和化学反应中粒子的大小及汇聚速度等。利用激光的高方向性制成的车速测量仪，是公路车辆速度监测常用的仪器，车速测量仪采用小型半导体砷化镓（GaAs）激光器，工作原理如图 8-84 所示，该仪器有两套完全相同的光学系统，光学系统的作用是把激光束经发射透镜、光栅和接收透镜后，准确地投射在光敏元件上。

（a）光学系统　　　　　　　　　　　　（b）原理框图

**图 8-84　激光车速测量仪原理**

为了保证测量精度，在发射镜前放一个宽 2 mm 的狭缝光栅，其测速的基本原理如下：当汽车行驶的速度为 $v$，行驶的时间为 $t$ 时，则其行驶的距离 $S = vt$。现选取 $S = 100$ m，使车行走时先后切割相距 100 m 的两束激光，测得时间间隔，即可算出速度。

（四）激光扫描传感器

激光扫描传感器的工作是基于光学三角测量原理。如图 8-85 所示为 ZLDS200 二维扫描传感器，半导体激光发生器 1 发出的光，经透镜 2 形成 $X$ 平面光幕，并在物体 7 上形成一条轮廓线 3，镜片 4 收集被物体反射回来的光并将其投影到一个二维 CMOS 阵列 5，这样形成的目标物体剖面图形被信号处理器 6 分析处理，轮廓线的长度用 $X$ 轴计量，轮廓线的高低用 $Z$ 轴计量。

图 8-85　激光扫描传感器

nxSensor-I 是美国 nextWare 公司最新推出的获取三维空间中不透明物体表面形状的新型三维扫描传感器，是世界上最为精确的激光图像传感器之一，可广泛用于三坐标测量、逆向工程、产品设计、仿形、修改和模具制造等领域。

（五）激光准直测量系统

铁路第六次提速，从本质上提高了旅客列车平稳性和舒适度等级，要求轨道有更高的几何精度。过去用捣固车自身的测量钢弦所完成的起、拨道作业已不能满足精度要求，随着传感器技术的发展，需要大量采用激光导向系统。在全国铁路工务会议上铁道部运输局领导强调："要用足大型养路机械功能，充分发挥大型养路机械现有先进装置的潜能，确保作业质量。长直线线路进行大机作业时，必须使用激光准直系统作业。"因此，各铁路局的工务机械段和工程局机械化施工队都应该认真掌握捣固车的激光准直作业技术，使先进的设备充分发挥应有的作用。

D08-32、D09-32 捣固车上安装的激光准直控制系统能有效地提高捣固车在长直线路上的作业效率和作业质量。JZTA 传感器是激光准直系统中的关键部件，它的精度直接影响 D08-32、D09-32 捣固车在使用激光准直作业时的质量。JZTA 激光准直系统是由铁道科学研究院铁道建筑研究所开发的产品，可以完全替代 08-32 捣固车上的进口设备。该系统是由激光发射装置、激光接收装置及激光跟踪接收装置等几部分组成。激光跟踪小车所测出的线路方向偏移量是由激光跟踪架上的 JZTA 型位移传感器测出，再送入 D08-32、D09-32 捣固车的模拟控制系统中进行处理。

捣固车装备的 JZT 型 A 型激光准直系统，基本工作原理是"光电接收-机械跟踪"；激光接收器只在水平方向自动跟踪（称作"一维激光系统"），适用于在长直线路引导捣固车实现自动拨道作业。该系统最大工作距离 600～800 m，主要由 4 部分组成，如图 8-86 所示。定位于前方轨道中心的激光发射器，向捣固车前端的激光接收器射出一束扇形激光束，接收器会自动跟踪激光束，使接收器中央始终处于激光束的中心。在左右跟踪过程中发生的位移量转换成相应的电信号，经控制电路处理后，指导捣固车的拨道机构进行拨道作业。

1—激光发射器；2—激光接收器；3—接收跟踪架；4—发射调整架。

**图 8-86　激光准直系统结构原理图**

如图 8-87 所示为激光准直系统的"二维激光系统"，适用于捣固车在长平直线段作业时，引导捣固车实现自动起道、拨道作业。当激光束落在接收器中央时，接收电路处于平衡状态，无任何信号输出。中位指示灯亮（远距离时，由于激光束在空气中会发生漂移，捣固车的左右指示灯有节奏地交替闪烁）。08-475、09-3X 型捣固车装备的激光准直系统，采用"电荷耦合器件"（CCD 传感器）为接收元件。激光器发出圆形点光斑，经接收器的透镜会聚成焦点，投射在"CCD 传感器"上，激光束的位置偏差量可直接读出，经过信号采集系统的处理，直接转换成水平和垂直方向的偏差量。

**图 8-87　二维激光准直系统**

 **展望角**

信息化时代，随着高技术战争不断升级，军用光电技术的发展日新月异，使海陆空多维战场无处不凸显出军用光电对抗的重重魅影。特别是近年来，诸如红外微光融合侦察、红外探测预警、紫外光通信和高能激光等大批新兴军用光电技术不断取得新突破，令现代战争舞台更加充满悬念。

红外热像仪和微光夜视仪是现代战争中广泛应用的主要夜视仪器。红外线的产生原理和穿透能力强的传播特性，使得红外热像仪可在全天候条件下工作，且具有能透过树丛、幕布、伪装网发现目标等特性。但由于它只能看到目标的热图像，不具备识别能力，比如无法通过红外热像仪辨别敌友、阅读报文等。微光夜视仪主要工作在可见光波段，具有特定识别能力，可在夜间用于车辆驾驶、报文阅读等，但它不能在全黑的条件下工作，容易受障碍物遮挡，易被伪装欺骗等。近年来，采用微光、红外图像融合技术的夜视仪取得了重要突破，它集成了红外和微光的技术优势，将目标的红外热图像和可见光图像进行融合处理，兼备了红外系统穿透能力强、能在全黑条件下工作和微光系统分辨率高、具备识别能力等特点，使其不仅可以看清目标，而且还可以透过一些障碍物发现目标，使夜视能力产生了质的飞跃。

雷达通常是监视这些威胁的"千里眼"，但在现代战争中，电子干扰、反辐射导弹等对雷达"千里眼"的生存均构成了严重的挑战，加之导弹、飞机的隐形能力和低空突防能力越来越强，单靠雷达已难以有效应对这些威胁，因此寻求新的预警装备及技术迫在眉睫，而红外探测预警系统成为各国发展的重点。相对于雷达系统，红外探测预警系统以无源方式工作，隐蔽性好；工作在红外波段，抗电子干扰能力强；对目标的红外辐射敏感，具有较强的探测隐身目标能力，且可建立在空基和天基两种平台上，因而其探测预警能力非同凡响。空基系统主要与预警雷达协同工作以增强对隐身飞机、战术导弹和低空巡航导弹等目标的探测能力；而天基预警平台主要是红外预警卫星，用于监视弹道导弹的发射与运行，可及时发现对方战略突袭征兆并告警，能够引导拦截系统做出对抗反应。

## 课后思考与练习

8-1　单项选择题

（1）晒太阳取暖利用了_____；人造卫星的光电池板利用了_____；植物的生长利用了_____。

    A. 光电效应　　　　B. 光化学效应　　　C. 光热效应　　　D. 感光效应

（2）蓝光的波长比红光_____，相同光通量的蓝光能量比红光_____。

    A. 长　　　　　　　B. 短　　　　　　　C. 大　　　　　　D. 小

（3）光敏二极管属于_____，光电池属于_____。

    A. 外光电效应　　　B. 内光电效应　　　C. 光生伏特效应

（4）光敏二极管在测光电路中应处于_____偏置状态.

    A. 正向　　　　　　B. 反向　　　　　　C. 零

（5）用光电元件检测复印机走纸故障（两张重叠变厚，透光性变差）属于_____类型的光电传感器。

    A. 吸收式　　　　　B. 反射式　　　　　C. 辐射式　　　　D. 遮光式

（6）温度上升，光敏电阻、光敏二极管、光敏三极管的暗电流_____。

    A. 上升　　　　　　B. 下降　　　　　　C. 不变

（7）普通型硅光电池的峰值波长为_____，落在_____区域。

    A. 0.8 m　　　　　B. 8 mm　　　　　C. 0.8 μm　　　　D. 0.8 nm

    E. 可见光　　　　　F. 近红外光　　　　G. 紫外光　　　　H. 远红外光

（8）欲精密测量光的照度，光电池应配接_____。

    A. 电压放大器　　　B. A/D 转换器　　　C. 电荷放大器　　　　D. $I/U$ 转换器

178

（9）欲利用光电池为手机充电，需将数片光电池_____起来，以提高输出电压，再将几组光电池_____起来，以提高输出电流。

    A. 并联             B. 串联             C. 短路             D. 开路

8-2  光电效应分为哪 3 类？对应的光电元件有哪些？

8-3  光电传感器可以应用在哪些场合？请举例简述。

8-4  如图 8-88 所示光敏三极管光控继电器电路，试分析当无光照时，$V_1$ 截止，$I_\phi = 0$，则 $V_2$ 处于什么状态？继电器 kA 吸合还是释放？如果将 $V_1$ 与 $R_{b2}$ 位置上下对调，其结果如何？

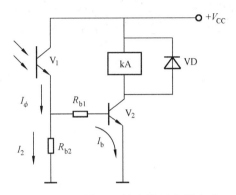

**图 8-88  光敏三极管光控继电器电路**

8-5  请根据光电式浊度计工作原理图分析（见图 8-89）浊度计的测量原理。

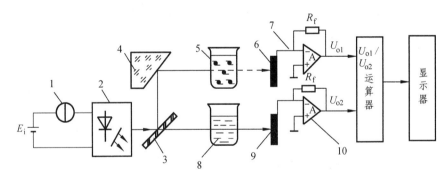

1—恒流源；2—半导体激光器；3—半反半透镜；4—反射镜；5—被测水样；
6、9—光电池；7、10—电流/电压转换器；8—标准水样。

**图 8-89  光电式浊度计工作原理图**

8-6  简述光纤传感器的优点，光纤传感器有哪些类型？举例说明。

8-7  红外线有哪些特性？常见的红外探测器有哪两类？

8-8  简述红外测温仪的测温原理，查阅资料列出红外测温仪的型号、技术参数及应用场合。

8-9  激光是怎样形成的？它具有哪些特点？

8-10  激光器有几种？各自的特点是什么？

8-11  产生激光必须满足哪几个条件？

8-12 激光传感器都可以应用在哪些领域（场合）？请举例说明。

8-13 简述热释电红外探测器用于人体检测、报警的测量原理，并根据自己的奇思妙想，结合其他电路设想出更加优秀的新产品。

8-14 请开发思维、查阅资料，结合热释电传感器的特性设想在房间无人时会自动停机的空调机、电视机能判断无人观看或观众已经睡觉后自动关机、摄影机或数码照相机自动记录动物或人的活动等如何实现其智能化功能？

8-15 保存贵重物品的场所都需要安装多种不同类型的防盗报警器，例如 PVDF 压电薄膜玻璃破碎感应器、超声波、光电传感器、热释电元件等。现在希望在窗户、门口、保险箱前面、上下左右安装多种传感器、多道防线，组成"与"逻辑的"天罗地网"，以达到多重防护、报警的目的。请你根据所学的知识写出设计思路，画出相应的图纸，包括立体图和平面图。

# 模块九　霍尔传感器

霍尔传感器

## 学习目标

1. 掌握霍尔效应的原理与霍尔元件的特性；
2. 掌握霍尔传感器的工作原理，并了解其集成电路的输出特性；
3. 了解霍尔传感器的典型应用，并能够开展霍尔传感器的创新应用探索。

## 思政素养

认识我国霍尔传感器在工业领域的发展及应用现状，培养学生的职业使命感和精益求精的工匠精神。

## 任务引领

霍尔元件具有许多优点，它们的结构牢固，体积小，质量轻，寿命长，安装方便，功耗小，频率高，耐震动，不怕灰尘、油污、水汽及烟雾等污染或腐蚀。由于霍尔元件的上述优点，霍尔传感器的应用十分广泛。将霍尔传感器按预定位置有规律地布置在轨道上，能够根据测量电路的脉冲信号分布测量出车辆的运动速度。在电动汽车中，霍尔传感器被集成到各种系统中，对电池电量、曲轴位置、节气门以及轮速等进行监控；在汽车点火系统中取代机械断电器进行点火控制，减少机械磨损，提高发动机性能。通过本模块内容的学习，请大家思考：如何使用霍尔传感器设计汽车电动车窗防夹系统？如何通过霍尔传感器测量洗衣机内的衣物重量并进行转速控制？

## 知识背景

1879 年，美国物理学家霍尔首先在金属材料中发现了霍尔效应，他在长方形导体薄片上施加电流，再沿电流的垂直方向加上磁场，发现在导体两侧与电流和磁场均垂直的方向上产生了与磁场强度成正比的电动势，这个现象后来被人们称为霍尔效应，但由于金属材料的霍尔效应太弱而没有得到应用。1948 年以后，由于半导体技术迅速发展，人们找到了霍尔效应较明显的半导体材料，并制成了砷化镓、锑化铟、硅、锗等材料的霍尔元件。霍尔传感器是基于霍尔效应的磁传感器，用它可以检测磁场及其变化，可在各种与磁场有关的场合中使用。比如霍尔特斯拉计用于磁场测量、霍尔电流传感器可以非接触式地测电流、霍尔转速传感器可用在汽车的 ABS 系统中、电动车上的霍尔式无刷电机、霍尔接近开关……我国从 20 世纪 70 年代开始研究霍尔器件，经过 50 多年的研究和开发，目前已经能生产各种性能的霍尔元件。

# 单元一  霍尔元件的工作原理及特性

霍尔传感器是基于霍尔效应的一种传感器。将小型蜂鸣器的负极接到霍尔接近开关的 OC 门输出端，正极接 Vcc 端。在没有磁铁靠近时，OC 门截止，蜂鸣器不响。当磁铁靠近到一定距离（例如 3 mm）时，OC 门导通，蜂鸣器响；将磁铁逐渐远离霍尔接近开关到一定距离（例如 5 mm）时，OC 门再次截止，蜂鸣器停响，这种现象就是由霍尔效应引起的。

## 一、霍尔元件的工作原理

### （一）工作原理

金属或半导体薄片置于磁感应强度为 $B$ 的磁场中，磁场方向垂直于薄片，当有电流 $I$ 流过薄片时，在垂直于电流和磁场的方向上将产生电动势 $U_H$，这种现象称为霍尔效应，如图 9-1 所示。

（a）霍尔效应原理图　　　　　　（b）薄膜型霍尔元件结构示意图

（c）图形符号　　　　　　　　　　（d）外形

**图 9-1　霍尔效应及霍尔元件**

从本质上讲，霍尔效应是运动的带电粒子在磁场中受洛仑兹力作用而引起的偏转。当带电粒子（电子或空穴）被约束在固体材料中，这种偏转就导致在垂直于电流和磁场的方向上产生正负电荷的积累，从而形成附加的横向电场。在金属或半导体薄片左右两端通以电流 $I$，当没有外加磁场时，金属或半导体内部自由电子沿着与电流相反的方向移动，如图 9-1（a）；当磁场强度垂直于金属或半导体薄片时，电子受到如图所示方向的洛伦兹力 $F_L$：

$$F_L = evB \tag{9-1}$$

在 $F_L$ 的作用下，电子运动方向发生偏移，在薄片的后端面上有所积累，而前端面缺少电子，因此后端面带负电，前端面带正电，在前后端面间形成电场。随着电子的积累，每个电子同时还会受电场力 $F_E$ 作用：

$$F_E = -eE_H - e\frac{U_H}{b} \tag{9-2}$$

式中，$e$ 为电子电量；$U_H$ 为霍尔电动势；$v$ 为电子运动速度；$b$ 为霍尔元件在电场方向的宽度。

显然 $F_E$ 妨碍电子的偏转。当 $F_L$ 和 $F_E$ 大小相等时，电子积累达到动态平衡，$U_H$ 达到稳定的平衡状态，即

$$e\frac{U_H}{b} = evB \tag{9-3}$$

$$U_H = vBb = \frac{R_H}{d}IB = K_H IB \tag{9-4}$$

式中，$R_H$ 为霍尔系数；$K_H$ 为霍尔元件的灵敏度。

由上式可以看出，激励电流 $I$ 越大，作用在薄片上的磁场强度 $B$ 越强，霍尔电动势也就越高。且当 $B$ 的方向改变时，霍尔电动势的方向也随之改变；如果施加的磁场为交变磁场，则霍尔电动势为同频率的交变电动势。

霍尔灵敏度可以表示为：

$$K_H = \frac{R_H}{d} = \frac{\rho\mu}{d} \tag{9-5}$$

其中，$\rho$ 为材料的电阻率，$\mu$ 为材料中载流子的迁移率，$d$ 为磁场方向上霍尔元件的厚度。

因此当载流材料和几何尺寸确定后，霍尔电动势大小正比于 $I$ 和 $B$。金属材料电子 $\mu$ 很高但 $\rho$ 很小，而绝缘材料 $\rho$ 很高但 $\mu$ 很小，所以都不是制造霍尔元件的理想材料。为获得较强的霍尔效应，霍耳片全部采用半导体材料制成。而电子的迁移率比空穴大，所以以 N 型半导体居多。

若磁感应强度 $B$ 不垂直于霍尔元件，而是与其法线成某一角度 $\theta$ 时，实际上作用于霍尔元件上的有效磁感应强度是其法线方向（与薄片垂直的方向）的分量，即 $B\cos\theta$，则霍尔电动势可以表示为

$$U_H = K_H IB\cos\theta \tag{9-6}$$

从式（9-2）可知，霍尔电动势与输入电流 $I$、磁感应强度 $B$ 呈正比，且当 $B$ 的方向改变时，霍尔电动势的方向也随之改变。如果所施加的磁场为交变磁场，则霍尔电动势为同频率的交变电动势。

## （二）霍尔元件材料

利用霍尔效应制成的传感元件称为霍尔元件。霍尔元件的结构很简单，它由霍尔片、引线和壳体组成，如图 9-1（b）所示。霍尔片是一块矩形半导体单晶薄片，有 4 根引线，因此，

霍尔元件是四端元件。$a$、$b$ 端称为激励电流端，$c$、$d$ 端称为霍尔电动势输出端，$c$、$d$ 端应处于侧面的中点。霍尔元件壳体由陶瓷、环氧树脂等封装而成，霍尔元件在电路中的符号如图 9-1（c）所示。

目前常用的霍尔元件材料是 N 型硅，它的灵敏度、温度特性、线性度均较好，而锑化铟（InSb）、砷化铟（InAs）、锗（Ge）、砷化镓（GaAs）等也是常用的霍尔元件材料。其中 N 型锗容易加工制造，其霍尔系数、温度性能和线性度都较好。N 型硅的线性度最好，其霍尔系数、温度性能同 N 型锗。锑化铟对温度最敏感，尤其在低温范围内温度系数大，但在室温时其霍尔系数较大。砷化铟的霍尔系数较小，温度系数也较小，输出特性线性度好。霍尔传感器属于比较典型的半导体传感器，通常用于非接触式测量。

## 二、霍尔元件的特性参数

### （一）输入电阻 $R_i$

霍尔元件两激励电流端的直流电阻称为输入电阻。它的数值从几十欧到几百欧，视不同型号的元件而定。温度升高，输入电阻变小，从而使输入电流 $I_{ab}$ 变大，最终引起霍尔电动势变大。为了减小这种温漂的影响，最好采用恒流源作为霍尔元件的激励源。

### （二）输出电阻 $R_o$

两个霍尔电动势输出端之间的电阻称为输出电阻。它的数值与输入电阻属同一数量级，它也随温度改变而改变。选择适当的负载电阻 $R_L$ 与之匹配，可以使由温度引起的霍尔电动势的漂移减至最小。

### （三）额定激励电流 $I_m$

由于霍尔电动势随激励电流增大而增大，故在应用中总希望选用较大的激励电流。但激励电流增大，霍尔元件的功耗增大，元件的温度升高，从而引起霍尔电动势的温漂增大，因此每种型号的元件均规定了相应的最大激励电流，它的数值从几毫安至十几毫安。一般的 GaAs 霍尔元件对激励电流有限制，不大于 10 mA，典型为 1 mA。

### （四）灵敏度 $K_H = U_H /(IB)$

霍尔元件的灵敏度约为 10 mV /(mA·T)

### （五）最大磁感应强度 $B_m$

磁感应强度超过 $B_m$ 时，霍尔电动势的非线性误差将明显增大，$B_m$ 的数值一般小于零点几特斯拉。

### （六）不等位电动势 $U_0$

在额定激励电流 $I$ 下，不加磁场时，霍尔元件输出端之间的开路电压称为不等位电动势，它是由于 4 个电极焊接不对称、元件厚薄不均匀等引起的，使用时多采用电桥法来补偿不等位电动势引起的误差。

## （七）霍尔电动势温度系数

在一定磁场强度和激励电流的作用下，温度每变化 1 ℃ 时，霍尔电动势变化的百分数称为霍尔电动势温度系数，它与霍尔元件的材料有关，一般约为 0.1%/℃。在要求较高的场合，应选择低温漂的霍尔元件。

# 单元二　霍尔集成电路

随着微电子技术的发展，目前霍尔器件多已集成化。霍尔集成电路（又称霍尔 IC）有许多优点，如体积小、灵敏度高、输出幅值大、温漂小、对电源稳定性要求低等。

霍尔集成电路可分为线性型和开关型两大类。

## 一、线性型霍尔集成电路

线性型霍尔集成电路是将霍尔元件和恒流源、精密线性差动放大器等做在一个芯片上，输出电压较高，为伏特级，使用非常方便，目前得到了广泛的应用。这是一种高灵敏度的磁敏器件，可以准确跟踪高斯级的微弱磁场变化。由于把霍尔元件和放大器集成在同一芯片上，因而把处理毫伏级模拟信号的问题大大简化，并且与外加磁感应强度呈线性关系。按输出形式来分，线性霍尔集成传感器有单端输出与双端输出两种电路。

较典型的线性霍尔器件如 UGN3501 系列等，UGN3501 的外形尺寸、内部电路框图及输出特性如图 9-2 所示，从图中可以看出在（−0.15 ~ +0.15）T 磁感应强度时，霍尔集成传感器具有较好的线性，而当磁感应强度超过此值时，呈饱和状态。

（a）外形尺寸　　　（b）内部电路框图　　　（c）磁场强度与输出电压关系

**图 9-2　线性单端输出型霍尔集成电路外观及电路原理**

典型的双端输出型线性霍尔集成传感器型号为 UGN3501M，其外形、内部框图和输出特性曲线如图 9-3 所示。其中 1、8 脚为差动输出，2 脚为空脚，3 脚为 Vcc，4 脚接地，5、6、7 三脚之间接一调零电位器，用它对不等位电势进行补偿，还可以改善线性，但灵敏度有所下降。若允许有不等位电势输出，则可不接电位器。UGN3051M 的 1、8 脚的输出极性与磁场方向有关，当磁场为零时，它的输出电压等于零，当感受的磁场为正时（磁钢 S 极对准 3051M 的正面）时，输出为正；磁场反向时，输出为负，线性型霍尔集成电路常用于相关参数测量。

（a）外形　　　　　（b）内部电路框图　　　（c）磁场强度与输出电压关系

图 9-3　线性双端输出型霍尔集成电路外观及电路原理

## 二、开关型霍尔集成电路

开关型霍尔集成电路是将霍尔元件、稳压电路、放大器、施密特触发器（具有回差特性）、OC 门（集电极开路输出门）等电路设置在同一个芯片上。当外加磁场强度超过规定的工作点时，OC 门由高阻态变为导通状态，输出变为低电平；当外加磁场强度低于释放点时，OC 门重新变为高阻态，输出高电平。这类器件中较典型的有 UGN3020、3022 系列等。UGN3020 的外形尺寸、内部电路框图如图 9-4 所示。

（a）外形尺寸　　　　　（b）内部电路框图

图 9-4　开关型霍尔集成电路

有一些开关型集成霍尔电路内部还包括双稳态电路，这种器件的特点是必须施加相反极性的磁场，电路的输出才能翻转回到高电平，也就是说，具有"锁键"功能。这类器件又称为锁键型霍尔集成电路，如 UGN3075 等。当磁场强度超过工作点时，其输出导通，而在磁场撤销后，其输出状态保持不变，必须施加反向磁场，并使之超过释放点时，才能使其关断，工作点和释放点之间存在一个回差，这一特性使开关动作更可靠，并可防止干扰所引起的误差动作。

霍尔集成电路由于其体积小巧、使用方便等得到广泛应用，表 9-1、表 9-2 分别为某企业线性型及开关型集成电路的特性参数及应用举例，大家可以参考学习。

表 9-1  线性型霍尔集成电路参数

| 型号 | 工作电压 VVD/V | 磁场范围 GS | 输出电压 VOT/V | 灵敏度 S mV/GS | 工作温度 TA/℃ | 分装形式 | 典型应用 |
|---|---|---|---|---|---|---|---|
| HAL95A | 4.5-10.5 | +/-670 | 0.5-4.5 | 3.125 | −40-150 | T0-92S | 角度探测 如汽车油门 |
| HAL49E | 3.0-6.5 | +/-100 | 0.8-4.25 | 1.4 | −40-100 | T0-92S | 角度测量如 电动车转把 |

表 9-2  开关霍尔集成电路参数

| 型号 | 工作电压 VVD/V | 工作电流 IDD/mA | 工作点 (GS) | 释放点 (GS) | 工作温度 TA/℃ | 封装形式 | 典型应用 |
|---|---|---|---|---|---|---|---|
| HAL13S | 2.4-5.5 | 0.009 | 55 | 25 | −40-85 | S0T-23 | 低功耗数码产品 如：手机 |
| HAL148 | 2.4-5.5 | 0.005 | 45 | 32 | −40-125 | T0-92S | 低功耗数码产品 如：电筒 |

# 单元三  霍尔传感器的应用

霍尔电动势是关于 $I$、$B$、$\theta$ 3 个变量的函数，即 $U_H = K_H IB\cos\theta$，使其中两个量不变，将第三个量作为变量，或者固定其中一个量、其余两个量都作为变量。3 个变量的多种组合使得霍尔传感器具有非常广泛的应用，归纳起来主要有 3 个方面。

（1）维持 $I$、$\theta$ 不变，则 $U_H = f(B)$，霍尔传感器的输出与磁场强度成正比，可反映位置、角度的变化。这方面的应用有：测量磁场强度的高斯计、测量转速的霍尔转速表、磁性产品计数器、霍尔角编码器等。

（2）维持 $I$、$B$ 不变，则 $U_H = f(\theta)$，霍尔传感器的输出与磁场与霍尔元件法线的夹角 $\theta$ 的余弦值成正比，合理设置霍尔元件与磁场的位置关系，可进行角位移测量。

（3）维持 $\theta$ 不变，则 $U_H = f(IB)$，传感器的输出 $U_H$ 与 $I$、$B$ 的乘积成正比。这方面的应用有模拟乘法器、霍尔功率计等。

下面介绍几种霍尔传感器的应用实例。

## 一、用于磁场强度测量的霍尔特斯拉计

根据霍尔效应原理制成的特斯拉计（高斯计）在测量磁场中有着广泛的应用，如图 9-5

所示。该仪器是由作为传感器的霍尔探头及仪表整机两部分组成，其中探头内霍尔元件的尺寸、性能与封装结构对磁场测量的准确度起着关键的作用。霍尔探头在磁场中因霍尔效应而产生霍尔电压，测出霍尔电压后根据霍尔电压公式和已知的霍尔系数可确定磁感应强度的大小。霍尔特斯拉计的读数以高斯或特斯拉为单位，高斯是常见非法定计量单位，特斯拉是法定计量单位。

图 9-5　霍尔特斯拉计

## 二、霍尔角位移测量仪

霍尔角位移测量仪结构示意图如图 9-6 所示，霍尔元件与被测物连动，而霍尔元件又在一个恒定的磁场中转动，于是霍尔电动势 $U_H$ 就反映了转角 $\theta$ 的变化。不过，这个变化是线性的（$U_H$ 正比于 $\cos\theta$），若要求 $U_H$ 与 $\theta$ 呈线性关系，必须采用特定形状的磁极。霍尔元件可用于角度探测，比如线性型霍尔元件用在电动车转把上进行调速控制（见图 9-7），用在汽车的油门踏板上用于油门控制。

1—极靴；2—霍尔器件；3—励磁线圈。

图 9-6　角位移测量仪结构示意图

图 9-7　霍尔元件在电动车调速手柄中的应用

## 三、霍尔转速表

常用转速传感器

图 9-8 所示是几种不同的霍尔式转速传感器示意图。在被测转速的转轴上安装一个转盘，当被测转轴转动时，转盘随之转动，固定在转盘附近的霍尔传感器便可在每一个小磁铁通过时产生一个相应的脉冲，检测出单位时间的脉冲数，便可知被测转速。和电涡流传感器测量转速的原理类似，测量转换电路测定的霍尔传感器输出信号周期性的变化，根据信号频率及旋转体上小磁铁数目多少就可确定旋转体的转速。

霍尔转速传感器用在汽车防抱死装置（简称 ABS）中，通过霍尔转速传感器对车轮转速的检测，启动 ABS 系统调节、控制制动系统管路压力，避免车轮在制动过程中抱死。汽车的霍尔轮速传感器由传感头和齿圈组成，传感头由永磁体、霍尔元件和电子电路等组成（见图 9-9）。霍尔轮速传感器具有如下特点：

1—输入轴；2—转盘；3—小磁铁；4—霍尔传感器。

**图 9-8 几种霍尔式转速传感器的结构**

**图 9-9 霍尔轮速传感器用于汽车 ABS 系统**

（1）输出信号电压振幅值不受转速的影响。

（2）频率响应高。

（3）抗电磁波干扰能力强。

## 四、霍尔式微压力传感器

霍尔式微压力传感器工作原理如图 9-10 所示。当被测压力为零时，霍尔元件的上半部分

（a）结构　　　　　　　（b）磁场与压力的关系曲线

1—磁铁；2—霍尔器件；3—波纹膜盒；4—杠杆；5—外壳。

**图 9-10 霍尔式微压力传感器原理示意图**

189

感受的磁力线方向为从左至右，而下半部分感受的磁力线方向为从右至左，它们的方向相反，且大小相等，相互抵消，霍尔电动势为零。当被测压力 $p$ 从进气口进入弹性波纹膜盒时，膜盒膨胀，带动杠杆（起位移放大作用）的末端向上移动，从而使霍尔器件在此路系统中感受到的磁场方向以从左至右为主，产生的霍尔电动势为正值。如果被测压力为负压，杠杆端部下移，霍尔电动势为负值。由于波纹膜盒的灵敏度很高，又有杠杆的位移放大作用，所以可用于测量微小压力的变化。

### 五、霍尔无刷电动机

传统的直流电动机使用换向器来改变转子（或定子）电枢电流的方向，以维持电动机的持续运转。霍尔式无刷电动机取消了换向器和电刷，而采用霍尔元件来检测转子和定子之间的相对位置，其输出信号经放大、整形后触发电子线路，从而控制电枢电流的换向，维持电动机的正常运转。图 9-11 为霍尔无刷电动机结构示意图，无刷直流电动机的外转子采用高性能钕铁硼稀土永磁材料，3 个霍尔位置传感器产生 6 个状态编码信号，控制逆变桥各功率管通断，使三相内定子线圈与外转子之间产生连续转矩。

由于无刷电动机具有效率高、不产生电火花及电刷磨损、可靠性强等优点，所以在电动车、家用电器等电器中得到越来越广泛的应用，霍尔式无刷电动机如图 9-12 所示。

无刷电动机由于具有高输出功率、尺寸小质量轻、散热性能好、效率高、运行速度范围宽、高动态响应、电磁干扰少、高可靠性和低维护要求等诸多优点，霍尔式无刷直流电机广泛应用于各种需求场所，例如工业控制、汽车、航空、自动化系统、医疗保健设备等领域中的各种负载和定位应用。

1—定子底座；2—定子铁心；3—霍尔元件；
4—绕组；5—外转子；6—转轴；7—磁极。

图 9-11　霍尔式无刷电动机结构示意图

图 9-12　霍尔式无刷电动机实物

### （一）工业控制领域

近些年，由于无刷直流电机大规模的研发和技术的逐渐成熟，其驱动系统在工业生产中的分布范围也随之扩大，已逐步成为工业用电机的发展主流。围绕降低生产成本和提高运行效率而展开的研究与尝试已取得显著的效益，各大厂商也提供不同型号的电机以满足不同驱动系统的需求。在纺织、冶金、印刷、自动化生产流水线、数控机床等工业生产方面，无刷直流电机都有应用。

（二）汽车领域

除了核心发动机外，在雨刷器、电动车门、汽车空调、电动车窗等部位都有电机的身影。随着汽车工业向着节能环保的方向发展，所使用的电机也必须满足高效率、低能耗的标准。而无刷直流电机的低噪声、寿命长、无火花干扰、方便集中控制等优点完全符合，随着其调速技术的日益成熟，性价比会越来越高，它在汽车电机驱动的各个环节中的应用会更加广泛。

（三）医疗设备领域

在国外，对无刷直流电机的使用已经较为普遍，可以用来驱动人工心脏中的小型血泵；在国内，手术用高速器具的高速离心机、热像仪和测温仪的红外激光调制器都使用了无刷直流电机。

（四）家用电器领域

"变频"技术已非常普遍，作为中国家电的标志逐渐占据了大部分的消费市场，"直流变频"受到生产厂商的青睐，已有逐渐替换掉"交流变频"的转变趋势。这种转变实质上就是家电所用的电机由感应电机向无刷直流电机及其控制器的过渡，以达到节能环保、低噪智能、舒适性高的要求。

（五）办公计算机外围设备、电子数码消费品领域

比如在生活中常见的打印机、传真机、复印机、硬盘驱动器、软盘驱动器、电影摄影机等，在它们的主轴和附属运动的运动控制中，都有无刷直流电机的身影。

无刷直流电机的发展方向与电力电子、传感器、控制理论等技术的发展方向相同，它是多种技术相结合的产物，它的发展取决于与之相关的每一种技术的革新与进步。

## 六、霍尔电流传感器

霍尔电流传感器能够测量直流电流，弱电回路与主回路隔离，能够输出与被测电流波形相同的"跟随电压"，容易与计算机及二次仪表接口，准确度高、线性度好、响应时间快、频带宽，不会产生过电压等。

（一）工作原理

用一环形（有时也可以是方形）导磁材料做成铁心，套在被测电流流过的导线（也称电流母线）上，将导线中电流感生的磁场聚集在铁心中。在铁心上开一与霍尔传感器厚度相等的气隙，将霍尔线性 IC 紧贴地夹在气隙中央。电流母线通电后，磁力线就集中通过铁心中的霍尔 IC，霍尔 IC 就输出与被测电流成正比的输出电压或电流。霍尔电流传感器原理及外形如图 9-13 所示。

（a）基本原理　　　　　　　（b）外形　　　　（c）霍尔式钳型电流表

1—被测电流母线；2—铁心；3—线性霍尔 IC。

**图 9-13　霍尔电流传感器原理及外形**

## （二）技术指标及换算

霍尔电流传感器可以测量高达 2 000 A 的电流；电流的波形可以是高达 100 kHz 的正弦波和电工技术较难测量的高频窄脉冲；它的低频端可以一直延伸到直流电；响应时间小于 1 µs，电流上升率（$dI/dt$）大于 200 A/µs。被测电流称为一次测电流 $I_P$，将霍尔电流传感器的输出电流称为"二次测电流"$I_S$（霍尔传感器中并不存在二次测）。

例如，当用额定值为 200 A 的传感器去测量 10 A 的电流时，为提高准确度，可将"一次测"导线在传感器的铁心内孔中心绕 10 圈，即 $N_P = 10$，则 $N_P \times 10\ A = 100\ A$，达到传感器额定值的一半，从而提高了准确度。但当被测导线在铁心之间穿绕的匝数太多时，被测回路的感抗将增大许多，有可能人为地减小被测回路的电流，因此这种方法不予提倡。

## 七、霍尔式接近开关

当磁性物件移近霍尔接近开关时，开关检测面上的霍尔元件因产生霍尔效应而使开关内部电路状态发生变化，由此识别附近有磁性物体存在，进而控制开关的通或断，这种接近开关的检测对象必须是磁性物体。霍尔接近开关应用示意图如图 9-14 所示，霍尔接近开关需要建立一个较强的闭合磁场。

在图 9-14（b）中，磁极的轴线与霍尔接近开关的轴线在同一直线上。当磁铁随运动部件移动到距离霍尔接近开关几毫米时，霍尔接近开关的输出由高电平变为低电平，经驱动电路使继电器吸合或释放，控制运动部件停止移动（否则将撞坏霍尔接近开关）起到限位的作用。

在图 9-14（c）中，磁铁随运动部件运动，当磁铁与霍尔 IC 的距离小于某一数值时，霍尔 IC 输出由高电平跳变为低电平。当磁铁继续运动时，与霍尔 IC 的距离又重新拉大，霍尔 IC 输出重新跳变为高电平，且不存在损坏霍尔 IC 的可能。

在图 9-14（d）中，磁铁和霍尔接近开关保持一定的间隙，均固定不动。软铁制作的分流翼片与运动部件联动。当它移动到磁铁与霍尔接近开关之间时，磁力线被屏蔽（分流），无法到达霍尔接近开关，所以此时霍尔接近开关输出跳变为高电平。改变分流翼片的宽度可以改变霍尔接近开关的高电平与低电平的占空比。

（a）外形                    （b）接近式

（c）滑过式                （d）分流翼片式

1—运动部件；2—软铁分流翼片。

**图 9-14　霍尔接近开关应用示意图**

霍尔接近开关具有无触点、低功耗、使用寿命长、响应频率高、价格便宜等特点,内部采用环氧树脂封灌成一体化,能在各类恶劣环境下可靠地工作,霍尔接近开关如图 9-15 所示。

**图 9-15　霍尔接近开关实物图**

## 八、磁记录信息读出

用霍尔元件制成的磁读头,如图 9-16 所示,将写头和读头装在同一外壳里,采用长 1 mm,宽 0.2 mm,厚 1.4 μm 的 InSb 霍尔元件,其信噪比比普通磁头高 3 ~ 5 dB,由于写头和读头间的间距很小,仅 2.6 mm,故可用一读头去监视几分之一秒之前录头录下的信息。

霍尔读头的输出仅由记录信息的磁感应强度来决定，即使频率到零，输出仍然恒定，且因读头无电感，故可获得优异的瞬态响应。它的灵敏度随温度的变化也很小，约为 0.01 dB/℃。采用适当的前置放大电路，可在 0～50 ℃范围内保持 ± 0.5 dB。由于霍尔磁读头具备这些优点，因而在计算机中得到很重要的应用。特别在高密度垂直记录的磁盘的信息读出中，更能显示其优越性。

图 9-16　霍尔磁头

 展望角

霍尔传感芯片是全球名列前茅的传感器产品，在全球磁场传感器市场所占份额超过了70%，它被广泛应用到工业、汽车业、电脑、手机以及新兴消费电子领域。对磁场精度要求不高的霍尔 IC 已经有一批相当成熟的产品，但是霍尔盘的缺陷限制了其在高精度测量场合中的应用。温度漂移和失调电压是霍尔盘最主要的缺陷，温度漂移使霍尔传感器的线性度变差，失调电压易使处理电路饱和，影响测量范围。未来几年，随着越来越多的汽车电子和工业设计企业转移到中国，霍尔传感器芯片在中国的年销售额将保持20%到30%的高速增长。

与霍尔传感器芯片相关的技术仍在不断完善，呈现出高集成度、低温度性漂移、高灵敏度、低失调电压、新型的霍尔元件结构、微型化发展趋势。霍尔 IC 的挑战之一就是其能够检测非常小的磁场及磁场的细微变化。在需要精确测量磁场的场合，霍尔 IC 需要很高的灵敏度。通过改进电路可以对霍尔 IC 的灵敏度有一定程度上的提高，但是对电路的要求特别高，代价较大。有文献提出可以在芯片表面集成磁场集中器，利用微电子集成工艺在硅片上集成磁场集中器，再将硅片切割封装成标准的集成电路芯片。这种集成化的磁场集中器虽然会稍微增加霍尔 IC 的成本，但可以使霍尔 IC 的灵敏度提高五倍以上。

一般的霍尔 IC 只对垂直于霍尔盘表面的磁场敏感，这种霍尔 IC 叫作平面霍尔 IC，为了能够测量和传感平行于霍尔 IC 的磁场，国外许多高校、研究所和公司开发出了垂直霍尔 IC。近日推出的垂直霍尔 IC，适用于转向及速度侦测，将内部霍尔盘的方向由水平转为垂直，可灵敏侦测平面方向磁场，90°转向的设计提供了更多弹性，更适用于局限空间的应用。二维霍尔 IC 可以检测二维磁场的大小和方向，可用在各种航行器上做导航装置；三维霍尔 IC 可检测空间任意一点的磁场三维分量和该磁场的方向，适用于地质勘探、航海、航空、航天地磁场图的精确绘制等方面。

课后思考与练习

9-1　单项选择题

（1）属于四端元件的是_____。

A. 应变片　　　　B. 压电晶片　　　　C. 霍尔元件　　　　D. 热敏电阻

（2）公式 $U_H = K_H IB\cos\theta$ 中的角 $\theta$ 是指_____。

    A. 磁力线与霍尔薄片平面之间的夹角

    B. 磁力线与霍尔元件内部电流方向的夹角

    C. 磁力线与霍尔薄片的垂线之间的夹角

（3）磁场垂直于霍尔薄片，磁感应强度为 $B$，当磁场方向反向（$\theta = 180°$）时，输出的霍尔电势_____，因此霍尔元件可用于测量交变磁场。

    A. 大小不变，符号相反　　　　B. 大小不变，符号相同

    C. 大小改变，符号相反　　　　D. 大小改变，符号相同

（4）霍尔元件采用恒流源激励是为了_____。

    A. 提高灵敏度　　　　　　B. 克服温漂　　　　　　C. 减小不等位电势

（5）减小霍尔元件的输出不等位电势的办法是_____。

    A. 减小激励电流　　　　　　B. 减小磁感应强度　　　　　　C. 使用电桥法调零

9-2　根据所学知识分析霍尔传感器可以应用在哪些场合？请举例。

9-3　图 9-17 是霍尔式电流传感器的结构示意图，请分析填空。

（1）夹持在铁心中的导线电流越大，根据右手定律，产生的磁感应强度 $B$ 就越_____，霍尔元件产生的霍尔电动势也就越_____，因此该霍尔式电流传感器的输出电压与被测导线中的电流成_____比。

（2）由于被测导线与铁心、铁心与霍尔元件之间是绝缘的，所以霍尔式电流传感器不但能传输电流信号，而且还能起到_____作用，使后续电路不受强电的影响，例如击穿、麻电等。

（3）由于霍尔元件能响应静态磁场，所以它与交流电流互感器相比，最大的不同是能_____。

（4）如果被测电流小于 30 A，该电流产生的磁场可能太小，可采取_____措施，使穿过霍尔元件的磁场成倍地增加（可参考电流互感器原理），以增加霍尔元件的输出电压。

（5）观察图 9-17，被测导线是（怎样）_____放入铁心中间的。

（a）外形图

（b）内部结构

图 9-17　霍尔电流传感器测量原理图

# 模块十　超声波传感器

 学习目标

1. 熟悉超声波的特性及超声波在生活中的应用；
2. 掌握超声波的发射及接收原理，熟悉各类超声波换能器的结构特点及适用领域；
3. 掌握超声波传感器的典型应用，具备一定的超声波传感器创新应用方案设计能力；
4. 熟悉超声波无损探伤的类型，掌握 A 型超声探伤的原理及工业领域超声探伤应用。

思政素养

培养学生踏实严谨、积极进取的品质，通过学习超声波在各领域的奇妙应用，激发学生的创新意识和探索精神。

任务引领

超声波指向性很好，可以被聚焦，能量集中，穿透能力强，在遇到两种介质的分界面时，能产生明显的反射和折射现象，超声波传感器已被广泛应用在生活、工业、国防、医疗等领域。超声波在距离感知和测量方面应用广泛，比如可以避障的玩具小车、给盲人使用的电子导盲杖，都可应用超声波探头作为"视觉"传感器，它们是如何进行设计和实现避障功能的呢？电子导盲杖手柄处装有两个超声波探头，可使导盲杖自动探测上方 2 米和前方 3 米以内的地面障碍物。当遇到障碍物时，雷达报警装置开启，并将信息传递到盲人手中的控制器中，可以实现语音播报距离或震动提醒。在城市停车场智能管理系统中，可以实现停车场车位数量统计及车位状态实时显示、停车引导等，你是否熟悉车位车辆识别选用的传感器类型、传感器的安装要求及停车场智能管理系统的组成及原理呢？比如需要设计一套板材叠放自动管理系统，要求板材堆放到规定高度之后进行语音报警，同时板材叠放高度数据远程监，你能否制订设计方案、合理选用传感器并实现预期功能呢？请在超声波传感器的学习中进行知识积累及思路启发，并在思考中不断探索超声波应用新思路。

知识背景

大家都知道蝙蝠能发出和听见超声波，蝙蝠夜间可以依靠超声波捕食，超声波是一种频率高于 20 kHz 的机械振动波。超声波有着光波、电磁波不可比拟的优势，尤其是在液体、固体中传播时具备穿透能力强、能量损失小的优点。超声波声呐探测器用于探测海底沉船、敌方潜艇等，超声波无损探伤、超声波流量测量、超声波物位液位测量、超声波测厚、超声波密度测试等领域应用广泛。本模块重点介绍超声波的特性、超声波探头及耦合技术、超声波在检测领域的应用及超声波无损探伤等。在学习过程中应结合生活、生产实际的实物图片，在日常生活中要善于观察、勇于思考与创新。掌握超声波的特性、认识和区分各类超声探头、熟悉超声波在检测领域的应用、掌握超声探伤的分类及 A 型超声探伤的原理及应用……

# 单元一　超声波特性简介

认识超声波传感器

## 一、声波的本质和分类

声波是一种机械波。当它的振动频率在 20 Hz ~ 20 kHz 的范围内，可为人耳所感觉，称为可闻声波。当振动频率在 20 Hz 以下人耳无法感知，但许多动物却能感受到，这种振动波称为次声波。比如地震发生前的次声波就会引起许多动物的异常反应。人体各部位都存在细微而有节奏的脉动，这种脉动频率一般为 2 ~ 16 Hz，如内脏为 4 ~ 6 Hz，头部为 8 ~ 12 Hz 等。人体的这些固有频率正好在次声波的频率范围内，一旦大功率的次声波作用于人体，就会引起人体强烈的共振，从而造成极大的伤害。自然界中的陨石落地、海上风暴，人类活动中的火炮发射、导弹飞行等等，广泛存在着次声波。

振动频率高于 20 kHz 的机械振动波称为超声波。超声波具有许多不同于可闻声波的特点。比如指向性好，能量集中，穿透本领大，在遇到两种介质的分界面（例如钢板与空气的交界面）时，能产生明显的反射和折射现象，这一现象类似于光波。较大功率的超声波，可以被聚焦，能用于集成电路及塑料的焊接。超声波对液体、固体的穿透本领很大，尤其是在不透明的固体中，它可穿透几十米的深度。超声波碰到杂质或分界面会产生显著反射形成反射回波，碰到运动物体能产生多普勒效应。比如超声波捕鱼器应用很普遍，水中的声呐探头发射一定频率的超声波，并接收反射回来的超声波信号。水中的物体距离越远，接收信号的时间就越长。

超声波可用于高效清洗，超声波作用于液体中时，液体中每个气泡的破裂会产生能量极大的冲击波，相当于瞬间产生几百度的高温和高达上千个大气压的压力，这种现象被称之为"空化作用"，超声波清洗正是利用液体中气泡破裂所产生的冲击波来达到清洗和冲刷工件内外表面的作用。超声清洗多用于半导体、机械、玻璃、医疗仪器等行业。

超声波的频率越高，其声场指向性就越好，与光波的反射、折散特性就越接近。

## 二、超声波的传播方式

超声波可以在气体、液体和固体中传播，随着声源、介质和边界条件的不同，超声波的传播波型可分为纵波、横波、表面波、板波等几种。

（1）纵波。纵波在介质中传播时，介质质点振动方向与波传播方向一致，又称为压缩波。在纵波通过的区域内，介质质点是疏密相间的。纵波能在固体、液体、气体中传播，人讲话时产生的声音就属于纵波。

（2）横波。横波在介质中传播时，介质质点振动方向与波传播方向垂直。它是固体介质受到交变剪切应力作用时产生的剪切变形，横波只能在固体中传播。

（3）表面波。当声波在介质中传播时，能量集中在介质自由表面或两种介质分界面附近的声波称为表面波。表面波传播时，介质质点振动的轨迹是椭圆形，椭圆运动可视为纵向振动与横向振动的合成，因此表面波只能在固体中传播。表面波的能量随深度增加而迅速减弱，当传播深度超过两倍波长时，质点的振幅就已经很小了，因此表面波一般应用于钢管探伤。

### 三、声速、波长与指向性

（1）声速。声波的传播速度取决于介质的弹性系数、介质的密度以及声阻抗。几种常用材料的声速与密度、声阻抗的关系如表 10-1 所示。

表 10-1　常用材料的密度、声阻抗与声速（环境温度为 0 ℃）

| 材料 | 密度 $\rho/10^3\ \mathrm{kg \cdot m^{-1}}$ | 声阻抗 $Z/10\ \mathrm{MPa \cdot s^{-1}}$ | 纵波声速 $c_L/\mathrm{km \cdot s^{-1}}$ | 横波声速 $c_S/\mathrm{km \cdot s^{-1}}$ |
|---|---|---|---|---|
| 钢 | 10.8 | 46 | 5.9 | 3.23 |
| 铝 | 2.10 | 100 | 6.3 | 3.1 |
| 铜 | 8.9 | 42 | 4.10 | 2.1 |
| 有机玻璃 | 1.18 | 3.2 | 2.10 | 1.2 |
| 甘油 | 1.26 | 2.4 | 1.9 | — |
| 水（20 ℃） | 1.0 | 1.48 | 1.48 | — |
| 油 | 0.9 | 1.28 | 1.4 | — |
| 空气 | 0.001 2 | 0.000 4 | 0.34 | — |

分析表 10-1 得知，多数情况下，密度和声阻抗越大，声速越快。

声波的传播速度取决于介质的弹性系数、介质的密度及声阻抗。声阻抗是描述介质传播声波特性的物理量。几个超声波参数的计算公式：

声阻抗　　$Z = \rho c$（常用介质的 $Z$、$\rho$、$c$ 见表 10-1）

波长　　　$\lambda = c/f$

指向角　　$\sin\theta = 1.22\lambda/D$

$\theta$ 为声波指向角，$D$ 为超声源的直径，频率越高，波长越小，指向角就较小，指向性好，因此可闻声波由于频率低而不适用于检测领域。声场指向性及指向角如图 10-1 所示。

1——超声源；2—轴线；3—指向角；4—等强度线。

图 10-1　声场指向性及指向角

### 四、垂直入射时的反射与透射

当声波从一种介质进入另一种介质时，在两种不同介质的分界面上，可以分为反射声波和透射声波两部分，如图 10-2 所示。反射和透射的比例与组成界面的两种介质密度及声阻抗 $Z$ 有关。

198

在两种介质界面上，用反射声压 $P_r$ 和入射声压 $P_0$ 的比值表示声压反射率 $R$

$$R = \frac{P_r}{P_0}$$

在两种介质界面上，用透射声压 $P_d$ 和入射声压 $P_0$ 的比值表示声压透射率 $D$

$$D = \frac{P_d}{P_0}$$

经过理论推导可知：

$$R = \frac{Z_2 - Z_1}{Z_2 + Z_1} \qquad D = \frac{2Z_2}{Z_2 + Z_1}$$

图 10-2　垂直入射时波的
反射与透射

（1）当介质 1 与介质 2 的声阻抗相等或十分接近时（$Z_1 = Z_2$），$R = 0$ 而 $D = 1$，即不产生反射波，可视为声波全透射。

（2）当超声波从密度小的介质（例如水）射向密度大的介质（例如钢板）时，$Z_1 < Z_2$，此时反射率 $R$ 和透射率 $D$ 都较大，而且 $D$ 比 $R$ 大。例如超声波从水中入射到钢中时，透射率高达 93.8%。

（3）当超声波从密度大的介质（例如钢板）射向密度小的介质（例如水）时，$Z_1 > Z_2$，此时反射率 $R$ 较大，而透射率 $D$ 较小。当声波传播到两种介质声阻抗相差很大的界面上时，声波几乎全部被反射。如果钢板的底面是空气，超声波到达底面时，超声波的泄漏量就更小，超声波的这一特性有利于金属的探伤与测厚。

## 五、超声波在介质中的衰减

由于多数介质都含有微小的结晶体或不规则缺陷，由于其内部结构、弹性滞后及各向异性等特点，超声波在这样的介质中传播时在晶体交界面或缺陷界面会发生散射，从而使沿入射方向传播的超声波声强衰减。介质中的声强衰减与超声波的频率、介质的密度及晶粒粗细等因素有关。一般来讲，介质的晶粒越粗或密度越小，衰减越快；超声波频率越高，衰减也越快。

气体的密度较小，因此衰减较快，尤其在频率高时衰减更快。因此，在空气中传导的超声波的频率选得较低，通常选几十 kHz 的频率，而在固体、液体中选用较高频率（MHz 数量级）。

# 单元二　超声波换能器及耦合技术

超声波换能器有时又称超声波探头。超声波换能器的工作原理有压电式、磁致伸缩式、电磁式等数种，在检测技术中主要采用压电式。由于其结构不同，超声波探头又分为直探头、斜探头、双晶探头、表面波探头、聚焦探头、冲水探头、水浸探头、空气传导探头以及其他专用探头等，超声波探头结构示意图如图 10-3 所示。

（a）单晶直探头　　　　　（b）双晶直探头　　　　　（c）斜探头

1—接插件；2—外壳；3—阻尼吸收块；4—引线；5—压电晶体；6—保护膜；7—隔离层；
8—延迟块；9—有机玻璃斜楔块；10—试件；11—耦合剂。

**图 10-3　超声波探头结构示意图**

## 一、固体传导型超声探头

### （一）单晶直探头

　　用于固体介质的单晶直探头（见图 10-4）的压电晶片一般采用 PZT 压电陶瓷材料制作，外壳为金属制作，保护膜常采用硬度很高的耐磨材料做成，用于防止压电晶片磨损；阻尼块用于吸收压电晶片背面的超声脉冲能量，防止杂乱反射波，以提高分辨力。

**图 10-4　单晶直探头及结构示意图**

　　发射超声波时，将 500 V 以上的高压电脉冲加到压电晶片上，利用逆压电效应，使晶片发射出一束频率落在超声范围内、持续时间很短的超声振动波。超声波到达被测物底部后，超声波的绝大部分能量被底部界面所反射。反射波经过一短暂的传播时间回到压电晶片，利用压电效应，压电晶片将机械振动波转换成同频率的交变电荷和电压。由于衰减等原因，该电压通常只有几十毫伏，还要加以放大，才能在显示器上显示出该脉冲的波形和幅值。

　　超声波的发射和接收虽然均是利用同一块晶片，但时间上有先后之分，所以单晶直探头是处于分时工作状态，必须用电子开关来切换这两种不同的状态。

## （二）双晶直探头

双晶直探头是由两个单晶探头组合而成，装配在一个壳体内（见图 10-5）。一个晶片发射超声波，一个晶片接收超声波，两个晶片之间用吸声材料隔离，使超声波的发射和接收互不干扰。它的结构虽然复杂，但检测精度比单晶直探头高，且其发射和接收的控制电路较单晶直探头简单。

**图 10-5　双晶直探头及结构示意图**

## （三）斜探头

为了使超声波能倾斜入射到被测介质中，可使压电晶片粘贴在与底面成一定角度（如 30°、45°等）的有机玻璃斜楔块上（见图 10-6），当斜楔块与不同材料的被测介质（试件）接触时，超声波产生一定角度的折射，倾斜入射到试件中去。

**图 10-6　斜探头及结构示意图**

## （四）聚焦探头

超声波的波长很短，它也可以像光波一样被聚焦成十分细的声束，用于分辨试件中的细小缺陷，这种探头称为聚焦探头，是一种很有发展前途的新型探头。聚焦探头采用曲面压电晶片或类似光学反射镜原理的声透镜来聚焦超声波（见图 10-7），聚焦探头有点聚焦、线聚焦、水浸聚焦探头等类型。

壳体
吸收块
压电晶片
铝凹圆椎体
6~9°

丙烯酸树脂双折射聚焦直探头

水中聚焦线
F
凹圆柱面声透镜

阵列式（多晶片）水浸线聚焦探头

有机玻璃
压电晶片
工件界面

抛物面反射镜式聚焦斜探头

**图 10-7　聚焦探头结构示意图及实物图**

## （五）铁路钢轨探伤专用探头

超声波探伤应用非常广泛，铁路轨道探伤用超声探头有多种类型，比如钢轨对接焊缝探测用探头、轮式探头及滑板式探头等（见图 10-8）。

（a）钢轨对接焊缝探测用探头

（b）钢轨探伤用轮式探头

（c）钢轨探伤用滑板式探头

**图 10-8　铁路钢轨探伤专用探头**

## 二、空气传导型超声探头

空气的声阻抗比固体的声阻抗小得多，而且超声波在空气中传播时衰减比较快，因此空气传导型探头和固体传导型探头在结构上有很大区别。为了提高超声波的发射效率和方向性，发射器的压电片上必须粘贴一只锥形共振盘，接收器在共振盘上还增加了一只阻抗匹配器，以滤除噪声、提高接收效率，空气传导型超声探头的结构示意图如图 10-9 所示。空气传导的超声发射器和接收器的有效工作范围可达几米至几十米，空气传导型超声探头用于汽车倒车雷达、超声波测距仪等，常用探头如图 10-10 所示。

（a）超声发射器          （b）超声接收器

1—外壳；2—金属丝网罩；3—锥形共振盘；4—压电晶片；5—引脚；6—阻抗匹配器；7—超声波束。

**图 10-9　空气传导型超声发生器、接收器结构**

**图 10-10　空气传导型超声探头实物图**

## 三、耦合技术

在固体传导型超声探头使用时，无论是直探头还是斜探头，一般不能将探头在被测介质表面来回移动，以防止探头磨损。另外，超声探头与被测物体表面间存在一层空气薄层，空气将引起 3 个界面间强烈的杂乱反射波，造成干扰，并造成很大的衰减。为此，必须将接触面之间的空气排挤掉，使超声波能顺利地入射到被测介质中。在工业中，经常使用一种称为耦合剂的液体物质，使之充满在接触层中，起到减少探头磨损、减少超声波衰减、更好地传递超声波的作用。常用的耦合剂有自来水、机油、甘油、润滑油、水玻璃、化学糨糊等等。应根据使用情况选择合适的种类，当使用在光滑材料表面时，可以使用低黏度的耦合剂；当

203

使用在粗糙表面、垂直表面及顶表面时，应使用黏度高的耦合剂；高温工件应选用高温耦合剂。比如在大面积钢板探伤或大型管道探伤时，为节约成本，可采用自来水作为耦合剂；车间的机床床身探伤时，可选用机油作为耦合剂；医院做 B 超时，应采用专用的医用耦合剂。另外，为减少耦合损耗，耦合剂的厚度应尽量薄一些。

超声波传感器的应用

# 单元三　超声波传感器的应用

　　超声波对液体、固体的穿透本领很大，尤其是在不透明的固体中，它可穿透几十米的深度。超声波碰到杂质或分界面会产生显著反射形成反射成回波，碰到运动物体能产生多普勒效应。近些年来，超声波传感技术发展迅速，在医疗健康领域（健康监测、疾病诊断）、工业领域（设备无损探伤、厚度测量、超声成像等）、交通运输领域（无人机、船舶等定位、追踪、导航和监控等）和军事应用领域（生化战机的测量、航空检测等）得到普及应用。

　　超声波检测广泛应用在工业、国防、生物医学等方面。比如超声波距离传感器可以广泛应用在物位（液位）监测、机器人防撞、各种超声波接近开关以及防盗报警等相关领域。超声波传感器工作可靠、安装方便、具有防水性、灵敏度高，方便与工业显示仪表连接等。超声波在医学上的应用主要是诊断疾病，它已经成为临床医学中不可缺少的诊断方法。超声波诊断的优点是对受检者无痛苦、无损害、方法简便、显像清晰、诊断准确率高等。超声波诊断是利用超声波的反射，当超声波在人体组织中传播遇到两层声阻抗不同的介质界面时，在该界面就产生反射回声。每遇到一个反射面时，回声在示波器的屏幕上显示出来，而两个界面的阻抗差值也决定了回声的振幅高低。在工业方面，超声波的典型应用是对金属的无损探伤和超声波测厚两种。在未来的应用中，超声波将与信息技术、新材料技术结合起来，将出现更多的智能化、高灵敏度的超声波传感器。

## 一、超声波测距离

　　空气超声探头发射超声脉冲，到达被测物时被反射回来，被另一只空气超声探头所接收，测出从发射超声脉冲到接收超声脉冲所需的时间 $t$，再乘以空气的声速（340 m/s），就是超声脉冲在被测距离所经历的路程，除以 2 就得到距离。如图 10-11 为超声波测距仪，超声波测距仪测量效果受环境影响较大，稳定和方向性较激光测距仪差，但价格相对便宜，适合室内测量。

图 10-11　超声波测距仪

利用超声波遇到障碍物反射的特性，可以测量距离相关量、运动物体避障检测等，比如超声波身高体重测量仪、物品堆放高度判定、地下停车场的车位探测、汽车的倒车雷达等等，超声波传感器在距离检测领域应用越来越广泛，如图 10-12 所示。

物品叠放高度检测　　　　　　超声波车位探测器

**图 10-12　超声波的应用**

## 二、超声波测厚

**超声波测厚仪**

测量试件厚度的方法有电感测微器（分辨力可达 0.5 μm）、电涡流测厚仪（只能测 0.1 mm 以内的金属厚度）、数显电容式游标卡尺（分辨力可达 10 μm）等。

利用超声波在介质中的反射特性对物体进行厚度测试称为超声测厚，超声波测厚仪主要由主机和探头两部分组成。双晶直探头中的压电晶片发射超声脉冲，超声脉冲到达试件底面时，被反射回来，并被另一个压电晶片所接收。测出从发射超声脉冲到接收超声脉冲所需的时间 $t$，再乘以被测体的声速常数 $c$，就是超声脉冲在被测件中所经历往返距离，再除以 2，就得到厚度 $\delta$。主机电路包括发射电路、接收电路、计数显示电路三部分，通过单片机计数处理后，经液晶显示器显示厚度数值。超声波测厚仪具有量程范围大、无损、便携等特点，缺点是测量精度与温度及材料的材质有关。超声波测厚仪在使用时需要注意，更换被测介质时应在测厚仪面板上确认声速常数，以免造成错误测量结果，超声波测厚仪及钢管厚度测量如图 10-13 所示。

钢管的厚度测量

**图 10-13　超声波测厚仪及现场应用**

由于超声波处理方便，并有良好的指向性，超声波测厚仪对金属材料、非金属材料的厚度测量既快又准确，尤其是在只有一个侧面可接触的场合更能显示其优越性。超声波测厚仪广泛用于各种板材厚度、管材类壁厚、锅炉容器壁厚等领域测量，在冶金、造船、机械、化工、电力等各工业部门的产品检验应用广泛，对设备安全运行及现代化管理起着重要作用。

## 三、超声波测量液位和物位

在液罐上方安装空气传导型超声发射器和接收器，根据超声波的往返时间，就可测得液体的液面。超声波液位计原理图如图 10-14 所示。

1—液面；2—直管；3—空气超声探头；4—反射小板；5—电子开关。

**图 10-14　超声波液位计原理图**

**例 10-1**　超声波液位计原理如图 10-14 所示，从显示屏上测得 $t_0 = 2$ ms，$t_{h1} = 5.6$ ms。已知水底与超声探头的间距为 10 m，反射小板与探头的间距为 0.34 m，求液位 $h$。

**解**　由于

$$\frac{h_0}{t_0} = \frac{h_1}{t_1}$$

所以有

$$h_1 = t_1 h_0 / t_0 = (5.6 \times 0.34 / 2) \text{ m} = 0.95 \text{ m}$$

所以液位 $h$ 为

$$h = h_2 - h_1 = (10 - 0.95) \text{ m} = 9.05 \text{ m}$$

由于空气中的声速随温度改变会造成温漂，所以在传送路径中还设置了一个反射性良好的小板作标准参照物，以便计算修正。上述方法除了可以测量液位外，也可以测量粉体和粒状体的物位。超声波液位（物位）计采用非接触式测量，被测介质几乎不受限制，可广泛用于各种液体和固体物料高度的测量，图 10-15 为市场常见的超声波液位（物位）计。

物位、液位二合一

☑ 罐体物位

☑ 河流水位

☑ 水池液位

图 10-15　常见的超声波液位计

## 四、超声波测速仪

多普勒效应：当波源与传播介质之间存在相对运动时，接收器接收到的频率与波源发射的频率将有所不同，产生的频率偏差 ±Δf 与相对速度的大小及方向有关。比如当高速行驶的火车向你逼近和掠过时，所产生的变调声就是多普勒效应引起的。超声波风速风向仪正是利用超声波的多普勒效应测量风向和风速的，如图 10-16 即利用发送超声波和接收超声波的频率差来计算风速和风向，该传感器可以同时测量风速、风向的瞬时数值。由于超声波在空气中的传播速度会和风向上的气流速度叠加，假如超声波的传播方向与风向相同，那么它的速度会加快；反之，若超声波的传播方向与风向相反，那么它的速度会变慢，通过计算即可得到精确的风速和风向。超声波风速风向仪很好地克服了机械式风速风向仪固有的缺陷，其应用领域也越来越广泛。

图 10-16　超声波风向风速仪

根据多普勒效应还能测量运动物体的速度，比如便携式测速仪、测速雷达等等。图 10-17 所示为超声防盗报警原理示意图，上图为发射部分，下图为接收部分的原理框图。它们装在同一块线路板上。发射器发射出频率 f = 40 kHz 左右的连续超声波（空气超声探头选用 40 kHz 工作频率可获得较高灵敏度，并可避开环境噪声干扰）。如果有人进入信号的有效区域，相对速度为 v，从人体反射回接收器的超声波将由于多普勒效应，而发生频率偏移 Δf。但由于振动和气流也会产生多普勒效应，故该防盗报警装置多用于室内，它可以排除墙壁、家具的影响，只对运动的物体起作用。

图 10-17　超声防盗报警器原理示意图

## 五、超声波流量计

根据对信号检测的原理超声波流量计可分为传播速度差法（直接时差法、时差法、相位差法和频差法）、波束偏移法、多普勒法及噪声法等。超声波流量计因仪表流通通道未设置任何阻碍件，均属无阻碍流量计，是适于解决流量测量困难问题的一类流量计，特别在大口径流量测量方面有较突出的优点，它是发展迅速的一类流量计之一。

超声波流量计采用时差式测量原理：一个探头发射信号穿过管壁、介质、另一侧管壁后，被另一个探头接收到，同时，第二个探头同样发射信号被第一个探头接收到，由于受到介质流速的影响，二者存在时间差 $\Delta t$，根据推算可以得出流速 $v$ 和时间差 $\Delta t$ 之间的换算关系 $v = (c_2/2L) \times \Delta t$，进而可以得到流量值 $Q$。图 10-18 和图 10-19 分别为超声波流量测量原理图和超声波流量计实物图。

图 10-18　超声波流量测量原理图　　　　图 10-19　超声波流量计实物图

超声波流量计由超声波换能器、电子线路及流量显示和累积系统 3 部分组成。超声波发射换能器将电能转换为超声波能量，并将其发射到被测流体中，接收器接收到的超声波信号，经电子线路放大并转换为代表流量的电信号供给显示和计算仪表进行显示和计算，这样就实现了流量的检测和显示。

超声波流量计常用压电换能器，把电能加到压电晶片上，使其产生超声波振动。超声波从某一角度射入流体中传播，然后由接收换能器接收，并经压电元件变为电能，以便检测。发射换能器利用压电元件的逆压电效应，而接收换能器则是利用压电效应。

超声波流量计的最大特点是：探头可以装在被测管道的外壁，实现非接触式测流量，既不干扰流场，又不受流场参数的影响。其输出与流量基本呈线性关系，价格不随管道口径的增大而增加，因此特别适合大口径管道和混有杂质或腐蚀性液体的测量。

## 六、超声波测温

在化工、冶金、发电、机械制造、核物理技术、宇宙航行和卫星通信等部门中也常需进行温度测量。在这些领域中，传统的测温方法往往不适用，要采用新的测温技术。超声波测温是一种新的测温技术，它可用于超低温测量和高温高压气体的测温。由于它是一种非接触测量，故可测汽轮机进气、火箭排气、气缸燃烧气体、熔融液、核反应堆石墨芯等处的温度。

超声波测温多数是以气、液、固三态媒质中温度与声速的关系为基础。许多固体和液体的声速一般随温度增高而降低，而气体的声速与绝对温度的平方根成正比。气体的声速变化率在低温时最大，大多数液体的声速变化率基本上不随温度而变，固体则是高温时声速变化率最大。一般超声测温主要可分两类：一类是使超声波直接通过被测媒质，即以媒质本身作为敏感元件；另一类则选用一种敏感元件使其与被测媒质进行热平衡后，再使超声波通过该敏感元件而测温。

声波在理想气体中的传播过程可认为是绝热过程，声传播速度 $c$ 为

$$c = \sqrt{\frac{\gamma p}{\rho}} = \sqrt{\frac{\gamma RT}{M}} \tag{10-1}$$

$$T = \frac{Mc^2}{\gamma R} \tag{10-2}$$

式中，$R$ 为气体常数；$\gamma$ 为定压比热和定容比热之比；$M$ 为分子量；$\rho$ 为密度；$p$ 压强；$T$ 为绝对温度。

由上式可以看出，理想气体的声速与绝对温度 $T$ 的平方根成正比。对于空气来说，影响声速的主要因素是温度，可用下式计算声速 $c$（m/s）的近似值

$$c = 20.067\sqrt{T} \tag{10-3}$$

为了各种不同的测温目的，已经有各种声速测量方法的超声波气温计。

## 七、超声波测密度

超声波探头发射一束超声波信号后，信号通过一定浓度的液体后到达对面的反射面，之后信号从反射面返回。测定超声波信号传输的总时间，距离除以时间一半即为超声波声速。声速和浓度之间就存在一定的确定关系，可用于酸碱盐类、化工原料和各类油品、饮料类、各种酒类等介质的浓度及密度的测量与监测控制，如图10-20所示。

市场上有一种新型的超声波密度计，采用测量料浆的声阻抗原理，实时在线检测介质的密度，在矿业、建筑材料、能源电力、纸浆、金属冶炼、炼油及能源化工等行业具有很强的应用性。超声波密度计通过非接触式测量优势显著，比如：测量准确、免维护，摆脱频繁标定与检修烦恼；对流体无影响，不会产生淤积、堵塞等挂壁现象；可适用于强腐蚀性、易磨损、高黏性、有毒性等多种介质检测；可测量任意流速介质的密度，使用寿命是传统密度计的 3~5 倍；适用管径范围大，可直接安装于主管道，还可用于各种非标管径。

图 10-20　超声波密度计实物图

## 八、声呐的应用

声呐（SONAR）是声音导航测距（Sound Navigation and Ranging）的缩写，它利用声波在水下的传播特性，通过电声转换和信息处理，完成对水下目标进行探测、定位和通信，判断海洋中物体的存在、位置及类型，同时也用于水下信息的传输。人们利用声波在水下的传播特性，研制出了多种水下测量仪器、侦察工具和武器装备，即各种"声呐"设备。声呐技术不仅在水下军事通信、导航和反潜作战中占有非常重要的地位，在和平时期已经成为人类认识、开发和利用海洋的重要手段，如图 10-21、10-22 为声呐海洋探测示意图及探测鱼群的超声波探鱼器。

图 10-21　声呐海洋探测示意图　　　　　图 10-22　超声波探鱼器

从理论上讲，次声波、声波、超声波都可以在声呐中使用，但穿透性是次声波最好，超声波最差，定向性超声波最好。声呐技术按工作方式可分为主动声呐和被动声呐两类。水声换能器是声呐系统的重要部件，根据工作状态的不同，可分为发射换能器和接收换能器，它们将电能转换为机械能，再转换为电能。实际应用中的水声换能器兼有发射和接收两种功能，现代声呐技术对水声发射换能器的要求是低频、大功率、高效率及能在深海中工作等特性。人们发现用低频声波传递信号，对于远距离目标的定位和检测有着明显的优越性，因为低频声波在海水中传播时，被海水吸收的数值比高频声波要低，故能比高频声波传播更远的距离，这对增大探测距离非常有益。

### 九、超声波无损探伤

由于超声波在固体介质中传播的特性、可实施在线检测、对人体无害等特点，超声波在医学检查及工业无损探伤领域得到了广泛的应用。超声波无损探伤近些年已成为材料或结构无损检测的常用的手段，超声波无损探伤的应用将在下一单元做详细介绍。

# 单元四　超声波无损探伤

超声波无损探伤

## 一、无损探伤的基本概念

无损探伤检测是利用物质的声、光、磁和电等特性，在不损害或不影响被检测对象使用性能的前提下，检测被检对象中是否存在缺陷或不均匀性，给出缺陷大小、位置、性质和数量等信息。

与破坏性检测相比，无损检测有以下特点。第一是具有非破坏性，因为它在做检测时不会损害被检测对象的使用性能；第二是具有全面性，由于检测是非破坏性，因此必要时可对被检测对象进行 100%的全面检测，这是破坏性检测办不到的；第三是具有全程性，破坏性检测一般只适用于对原材料进行检测，如机械工程中普遍采用的拉伸、压缩、弯曲等，破坏性检验都是针对制造用原材料进行的，对于产成品和在用品，除非不准备让其继续服役，否则是不能进行破坏性检测的，而无损检测因不损坏被检测对象的使用性能，所以，它不仅可对制造用原材料，各中间工艺环节直至最终产成品进行全程检测，也可对服役中的设备进行检测。

无损探伤一般有 3 种含义：

（1）无损检测 NDT（Nondestructive Testing）。

（2）无损检查 NDI（Nondestructive Inspection）。

（3）无损评价 NDE（Nondestructive Evaluation）。

NDT 仅仅是检测出缺陷；NDI 则以 NDT 的结果为判定基础；而 NDE 则是对被测对象的完整性、可靠性等进行综合评价。近年来，无损探伤已逐步从 NDT 向 NDE 过渡。

对铁磁材料，可采用磁粉检测法；对导电材料，可用电涡流法；对非导电材料还可以用荧光染色渗透法。以上几种方法只能检测材料表面及接近表面的缺陷。

采用放射线（X 光、中子、δ射线）照相检测法可以检测材料内部的缺陷，但对人体有较大的危险，且设备复杂，不利于现场检测。

除此之外，还有红外、激光、声发射、微波、计算机断层成像技术（CT）探伤等。

超声波检测和探伤是目前应用十分广泛的无损探伤手段。运用超声检测的方法来检测的仪器称之为超声波探伤仪。它的原理是超声波在被检测材料中传播时，材料的声学特性和内部组织的变化对超声波的传播产生一定的影响，通过对超声波受影响程度和状况的探测了解材料性能和结构变化。

超声波无损探伤既可检测材料表面的缺陷，又可检测内部几米深的缺陷，这是 X 光探伤所达不到的深度。

## 二、超声探伤分类

超声探伤通常有穿透法、脉冲反射法等。常用的探伤仪按照信号分有模拟信号（价格低）和数字信号（价格高，能自动计算保存数据）两类。常见的都是属于 A 型超声波探伤仪，但在实际的探伤过程，脉冲反射式超声波探伤仪应用得最为广泛。一般在均匀的材料中，缺陷的存在将造成材料的不连续，这种不连续往往又造成声阻抗的不一致，由反射定理我们知道，超声波在两种不同声阻抗的介质的交界面上将会发生反射，反射回来能量的大小与交界面两边介质声阻抗的差异和交界面的取向、大小有关。脉冲反射式超声波探伤仪就是根据这个原理设计的。

### （一）A 型超声探伤

A 型超声探伤的结果以二维坐标图形式给出，如图 10-23（a）所示。它的横坐标为时间轴，纵坐标为反射波强度。可以从二维坐标图上分析出缺陷的深度、大致尺寸，但较难识别缺陷的性质、类型。

### （二）B 型超声探伤

B 型超声探伤的原理类似于医学上的 B 超，如图 10-23（b）所示。它将探头的扫描距离作为横坐标，探伤深度作为纵坐标，以屏幕的辉度（亮度）来反映反射波的强度。它可以绘制被测材料的纵截面图形。探头的扫描可以是机械式的，更多的是用计算机控制一组发射晶片阵列（线阵）来完成与机械式移动探头相似的扫描动作，但扫描速度更快，定位更准确。

（a）A 型超声探伤　　　　　（b）B 型超声探伤　　　　　（c）C 型超声探伤

**图 10-23　超声探伤的分类**

### （三）C 型超声探伤

目前发展最快的是 C 型探伤，它类似于医学上的 CT 扫描原理，如图 10-23（c）所示。计算机控制探头中的三维晶片阵列（面阵），使探头在材料的纵、深方向上扫描，因此可绘制出材料内部缺陷的横截面图，这个横截面与扫描声束相垂直。横截面图上各点的反射波强通过相对应的几十种颜色，在计算机的高分辨力彩色显示器上显示出来。经过复杂的算法，可以得到缺陷的立体图像和每一个断面的切片图像。

C 型超声探伤的特点：利用三维动画原理，分析员可以在屏幕上控制该立体图像，以任意角度来观察缺陷的大小和走向。当需要观察缺陷的细节时，还可以对该缺陷图像进行放大（放大倍数可达几十倍），并显示出图像的各项数据，如缺陷的面积、尺寸和性质。对每一个横断面都可以做出相应的解释和评判其是否超出设定标准。每一次扫描的原始数据都可记录并存储，可以在以后的任何时刻调用，并打印探伤结果。

## 三、A 型超声探伤

A 型超声探伤采用超声脉冲反射法。而脉冲反射法根据波形不同又可分为纵波探伤、横波探伤和表面波探伤等。A 型超声探伤仪外形如图 10-24 所示。

（a）台式 A 型探伤仪　　　　　　　（b）便携式 A 型探伤仪

1—电缆插头座；2—工作方式选择；3—衰减细调；4—衰减粗调；5—发射波 T；6—第一次底反射波 $B_1$；
10—第二次底反射波 $B_2$；8—第五次底反射波 $B_5$；9—扫描时间调节；10—扫描时间微调；
11—脉冲 $X$ 轴移位；12—报警扬声器；13—直探头。

**图 10-24　A 型超声波探伤仪外形**

测试前，先将探头插入探伤仪的连接插座上。探伤仪面板上有一个荧光屏，通过荧光屏可知工件中是否存在缺陷、缺陷大小及缺陷位置。工作时探头放于被测工件上，并在工件上来回移动进行检测。探头发出的超声波，以一定速度向工件内部传播，如工件中没有缺陷，则超声波传到工件底部便产生反射，反射波到达表面后再次向下反射，周而复始，在荧光屏上出现始脉冲 T 和一系列底脉冲 $B_1$、$B_2$、$B_3$、…。B 波的高度与材料对超声波的衰减有关，可以用于判断试件的材质、内部晶体粗细等微观缺陷。如果钢板中有缺陷，一部分声脉冲在缺陷处产生反射，另一部分继续传播到工件底面产生反射，在荧光屏上除出现始脉冲 T 和底脉冲 B 外，还出现缺陷脉冲 F，可根据脉冲 F 的幅度高低判断缺陷大小，还可以根据始脉冲 T、缺陷脉冲 F 及底波 B 间的时间关系确定工件的厚度及缺陷的大致位置，通过移动探头确定缺陷大致长度和走向。纵波探伤示意图如图 10-19 所示。

分析图 10-25 可知：荧光屏上的水平亮线为扫描线（时间基线），其长度与工件的厚度成正比（可调整）。

（1）缺陷面积大，则缺陷脉冲 F 脉冲的幅度就高，而 B 脉冲的幅度就低。

（2）F 脉冲距离 T 脉冲越近，缺陷距离探测表面就越近。

超声波探伤原理

（a）无缺陷时超声波的反射及显示波形

（b）有缺陷时超声波的反射及显示波形

**图 10-25　纵波探伤示意图**

**例 10-2**　图 10-25（b）中，显示器的 $X$ 轴为 10 μs/div（格），现测得 B 波与 T 波的距离为 10 格，F 波与 T 波的距离为 3.5 格。求：① $t_\delta$ 及 $t_F$；② 钢板的厚度 $\delta$ 及缺陷与表面的距离 $x_F$。

**解**　①　$t_\delta$ = 10 μs/div × 10 div = 100 μs = 0.1 ms，$t_F$ = 10 μs/div × 3.5 div = 35 μs = 0.035 ms

②　查表 10-1 得到纵波在钢板中的声速 $c = 5.9 \times 10^3$ m/s 则：

$$\delta = t_\delta \times c / 2 = (5.9 \times 10^3 \times 0.1 \times 10^{-3}/2) \text{ m} \approx 0.3 \text{ m}$$

$$x_F = t_F \times c / 2 = (5.9 \times 10^3 \times 0.035 \times 10^{-3}/2) \text{ m} \approx 0.1 \text{ m}$$

## 四、超声波探伤的应用

超声波是一种机械波，有很高的频率，频率超过 20 kHz，其能量远远大于振幅相同的可闻声波的能量，具有很强的穿透能力。用于探伤的超声波，频率为 0.4~25 MHz，其中用得最多的是 1~5 MHz。它能够快速便捷、无损伤、精确地进行工件内部多种缺陷的检测、定位，并且超声波探伤探测距离大，探伤装置体积小，质量轻，便于携带到现场探伤，检测速度快，探伤中只消耗耦合剂和磨损探头，总的检测费用较低等特点，所以它的应用越来越广泛。

（一）铁路轨道探伤

截止至 2021 年底，我国铁路运营里程超过 15 万 km，铁路正在向高速、重载的方向发展。超期服役的钢轨数量很大，线路上的钢轨在承担繁重的运输任务过程中，不免产生各种肉眼能看见及看不见的损伤，如侧磨、轨头压溃、剥离掉块、锈蚀、核伤、水平裂纹、垂直裂纹等等。当被检测钢轨内部有一个裂纹缺陷，将超声波探头放在被检钢轨的某一表面部位（该面称作探伤面）探头向被检测钢轨发射超声波信号，超声波进入被检测钢轨内部，遇到缺陷和两介质的界面时都会有反射，通过探伤仪内部的电路转换，可以把缺陷信号和底波信号形象地显示出来。

利用超声波法进行钢轨伤损探测，能够探测钢轨的轨头和轨腰范围内（包括接头附近）的疲劳缺陷和焊接缺陷，有的还能检测擦伤、轨头压溃和波浪形磨耗以及轨底锈蚀和月牙掉块。这种车辆装有自动记录设备，能把钢轨伤损信号、里程信号和线路特征信号（桥梁、隧道、接头、轨枕类别等）等记录在同一纸带或胶片上。根据记录可分析确定伤损的大小和在钢轨内的位置，也可确定伤损所在的线路里程。此外，根据连续二次的记录还可确定钢轨伤损的发展速度和发展规律。超声波钢轨探伤车常用的检测行车速度为每小时 30 ~ 50 km，检测核伤的最佳灵敏度约 50 mm²，检测轨腰裂纹的最佳灵敏度相当于直径为 3 mm 的钻孔。如图 10-26 所示为高速钢轨探伤车。此外，各国还广泛采用人工推进的各种小型和便携式钢轨探伤仪，如图 10-27 所示。

图 10-26　高速轨道探伤车　　　　图 10-27　轨道探伤小车

（二）管道环焊缝探伤

管道环焊缝探伤仪可以检测板材、钢结构、锅炉压力容器、（热力、压力）管道、机械等金属材料的焊缝焊接质量检测（如钢结构 T 形角焊缝、平焊缝、对接焊缝，单面焊、双面焊、裂纹等），如图 10-28 为管道环焊缝探伤。全自动超声波无损检测主要应用于石油化工、船舶、海油平台等领域中石油长输管线、大直径中厚管自动焊对接环缝的检测，可采用"区域区分法"，即根据壁厚、坡口形式、填充次数将焊缝分成几个垂直的区域，每个分区由独立的探头进行扫码检查。

（三）零件构件探伤

超声波探伤作为无损检测检测方法之一，是在不破坏加工表面的基础上，应用超声波探伤仪来进行检测，既可以检查肉眼不能检查的零件内部缺陷，也可以大大提高检测的准确性和可靠性，如图 10-29 所示。在每次探伤操作前都必须利用标准试块（CSK-ⅠA、CSK-ⅢA）校准仪器的综合性能，校准面板曲线，以保证探伤结果的准确性。

图 10-28　管道环焊缝探伤

图 10-29　零件的超声波探伤

（四）桥梁结构强度检测

桥梁结构的使用性能及耐久年限主要由设计、施工和所用材料的质量等诸多因素共同决定。由于设计、施工和材料可能存在某些缺陷，这些缺陷会使桥梁结构先天存在着某些薄弱之处。超声波检测是利用混凝土的抗压强度与超声波在混凝土中的传播参数（声速）之间的相关性来检测混凝土强度的。混凝土的弹性模量越大，强度越高，超声波的传播速度越快，即通过实验建立混凝土强度和声速的关系曲线计算对应测区的混凝土强度值。

 展望角

因超声波的优异性能，超声波已被广泛地应用于各行各业。超声波焊接是利用高频振动波传递到两个需焊接的物体表面，在加压的情况下，使两个物体表面相互摩擦而形成分子层之间的熔合。超声焊接需要包含超声波发生器、转换器、升压器、焊具等部件。

超声波焊接是通过超声波发生器将 50 Hz 电流转换成 15、20、30 或 40 kHz 高频电能，被转换的高频电能通过换能器再次被转换成为同等频率的机械振动，机械振动通过一套可以改变振幅的变幅杆装置传递到焊头。焊头将接收到的振动能量传递到待焊接工件的接合处，振动能量被通过摩擦方式转换成热能，将需要焊接的部件区域熔化。超声波不仅可以被用来焊接金属、硬热塑性塑料，还可以加工织物和薄膜等。超声波金属焊接原理是利用超声波的机械振动能量，连接同种金属或异种金属的一种特殊方法。金属在进行超声波焊接时，既不向工件输送电流，也不向工件施以高温热源，只是在静压力之下，将振动能量转变为工件间的摩擦功、形变能及有限的温升。金属接头间的冶金结合是母材不发生熔化的情况下实现的一种固态焊接。因此它有效地克服了电阻焊接时所产生的飞溅和氧化等现象。超声金属焊机能对铜、银、铝、镍等有色金属的细丝或薄片材料进行单点焊接、多点焊接和短条状焊接。可广泛应用于可控硅引线、熔断器片、电器引线、锂电池极片、极耳的焊接等等。

## 课后思考与练习

10-1 单项选择题

（1）人讲话时，声音从口腔沿水平方向向前方传播，则沿传播方向的空气分子_____。

    A. 从口腔附近通过振动，移动到听者的耳朵

    B. 在原来的平衡位置前后振动而产生横波

    C. 在原来的平衡位置上下振动而产生横波

    D. 在原来的平衡位置前后振动而产生纵波

（2）一束频率为 1 MHz 的超声波（纵波）在钢板中传播时，它的声速约为_____，波长约为_____。

    A. 5.9 m        B. 340 m        C. 5.9 mm        D. 1.2 mm

    E. 5.9 km/s        F. 340 m/s

（3）超声波频率越高，_____。

    A. 波长越短，指向角越小，方向性越好

    B. 波长越长，指向角越大，方向性越好

    C. 波长越短，指向角越大，方向性越好

    D. 波长越短，指向角越小，方向性越差

（4）超声波在有机玻璃中的声速比在水中的声速_____，比在钢中的声速_____。

    A. 大        B. 小        C. 相等

（5）超声波探头发射超声波时，是利用压电晶片的_____，而接收超声波时是利用压电晶片的_____。

    A. 压电效应      B. 逆压电效应      C. 电涡流效应

（6）考虑声波在传播介质中的衰减规律，在钢板探伤时，固体传导型探头频率约为____，在利用超声波测量距离时，空气传导型探头频率约为_____。

    A. 20 Hz ~ 20 kHz             B. 35 kHz ~ 45 kHz

    C. 0.5 MHz ~ 5 MHz         D. 100 MHz ~ 500 MHz

（7）大面积钢板探伤时，耦合剂应选_____为宜；机床床身探伤时，耦合剂应选_____为宜；给人体做 B 超时，耦合剂应选_____。

    A. 自来水        B. 机油        C. 液体石蜡        D. 医用耦合剂

（8）A 型探伤时，显示图像的 $x$ 轴为_____，$y$ 轴为____，而 B 型探伤时，显示图像的 $x$ 轴为_____，$y$ 轴为____，辉度为____。

    A. 时间轴        B. 扫描距离        C. 反射波强度

    D. 探伤的深度     E. 探头移动的速度

（9）在 A 型探伤中，F 波幅度较高，与 T 波的距离较接近，说明_____。

    A. 缺陷横截面面积较大，且较接近探测表面

    B. 缺陷横截面面积较大，且较接近底面

    C. 缺陷横截面面积较小，但较接近探测表面

    D. 缺陷横截面面积较小，但较接近底面

（10）在工业无损探伤领域，钢板深部的缺陷检查宜采用_____探伤。

    A. 电涡流　　　　　B. 超声波　　　　　C. 磁粉探伤　　　　D. 荧光染色法

10-2　在超声波流量测量中，流体密度 $\rho = 0.9\ \text{t/m}^3$，管道直径 $D = 1\ \text{m}$，$\alpha = 45°$，测得 $\Delta f = 10\ \text{Hz}$，求：

（1）管道横截面面积 $A$；（2）流体流速 $v$；（3）体积流量 $qv$；（4）质量流量 $q_m$；（5）1 h 的累积流量 $q_{总}$。

10-3　利用 A 型探伤仪测量某一根钢制 $\phi 0.5\ \text{m}$、长约数米的轴的长度，从图 10-25 的显示器中测得 B 波与 T 波的时间差 $t_\delta = 1.2\ \text{ms}$，求轴的长度。

10-4　什么是超声波?超声波有哪些传播特性?

10-5　为什么可闻声波（如说话的声音）不适合检测领域而超声波可以?

10-6　超声波探头发生超声波与接收超声波的原理分别是什么?

10-7　超声波探头主要有哪些类型？它们各自有什么特点?

10-8　超声波传感器都可以应用在哪些场合？请举例说明。

10-9　超声波无损探伤有哪些优点?

10-10　简述 A 型超声波探伤的探伤原理，并说明各波所表示的含义。

10-11　查阅"铁路轨道探伤小车"相关资料，论述轨道探伤小车的探伤原理、操作规程及轨道探伤技术要求。

10-12　利用自己所学知识分析汽车倒车雷达防撞系统工作原理，如图 10-30 所示，该装置还可以有其他哪些用途?

图 10-30　汽车倒车雷达示意图

# 模块十一　数字式位置传感器

## 学习目标

1. 了解数字式位置测量技术，掌握绝对式测量和增量式测量的特点；
2. 掌握角编码器的分类、测量原理及应用，具备一定的角编码器选型、安装及调试能力；
3. 掌握光栅传感器的类型及位移测量原理，熟悉光栅传感器的维护要求及应用特点；
4. 了解磁栅传感器、容栅传感器的应用特点及技术发展，熟悉磁栅、容栅与光栅的区别。

## 思政素养

了解我国光栅技术的发展历程，增强学生的民族自豪感，培养学生的责任意识、职业素养及创新精神。

## 任务引领

数字式位置传感器既可以有很高的精度，也可以测量很大的位移量，它的直线位移分辨力可达 0.1 μm，角位移分辨力可达 0.1″。在数控机床应用与维护工作中，如果机床的直线轴运行中出现故障报警，你如何根据机床的位置检测原理进行故障排查及设备维护呢？光栅传感器作为位置检测元件，如何去检查光栅尺及读数头的距离、安装位置、读数头是否清洁等问题呢？在自动化生产中，如果需要在加工盘上实现定位加工，在加工盘主轴上安装角编码器可以实现零件位置编码，你是否熟悉角编码器的类型及选用方法呢？如果需要对传统加工机床进行设计改造，在原有的机械结构基础上，你能否通过所学数字式位置传感器的知识进行升级方案制定、传感器选型……

## 知识背景

本模块主要介绍用于角位移测量的角编码器的结构类型及测量原理、光栅传感器的分类及结构、辨向及细分技术、容栅及磁栅传感器。数字式位置传感器包括直线位置传感器和旋转式位置传感器。一方面应用于测量工具中，使传统的游标卡尺、千分尺、高度仪实现了数显化，使读数过程方便准确；另一方面还广泛应用于数控机床中，通过测量机床工作台、刀架等运动部件的位移进行位置伺服控制。几十年来，世界各国都在致力于发展数字位置测量技术，寻找最理想的测量元件和信息处理技术。早在 1874 年，物理学家瑞利就发现了构成计量光栅基础的莫尔条纹，直到 20 世纪 50 年代初，英国 FERRANTI 公司才成功地将计量光栅用于数控铣床。20 世纪 60 年代末，日本索尼公司发明了磁栅数显系统，20 世纪 90 年代初，瑞士 SYLVAC 公司又推出了容栅数显系统。通过本模块的学习，你会知道角编码器可以用于测量转速、加工定位及刀库选刀控制、电动机转子磁极位置测量等；你会知道什么是光栅，结构有什么特点；你会知道为什么要辨向和细分；你会了解数控机床的工作台位移测量原理……

# 单元一　角编码器

角编码器又称码盘，是一种旋转式位置传感器，它的转轴通常与被测轴连接，随被测轴一起转动，如图 11-1 所示。角编码器能将被测轴的角位移转换成二进制编码或一串脉冲信号，它是把角位移采集、转换为可以通信、传输和存储的信号形式的设备。角编码器按照读出方式可以分为接触式和非接触式两种；按照工作原理又可分为增量式和绝对式两类。

伺服编码器

直线编码器（光栅尺）

**图 11-1　角编码器在运动控制系统中的应用**

增量式测量的特点是只能获得位移增量，移动部件每移动一个基本长度单位，位置传感器便发出一个测量信号，此信号通常为脉冲形式。这样，一个脉冲所代表的基本长度单位就是分辨力，对脉冲计数便可得到位移量。增量式位置传感器必须有一个零位标志，作为测量起点的标志。即使如此，如果中途断电，增量式位置传感器仍然无法获知移动部件的绝对位置。绝对式位置传感器的特点是，每一个被测点都有一个对应的编码，常以二进制数据形式来表示。绝对式测量即使断电后重新上电，也能读出当前位置的数据。典型的绝对式位置传感器有绝对式角编码器，这种角编码器所对应的每个角度都有一组二进制数据与之对应。能分辨的角度值越小，所要求的二进制位数就越多，角编码器的结构就越复杂。

## 一、角编码器的分类

（1）按码盘的结构和检测方式不同分类。

① 增量型：每转过一个基本角度单位就发出一个脉冲信号，通常为 A 相、B 相、C 相输出，A 相、B 相为相互延迟 1/4 周期的脉冲输出，根据延迟关系可以区别正反转，C 相为单圈脉冲，即每圈发出一个脉冲，作为测量的参考基准。

② 绝对型：对应码盘的一圈，每个基本角度单位发出一个唯一与该角度对应的二进制数据，通过外部记圈器件可以进行多个位置的记录和测量。

（2）按角编码器的工作原理可分为：光电式、触点电刷式和磁电式等。

（3）按编码器的机械安装形式分类。

① 轴型安装［见图11-2（a）］：轴型又可分为夹紧法兰型、同步法兰型和伺服安装型等。

② 轴套型安装［见图11-2（b）］：轴套型又可分为半空型、全空型和大口径型等。

（a）轴型安装　　　　（b）轴套型安装

图 11-2　角编码器的安装形式

## 二、绝对式编码器

绝对式编码器按照角度直接进行编码，可直接把被测转角用数字代码表示出来。根据内部结构和检测方式有接触式、光电式等形式。

### （一）接触式编码器

图 11-3 所示为 4 位二进制接触式编码器结构。它是在一个不导电基体上做成许多有规律的导电金属区，其中阴影部分为导电区，用"1"表示，其他部分为绝缘区，用"0"表示。

（a）电刷在码盘上的位置　　（b）4 位 8421 二进制码盘　　（c）4 位格雷码码盘

1—码盘；2—转轴；3—导电体；4—绝缘体；5—电刷；6—激励公用轨道（接电源正极）。

图 11-3　接触式码盘

分辨的角度 $\alpha$（即分辨力）为

$$\alpha = 360°/2^n \tag{11-1}$$

$$分辨率 = 1/2^n \tag{11-2}$$

思考：码道越多，位数 $n$ 越大，所能分辨的角度 $\alpha$ 就越小？

若要提高分辨力，就必须增加码道数，即二进制位数。

例：某 12 码道的绝对式角编码器，其每圈的位置数为 $2^{12} = 4\,096$，能分辨的角度为 $\alpha = 360°/2^{12} = 5.27'$；

若为 13 码道，则能分辨的角度为 $\alpha = 360°/2^{13} = 2.64'$。

## （二）绝对式光电编码器

绝对式光电编码器与接触式编码器结构类似，只是其中的黑白区域不表示导电区和绝缘区，而是表示透光或不透光区。黑的区域表示不透光区，用"0"表示；白的区域为透光区，用"1"表示。这样，在任意的角度都有对应的二进制编码。

绝对式光电编码器（见图 11-4）的特点是没有接触磨损、允许转速高。码盘材料通常采用不锈钢薄板、玻璃码盘。

图 11-4  四码道光电编码器示意图

## 三、增量式编码器

增量式光电码盘结构示意图如图 11-5 所示。光电码盘与转轴连在一起。码盘可用玻璃材料制成，表面镀上一层不透光的金属铬，然后在边缘制成向心的透光狭缝。透光狭缝在码盘圆周上等分，数量从几百条到几千条不等。这样，整个码盘圆周上就被等分成 $n$ 个透光的槽。增量式光电码盘也可用不锈钢薄板制成，然后在圆周边缘切割出均匀分布的透光槽。

（a）外形          （b）内部结构

1—转轴；2—发光二极管；3—光栏板；4—零标志位光槽；5—光敏元件；
6—码盘；7—电源及信号线连接座图。

图 11-5  增量式光电码盘结构示意图

光电码盘的光源最常用的是自身有聚光效果的发光二极管。当光电码盘随工作轴一起转动时，光线透过光电码盘和光栏板狭缝，形成忽明忽暗的光信号。光敏元件把此光信号转换成电脉冲信号，通过信号处理电路后，向数控系统输出脉冲信号，也可由数码管直接显示位移量。

光电编码器的测量准确度与码盘圆周上的狭缝条纹数 $n$ 有关，能分辨的角度 $\alpha$ 为

$$\alpha = 360°/n \tag{11-3}$$

$$分辨率 = 1/n \tag{11-4}$$

码盘边缘的透光槽数为 1 024 个，则能分辨的最小角度 $\alpha = 360°/1\,024 = 0.352°$。

为了判断码盘旋转的方向，必须在光栏板上设置两个狭缝，其距离是码盘上的两个狭缝距离的 $(m + 1/4)$ 倍，$m$ 为正整数，并设置了两组对应的光敏元件，如图 11-5 中的 A、B 光敏元件，有时也称为 cos、sin 元件。光电编码器的输出波形如图 11-6 所示。为了得到码盘转动的绝对位置，还须设置一个基准点，如图 11-5 中的"零位标志槽"。码盘每转一圈，零位标志槽对应的光敏元件产生一个脉冲，称为"一转脉冲"，见图 11-6 中的 $C_0$ 脉冲。

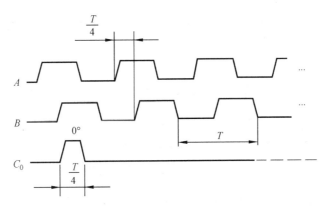

**图 11-6　光电编码器的输出波形**

## 四、角编码器的应用

在现代工业控制领域中，对于回转及往复运动机构，更高的精度意味着更低的控制成本及更高的生产效率，提高设备的精度、引入闭环是非常常用和有效的控制手段，对于电机等回转机构而言，编码器的引入是作为闭环控制的最常用的手段，所以我们在设备的驱动端和负载终端会经常看到编码器的身影。从行业来看，电梯、机床和伺服电机配套是角编码器的重点应用领域，占整体应用市场 53% 的市场份额。角编码器在医疗机械、风电、汽车生产线、混合动力汽车、水利、轨道交通等领域也有一定应用，但应用比例较低。

目前绝对值编码器的价格大约是增量型编码器的 4 倍以上，国内市场上 70% 的应用是价格相对经济的增量型编码器，主要应用在如包装、纺织、电梯等行业中仅要求测量转速及对绝对位置测量要求不高的机器设备上。而在高精度机械设备或钢铁、港口及起重等重工业行业，由于对测量的精度要求相对较高，更多情况会使用绝对值编码器。随着机械设备自动化程度的提高，编码器产品的应用领域也越来越广泛，客户已不再满足于编码器仅能将物理的

旋转信号转换为电信号，还要求编码器集成度更高，产品更加耐用，并且希望能在绝对值编码器中出现更丰富的接口方式，使更多的设备实现智能化。

（一）数字测速

增量式角编码器的输出信号是脉冲形式，因此，可以通过测量脉冲频率或周期的方法来测量转速。角编码器可代替测速发电机的模拟测速，而成为数字测速装置。

在一定的时间间隔 $t_s$ 内（又称闸门时间，如 10 s、1 s、0.1 s 等），用角编码器所产生的脉冲数来确定速度的方法称为 M 法测速（见图 11-7）。

（a）M 法测速

（b）T 法测速

**图 11-7　M 法和 T 法测速原理**

若角编码器每转产生 $N$ 个脉冲，在闸门时间间隔 $t_s$ 内得到 $m_1$ 个脉冲，则角编码器所产生的脉冲频率 $f$ 为

$$f = \frac{m_1}{t_s} \tag{11-5}$$

则转速 $n$（单位为 r/min）为

$$n = 60\frac{f}{N} = 60\frac{m_1}{t_s N} \tag{11-6}$$

**例 11-1**　某角编码器的指标为 2 048 个脉冲/r（即 $N$ = 2 048 p/r），在 0.2 s 时间内测得 8K 脉冲（1K = 1 024），即 $t_s$ = 0.2 s，$m_1$ = 8K = 8 192 个脉冲，$f$ = 4 096/0.2 s = 20 480 Hz，求转速 $n$。

**解**　角编码器轴的转速为

$$n = 60\frac{m_1}{t_s N} = 60\frac{8\ 192}{2\ 048 \times 0.2}\ \text{r/min} = 1\ 200\ \text{r/min}$$

适合于 M 法测速的场合：要求转速较快，否则计数值较少，测量准确度较低。

例如，角编码器的输出脉冲频率 $f$ = 1 000 Hz，闸门时间 $t_s$ = 1 s 时，测量精度可达 0.1%

左右；而当转速较慢时，角编码器输出脉冲频率较低，±1 误差（多或少计数一个脉冲）将导致测量精度的降低。

闸门时间 $t_s$ 的长短对测量精度的影响：

$t_s$ 取得较长时，测量精度较高，但不能反映速度的瞬时变化，不适合动态测量；$t_s$ 也不能取得太小，以至于在 $t_s$ 时段内得到的脉冲太少，而使测量精度降低。例如，脉冲的频率 $f$ 仍为 1 000 Hz，$t_s$ 缩短到 0.01 s 时，此时的测量准确度将降到 10% 左右。

（二）工位编码

由于绝对式编码器每一转角位置均有一个固定的编码输出，若编码器与转盘同轴相连，则转盘上每一工位安装的被加工工件均可以有一个编码相对应，转盘工位编码如图 11-8 所示。当转盘上某一工位转到加工点时，该工位对应的编码由编码器输出给控制系统。

要使处于工位 4 上的工件转到加工点等待钻孔加工，计算机就控制电动机通过带轮带动转盘逆时针旋转。与此同时，绝对式编码器（假设为 4 码道）输出的编码不断变化。设工位 1 的绝对二进制码为 0000，当输出从工位 3 的 0100，变为 0110 时，表示转盘已将工位 4 转到加工点，电动机停转。如果安装增量式光电编码器，其参数为 1 024 p/r，大、小皮带轮的传动比为 5，若希望加工工件 1 后紧接着加工元件 8，在控制系统接收到光电编码器输出的 640 脉冲时，电动机停转。

1—绝对式编码器；2—电动机；3—转轴；
4—转盘；5—工件；6—刀具。

**图 11-8  转盘工位编码**

（三）在交流伺服电动机中的应用

交流伺服电动机是当前伺服控制中最新技术之一。交流伺服电动机的运行需要角度位置传感器，以确定各个时刻转子磁极相对于定子绕组转过的角度，从而控制电动机的运行，如图 11-9 所示。编码器安装在伺服电机上用来测量磁极位置和伺服电机转角及转速，编码器在交流伺服电动机控制中起了 3 方面作用：① 提供电动机定、转子之间相互位置数据；② 提供速度反馈信号；③ 提供传动系统的角位移信号。绝对式编码器在定位方面明显地优于增量式编码器，已经越来越多地应用于伺服电机上。绝对式编码器因其高精度，输出位数较多，如仍用并行输出，其每一位输出信号必须确保连接很好，对于较复杂工况还要隔离，连接电缆芯数多，由此带来诸多不便和降低可靠性。

（四）在加工中心刀库选刀控制中的应用

数控机床的刀库系统是加工中心自动化加工过程中需储刀和换刀的一种装置，主要由刀库和换刀机构构成。刀库主要提供储刀位置，并能依程式控制正确选择刀具加以定位，以进行刀具交换。换刀机构则是执行刀具交换的动作，刀库和换刀机构必须同时存在。角编码器在数控加工中心的刀库选刀控制中得到了广泛的应用，图 11-10 所示为数控加工中心刀库装置。

图 11-9　编码器在交流伺服电动机中的应用

图 11-10　数控加工中心刀库选刀控制

# 单元二　光栅传感器

光栅传感器

光栅传感器（Grating senser）指采用光栅莫尔条纹原理测量位移的传感器。光栅是在一块长条形的光学玻璃上密集等间距平行的刻线，刻线密度为 10～100 线/毫米。由光栅形成的莫尔条纹具有光学放大作用和误差平均效应，因而能提高测量精度。传感器由标尺光栅、指示光栅、光路系统和测量系统 4 部分组成。标尺光栅相对于指示光栅移动时，便形成大致按正弦规律分布的明暗相间的莫尔条纹。这些条纹以光栅的相对运动速度移动，并直接照射到光电元件上，在它们的输出端得到一串电脉冲，通过放大、整形、辨向和计数系统产生数字信号输出，直接显示被测的位移量。

光栅传感器的光路形式有两种：一种是透射式光栅，栅线刻在透明材料（如工业用白玻璃、光学玻璃等）上；另一种是反射式光栅，栅线刻在反射性强的金属（不锈钢）或玻璃镀金属膜（铝膜）上。光栅传感器的优点是量程大、精度高。光栅传感器应用在数控机床和三坐标测量机构中，可测量静、动态的直线位移和角位移，在机械振动测量、变形测量等领域也有应用。

## 一、光栅的类型和结构

光栅可分为物理光栅和计量光栅，物理光栅主要是利用光的衍射现象，常用于光谱分析和光波波长测定，而在检测中常用的是计量光栅。计量光栅是利用光的透射和反射现象，常用于位移测量，可具备很高的分辨力。计量光栅的脉冲读数速率可达每毫秒几百次之高，非常适用于动态测量。

计量光栅分为透射式光栅和反射式光栅两大类，均由光源、光栅副、光敏元件 3 大部分组成。光敏元件可以是光敏二极管，也可以是光电池。透射式光栅结构用光学玻璃做基体，在其上均匀地刻画出间距、宽度相等的条纹，形成连续的透光区和不透光区，如图 11-11（a）所示。反射式光栅使用不锈钢做基体，在其上用化学方法制出黑白相间的条纹，形成反光区和不反光区，如图 11-11（b）所示。

（a）透射式光栅　　　　　　　　　　（b）反射式光栅

1—光源；2—透镜；3—指示光栅；4—标尺光栅；5—光敏元件。

**图 11-11　计量光栅的分类示意图**

计量光栅按形状分为长光栅和圆光栅。长光栅用于直线位移测量，故又称直线光栅，圆光栅用于角位移测量。图 11-12 为直线光栅安装示意图及内部结构剖面图。

（a）内部结构剖面图　　　　　　　　（b）安装示意图

1—铝合金定尺尺身外壳；2—读数头；3—电缆；4—带聚光镜的 LED；5—主光栅；
6—指示光栅；7—光敏元件；8—密封唇；9—信号调理电路；10—安装槽。

**图 11-12　直线光栅的结构及外观**

计量光栅由标尺光栅（主光栅）和指示光栅组成。标尺光栅和指示光栅之间保持很小的间隙（0.05 mm 或 0.1 mm）。在长光栅中标尺光栅固定不动，而指示光栅安装在运动部件上，所以两者之间形成相对运动。在圆光栅中，指示光栅通常固定不动，而标尺光栅随轴转动。

在光栅尺上，$a$ 为栅线宽度，$b$ 为栅缝宽度，$W = a + b$ 称为光栅常数，或称栅距。通常 $a = b = W/2$，栅线密度通常有 10 线/mm、25 线/mm、50 线/mm、100 线/mm 和 200 线/mm 等几种。对于圆光栅来说，两条相邻刻线的中心线之夹角称为角节距，每周的栅线数从较低精度的 100 线到高精度等级的 21 600 线不等。例如某一长光栅的栅线密度为 25 线/mm，求栅距 $W$（可视为分辨力）：$W = 1 \text{ mm}/25 \text{ 线} = 0.04 \text{ mm/线} = 4 \text{ μm/线}$。

无论长光栅还是圆光栅，由于刻线很密，如果不进行光学放大，则不能直接用光敏元件来测量光栅移动所引起的光强变化，必须采用下述的莫尔条纹来放大栅距。

## 二、光栅与莫尔条纹

如果将两块竖直方向印有等间隔黑条（1 mm/条）的有机玻璃叠合在一起，可以看到，在水平方向出现较宽的黑条，黑条的间距随两块玻璃的角度而变化，可以大到 50 mm。这种黑白条纹随两块玻璃的水平相对运动而上下移动。

在透射式直线光栅中，指示光栅与主光栅相对叠合在一起，两者保持很小的间隙，并使栅线保持很小的夹角 $\theta$。在两光栅的刻线重合处，光从缝隙透过形成亮带，在两光栅刻线的错开处，由于相互挡光作用形成暗带。这种亮带和暗带形成明暗相间的条纹称为莫尔条纹，如图 11-13 所示。

**图 11-13　莫尔条纹示意图**

在光栅的适当位置安装 2 只光敏元件（有时为 4 只）。当指示光栅沿 $x$ 轴自左向右移动时，莫尔条纹的亮带和暗带将顺序自下而上不断地掠过光敏元件。光敏元件"观察"到莫尔条纹的光强变化近似于正弦波变化。光栅移动一个栅距 $W$，光强变化一个周期。光敏元件随着两块玻璃的水平相对运动，而输出连续的正弦波，如图 11-14 所示。

由于光栅的刻线非常细微（例如上例中的 4 μm），如果只用一块玻璃，光敏元件很难直接分辨到底从面前移动过去了多少个栅距。利

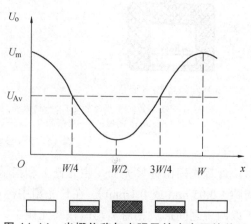

**图 11-14　光栅位移与光强及输出电压的关系**

用能放大栅距的莫尔条纹的价值在于莫尔条纹的黑白条纹比栅距大几十倍，所以能让光敏元件"看清"随光栅刻线移动所带来的光强变化。

莫尔条纹的间距是放大了的光栅栅距，它随着指示光栅与主光栅刻线夹角而改变。由于$\theta$很小，所以其关系可用下式表示

$$L = W/\sin\theta \approx W/\theta \qquad (11\text{-}7)$$

式中，$L$为莫尔条纹间距；$W$为光栅栅距；$\theta$为两光栅刻线夹角，必须以弧度（rad）为单位，式（11-7）才能成立。

从式（11-7）可知，$\theta$越小，$L$越大，相当于把微小的栅距扩大了$1/\theta$。由此可见，计量光栅起到光学放大器的作用。

例：对25线/mm的长光栅而言，$W = 0.04$ mm。若$\theta = 0.016$ rad，则$L = 2.5$ mm，光敏元件可以分辨这2.5 mm的间隔，但若不采用两块玻璃组成莫尔条纹的光学放大，则无法分辨0.04 mm的间隔。

莫尔条纹的特征：

（1）误差平均效应。莫尔条纹能在很大程度上消除光栅刻线不均匀引起的误差。

（2）光学放大作用。莫尔条纹间距$L$是放大了的光栅栅距。

（3）对应关系。两光栅相对移动一个栅距，莫尔条纹移动一个条纹间距；莫尔条纹方向近似垂直于栅线方向，光栅反向移动，莫尔条纹亦反向移动。

## 三、辨向及细分技术

### （一）辨向原理

如果传感器只安装一套光电元件，则在实际应用中，无论光栅作正向移动还是反向移动，光敏元件都产生相同的正弦信号，是无法分辨移动方向的。为此，必须设置辨向电路。例如人有两只耳朵，它们的输出信号经大脑处理后，可以判断脑后物体移动的左右方向。

通常可以在沿光栅线的$y$方向上相距$(m \pm 1/4)L$（相当于电相角1/4周期）的距离上设置sin和cos两套光电元件（见图11-15中的sin位置和cos位置）。这样就可以得到两个相位相差$\pi/2$的电信号$u_{\sin}$和$u_{\cos}$，经放大、整形后得到$u'_{\sin}$和$u'_{\cos}$两个方波信号，分别送到计算机的两路接口，由计算机判断两路信号的相位差。当指示光栅向右移动时，$u_{\sin}$滞后于$u_{\cos}$；当指示光栅向左移动时，$u_{\sin}$超前于$u_{\cos}$。计算机据此判断指示光栅的移动方向。

（a）光栅位移与光强及输出电压的关系

（b）整形后方波的上升沿和下降沿

（c）

**图 11-15  sin 和 cos 光敏元件的输出电压波形及细分脉冲**

### （二）细分技术

细分技术又称倍频技术。如将光敏元件的输出电信号直接计数，则光栅的分辨力只有一个 $W$ 的大小。为了能够分辨比 $W$ 更小的位移量，必须采用细分电路。细分电路能在不增加光栅刻线数（线数越多，成本越昂贵）的情况下提高光栅的分辨力。该电路能在一个 $W$ 的距离内等间隔地给出 $n$ 个计数脉冲，如图 11-15（c）所示。细分后计数脉冲的频率是原来的 $n$ 倍，传感器的分辨力就会有较大的提高。通常采用的细分方法有 4 倍频法、16 倍频法等，可通过专用集成电路来实现。

**例 11-2**  细分数 $n = 4$，光栅刻线数 $N = 100$ 根/mm，求细分后光栅的分辨力 $\Delta$。

**解**  栅距 $W = 1/N = (1/100)$ mm $= 0.01$ mm

$$\Delta = W/n = (0.01/4) \text{ mm} = 0.002\,5 \text{ mm} = 2.5 \text{ μm}$$

由此可见，光栅通过 4 细分电路处理后，相当于将原光栅的分辨力提高了 3 倍。

### （三）零位光栅

在增量式光栅中，为了寻找坐标原点、消除误差积累，在测量系统中需要有零位标记（位移的起始点），因此在光栅尺上除了主光栅刻线外，还必须刻有零位基准的零位光栅，以形成零位脉冲，又称参考脉冲。把整形后的零位信号作为计数开始的条件。

### （四）轴环式数显表

图 11-16 是 ZBS 型轴环式光栅数显表示意图。它的主光栅用不锈钢圆薄片制成，可用于角位移的测量。

在轴环式数显表中，定片（指示光栅）固定，动片（主光栅）可与外接旋转轴相连并转动。动片边沿被均匀地镂空出 500 条透光条纹，见图 11-16（b）的 A 放大图。定片为圆弧形薄片，在其表面刻有两组与动片相同间隔的透光条纹（每组 3 条），定片上的条纹与动片上的

条纹成一角度 $\theta$。两组条纹分别与两组红外发光二极管和光敏三极管相对应。当动片旋转时，产生的莫尔条纹亮暗信号由光敏三极管接收，相位正好相差 $\pi/2$，即第一个光敏三极管接收到正弦信号，第二个光敏三极管接收到余弦信号。经整形电路处理后，两者仍保持相差 1/4 周期的相位关系。再经过细分及辨向电路，根据运动的方向来控制可逆计数器做加法或减法计数，测量电路框图如图 11-16（c）所示。测量显示的零点由外部复位开关完成。光栅型轴环式数显表可以安装在中小型机床的进给手轮（刻度轮）的位置，可以直接读出进给尺寸，减少停机测量的次数，从而提高工作效率和加工精度。

（a）外形　　　　　　　　　　　　（b）内部结构

（c）测量电路框图

1—电源线（＋5 V）；2—轴套；3—数字显示器；4—复位开关；5—主光栅；
6—红外发光二极管；7—指示光栅；8—sin 光敏三极管；9—cos 光敏三极管。

**图 11-16　ZBS 型轴环式数显表**

## 四、光栅传感器的应用

光栅传感器（简称光栅尺）经常应用于数控机床的闭环伺服系统中，可用作直线位移或角位移的检测。光栅尺作为数控机床的直线位移检测元件，相当于人的"眼睛"，"监视"直线轴在执行数控系统的移动指令后，该直线轴是否真正准确地运行到数控系统指令所要求的位置。光栅尺的外观如图 11-17 所示，其测量输出的信号为数字脉冲，具有检测范围大，检测精度高，响应速度快的特点。例如，在数控机床中常用于对刀具和工件的坐标进行检测，来观察和跟踪走刀误差，以起到一个补偿刀具的运动误差的作用。直线光栅尺对数控机床各直线坐标轴进行全闭环控制，减少了半闭环控制系统因机床传动机构产生的传动误差、传动机构在高速运转时产生的热变形误差及传动系统在高速运转时磨损引起的误差等等，提高了机床的定位精度、重复定位精度和精度可靠性，作为提高数控机床定位精度的关键部件，越来越受到用户的青睐。

图 11-17　光栅尺外观

光栅传感器的安装比较灵活，如图 11-18 为光栅尺结构图，可以根据机床直线位移测量的自由度需要安装在不同部位，如图 11-19 所示。

图 11-18　光栅尺结构图

图 11-19　光栅尺在数控机床上的安装位置

一般将主尺安装在机床的工作台（滑板）上，随机床走刀而动，读数头固定在床身上，尽可能使读数头安装在主尺的下方。其安装方式的选择必须注意切屑、切削液及油液的溅落方向。如果由于安装位置限制必须采用读数头朝上的方式安装时，则必须增加辅助密封装置。另外，一般情况下，读数头应尽量安装在相对机床静止的部件上，此时输出导线不移动易固定，而尺身则应安装在相对机床运动的部件上（如滑板）。

（一）光栅尺线位移传感器安装基面

安装光栅尺传感器时，不能直接将传感器安装在粗糙不平的机床身上，更不能安装在打底涂漆的机床身上。光栅主尺及读数头分别安装在机床相对运动的两个部件上。用千分表检查机床工作台的主尺安装面与导轨运动的方向平行度。千分表固定在床身上，移动工作台，要求达到平行度为 0.1 mm/1 000 mm 以内。如果不能达到这个要求，则需设计加工一件光栅尺基座。

基座要求做到：① 应加一根与光栅尺尺身长度相等的基座（最好基座长出光栅尺 50 mm 左右）；② 该基座通过铣、磨工序加工，保证其平面平行度在 0.1 mm/1 000 mm 以内。另外，还需加工一件与尺身基座等高的读数头基座。读数头的基座与尺身的基座总共误差不得大于 ±0.2 mm。安装时，调整读数头位置，达到读数头与光栅尺尺身的平行度为 0.1 mm 左右，读数头与光栅尺尺身之间的间距为 1 ~ 1.5 mm。

（二）光栅尺线位移传感器主尺安装

将光栅主尺用 M4 螺钉上在机床安装的工作台安装面上，但不要上紧，把千分表固定在床身上，移动工作台（主尺与工作台同时移动）。用千分表测量主尺平面与机床导轨运动方向的平行度，调整主尺 M4 螺钉位置，使主尺平行度满足 0.1 mm/1 000 mm 以内时，把 M2 螺钉彻底上紧。

在安装光栅主尺时，应注意如下 3 点：

（1）在装主尺时，如安装超过 1.5M 以上的光栅时，不能像桥梁式只安装两端头，尚需在整个主尺尺身中有支撑。

（2）在有基座情况下安装好后，最好用一个卡子卡住尺身中点（或几点）。

（3）不能安装卡子时，最好用玻璃胶粘住光栅尺身，使基尺与主尺固定好。

（三）光栅尺线位移传感器读数头的安装

在安装读数头时，首先应保证读数头的基面达到安装要求，然后再安装读数头，其安装方法与主尺相似。最后调整读数头，使读数头与光栅主尺平行度在 0.1 mm 之内，其读数头与主尺的间隙控制在 1 ~ 1.5 mm 以内。

（四）光栅尺线位移传感器限位装置

光栅线位移传感器全部安装完以后，一定要在机床导轨上安装限位装置，以免机床加工产品移动时读数头冲撞到主尺两端，从而损坏光栅尺。另外，用户在选购光栅线位移传感器时，应尽量选用超出机床加工尺寸 100 mm 左右的光栅尺，以留有余量。

（五）光栅尺线位移传感器检查

光栅线位移传感器安装完毕后，可接通数显表，移动工作台，观察数显表计数是否正常。

在机床上选取一个参考位置，来回移动工作点至该选取的位置。数显表读数应相同（或回零）。另外也可使用千分表（或百分表），使千分表与数显表同时调至零（或记忆起始数据），往返多次后回到初始位置，观察数显表与千分表的数据是否一致。

通过以上工作，光栅尺线位移传感器的安装就完成了。但对于一般的机床加工环境来讲，铁屑、切削液及油污较多。因此，传感器应附带加装护罩，护罩的设计是按照传感器的外形截面放大留一定的空间尺寸确定，护罩通常采用橡皮密封，使其具备一定的防水防油能力。

（六）光栅尺使用注意事项

（1）光栅尺传感器与数显表插头座插拔时应关闭电源后进行。

（2）尽可能外加保护罩，并及时清理溅落在尺上的切屑和油液，严格防止任何异物进入光栅尺传感器壳体内部。

（3）定期检查各安装连接螺钉是否松动。

（4）为延长防尘密封条的寿命，可在密封条上均匀涂上一薄层硅油，勿溅落在玻璃光栅刻画面上。

（5）为保证光栅尺传感器使用的可靠性，可每隔一定时间用乙醇混合液（各50%）清洗擦拭光栅尺面及指示光栅面，保持玻璃光栅尺面清洁。

（6）光栅尺传感器严禁剧烈震动及摔打，以免破坏光栅尺，如光栅尺断裂，光栅尺传感器即失效了。

（7）不要自行拆开光栅尺传感器，更不能任意改动主栅尺与副栅尺的相对间距，否则一方面可能破坏光栅尺传感器的精度；另一方面还可能造成主栅尺与副栅尺的相对摩擦，损坏铬层也就损坏了栅线，从而造成光栅尺报废。

（8）应注意防止油污及水污染光栅尺面，以免破坏光栅尺线条纹分布，引起测量误差。

（9）光栅尺传感器应尽量避免在有严重腐蚀作用的环境中工作，以免腐蚀光栅铬层及光栅尺表面，破坏光栅尺质量。

# 单元三　磁栅传感器概述

磁栅传感器和
容栅传感器

磁栅传感器（Magnetic grating senser）是利用磁栅与磁头的感应原理进行测量的位移传感器。它是一种新型的数字式传感器，成本较低且便于安装和使用。当需要时，可将原来的磁信号（磁栅）抹去，重新录制。还可以安装在机床上后再录制磁信号，这对于消除安装误差和机床本身的几何误差，以及提高测量精度都是十分有利的。并且可以采用激光定位录磁，而不需要采用感光、腐蚀等工艺，因而精度较高，可达 $\pm 0.01$ mm/m，分辨力为 $1 \sim 5$ μm。磁栅与其他类型的位置检测元件相比，结构简单，录磁方便，测量范围宽（可达十几米），但要注意防止退磁和定期更换磁头。

磁栅分为长磁栅和圆磁栅。长磁栅用于直线位移测量，圆磁栅主要用于角位移测量。

## 一、磁栅结构

磁栅由磁尺、磁头和信号处理电路组成，磁栅传感器的测量原理如图 11-20 所示。

（一）磁　尺

磁尺按基体形状有带状磁尺、线状磁尺（又称同轴型）和圆形磁尺。

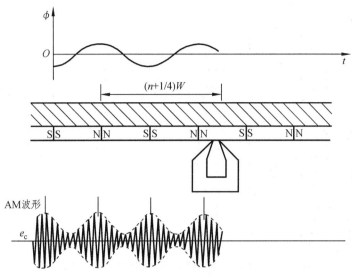

图 11-20　磁栅传感器的测量原理

通过录磁磁头在磁尺上录制出节距严格相等的磁信号作为计数信号。节距（栅距）$W$ 通常为 0.05 mm、0.1 mm、0.2 mm。

## （二）磁　头

磁头有动态磁头（速度响应式磁头）和静态磁头（磁通响应式磁头）两种。动态磁头有一个输出绕组，只有在磁头和磁栅产生相对运动时才能有信号输出。静态磁头有激磁和输出两个绕组，它与磁栅相对静止时也能有信号输出。静态磁头是用铁镍合金片叠成的有效截面不等的多间隙铁心。激磁绕组的作用相当于一个磁开关。当对它加以交流电时，铁心截面较小的那一段磁路每周两次被激励而产生磁饱和，使磁栅所产生的磁力线不能通过铁心。只有当激磁电流每周两次过零时，铁心不被饱和，磁栅的磁力线才能通过铁心。此时输出绕组才有感应电势输出。其频率为激磁电流频率的两倍，输出电压的幅度与进入铁心的磁通量成正比，即与磁头相对于磁栅的位置有关。磁头制成多间隙是为了增大输出，而且其输出信号是多个间隙所取得信号的平均值，因此可以提高输出精度。静态磁头总是成对使用，其间距为 $(m+1/4)\lambda$，其中 $m$ 为正整数，$\lambda$ 为磁栅栅条的间距。两磁头的激励电流或相位相同，或相差 $\pi/4$。输出信号通过鉴相电路或鉴幅电路处理后可获得正比于被测位移的数字输出。

为了辨别磁头运动的方向，采用两只磁头（sin、cos 磁头）来拾取信号。它们相互距离为 $(m\pm1/4)W$，$m$ 为整数。为了保证距离的准确性，通常将两个磁头做成一体。

## 二、磁栅数显表及其应用

磁头、磁尺与专用磁栅数显示表配合，可用于检测机械位移量，其行程可达数十米，分辨力优于 1 μm，图 11-21 为 ZCB-101 鉴相型磁栅数显表的原理框图。

磁栅数显表具有直径/半径、公制/英制转换及显示功能、数据预置功能、断电记忆功能、超限报警功能、非线性误差修正功能、故障自检功能等。能同时测量 $x$、$y$、$z$ 3 个方向的位移。磁敏电阻磁头可不必设置励磁电路，检测速度提高，磁尺外观如图 11-22 所示。

**图 11-21　ZCB-101 鉴相型磁栅数显表的原理框图**

**图 11-22　磁尺外观图**

# 单元四　容栅传感器概述

容栅传感器是一种基于变面积工作原理，可测量大位移的电容式数字传感器。它与其他数字式位移传感器，如光栅、感应同步器等相比，具有体积小、结构简单、分辨力和准确度高、测量速度快、功耗小、成本低、对使用环境要求不高等突出的特点，因此在电子测量技术中占有十分重要的地位。随着测量技术向精密化、高速化、自动化、集成化、智能化、经济化、非接触化和多功能化方向的发展，容栅传感器的应用越来越广泛。因为它的电极排列如同栅状，故称此类传感器为容栅传感器。精度稍差，但造价低、耗电省，应用于电子数显卡尺、千分尺、高度仪、坐标仪和机床行程的测量中。

## 一、结构及工作原理

容栅传感器分为直线容栅、圆容栅和圆筒容栅。直线容栅和圆筒容栅用于直线位移的测量，圆容栅用于角位移的测量。

容栅传感器由动尺和定尺组成，两者保持很小的间隙 $\delta$，其结构简图如图 11-23 所示。一般用于数显卡尺的容栅的节距 $W = 0.635$ mm（25 毫英寸），最小分辨力为 0.01 mm，非线性误差小于 0.01 mm，在 150 mm 范围内的总测量误差为 0.02 ~ 0.03 mm。

1—反射电极；2—屏蔽电极；3—公共接收电极；4—发射电极。

**图 11-23  直线型容栅传感器结构简图**

容栅传感器的结构非常类似于平行板电容器，它是由一组排列成栅状结构的平行板电容器并联而成的，如果把随时间变化的周期信号，通过电子电路的控制，在同一瞬间以不同的相位分布，分别加载于顺序排列的栅状电容器各个栅极上，则在另一公共极板上，任一瞬间产生的感应信号将与该瞬间加载的激励信号具有相同的相位分布。

容栅传感器动栅、定栅各极板之间形成的电容的等效电路，设 $C_1(x)$，$C_2(x)$，$C_3(x)\cdots C_8(x)$ 为动栅上 48 块极板与定栅上相应极板所构成的电容量，它是位移 $x$ 的函数，假设小发射极板与反射极板完全覆盖时两者之间的电容为 $C_0$，每一块小发射极板的宽度为 $w$，当 $0 \leqslant x \leqslant w$ 时，$C_8(x) = C_0(x)/w$，$C_1(x) = C_2(x) = C_3(x) = C_0$，$C_4(x) = C_0(1 - x/w)$，$C_5(x) = C_6(x) = C_7(x) = 0$。由此可以得出整个量程中两极板之间的电容量随位移 $x$ 的变化规律。

在 $x$ 为任何值时，动栅上的 48 块极板中总有一部分与"地"（屏蔽板）形成电容，相应的输入信号源直接接入"地"，对传感器的输出信号不产生影响，可是为了导出 $\varphi(x)$（随位移量 $x$ 连续变化的统一公式），在推导中不考虑这些极板对"地"形成电容，而仍把它们看作对定栅板形成电容，只不过此时它们的电容量为零而已。由于这些电容量为零，则其阻抗为无穷大。相应的信号源全部落在这些电容上，同样，对传感器的输出信号无影响。

如果给容栅传感器每组发射极板上所加的发射电压 $V_1 \sim V_8$ 为 8 路频率、幅值相同而相邻小极板间相位相差为 π/4 的正弦交变电压，则在发射极上有电压 $V_f$，在接收极上有电压 $V_r$。

如果用 $V_0$ 表示各发射极电压的幅值，并取 8 路信号中的第 1 路信号的相位为参考值。可见，容栅传感器的输出电压是一频率与发射电压相同的正弦电压，其幅值在很小范围内变化，可近似看作一常数，而相位比 $V_1$ 超前了 π/4 + $\varphi(x)$。相位移 $\varphi(x)$ 可采用鉴相型测量电路测出，即可得到相对位移 $x$。可见容栅传感器是一种相位跟踪型的位移传感器，这种传感器对输入信号的幅值变化不敏感，故具有较好的抗干扰能力。

## 二、容栅传感器在数显尺中的应用

容栅定尺安装在尺身上，动尺与单片测量转换电路（专用 IC）安装在游标上，分辨力为

0.01 mm，重复精度 0.02 mm。可实现自动断电，因此 1.5 V 氧化银扣式电池可使用一年以上；通过复位按钮可在任意位置置零，消除累积误差。可通过公/英制转换钮实现公/英制转换，通过串行接口可与计算机或打印机相连，经软件处理，可对测量数据进行统计处理。

容栅传感器精度稍差，但造价低、耗电省，测量范围较光栅、磁栅小，广泛应用于电子数显卡尺、千分尺、高度仪、坐标仪和机床行程的测量中。如图 11-24、图 11-25、图 11-26 所示为基于容栅传感器原理的数显千分尺、数显测量台及数显测高仪。

图 11-24　数显千分尺　　　　图 11-25　数显测量台　　　　图 12-26　数显测高仪

在整个测量系统中，容栅传感器的主要作用是把机械位移量转变成电信号的相位变化量，然后送给测量电路进行数据处理。容栅传感器通过精密电压比较器 TLC354 进行控制，由继电器供电，由 CPU89C52 提供所需的激励信号，同时接收其感应信号，并通过鉴相型电路测量出激励信号与感应信号的相位差，经过一系列的变化，即可得出机械位移量。

 **展望角**

1958 年，我国自主研制国内第一台光栅刻划机，其光栅产品支持了我国第一颗原子弹爆炸试验的光谱分析工作。2007 年科技部以长春光机所为依托单位组建了"国家光栅制造与应用工程技术研究中心"（简称国家光栅工程中心）。2016 年研制成功的"大型高精度衍射光栅刻划系统"是世界上综合技术指标最高的大型高精度光栅刻划机系统，并利用该刻划机研制出了 400 mm×500 mm 世界最大面积中阶梯光栅。2020 年完成了基金委国家重大科研仪器设备研制专项"1.5 米扫描干涉场曝光系统"的研制任务，该系统具备制造最大面积单体无拼缝全息光栅的能力。通过国家重大科学仪器设备开发专项"高端全息光栅研发"项目和国家重点研发计划"紫外凸面光栅研发及应用"项目的实施，开发出多种国际先进水平的全息光栅产品，在替代进口的同时满足了我国光谱分析仪器自主创新对新型全息光栅的需求。国家光栅工程中心研制的高精度光栅已成功应用于"天问一号"火星表面成分探测、"羲和号"太阳 Hα望远镜、"风云三号"太阳辐照度探测等空间探测技术，同时也广泛应用于原子光谱仪、分子光谱仪及生化分析仪等各种民用高性能分析测试仪器。

近日，清华大学与国防科技大学团队合作提出了一种基于反射型二维光栅的外差式三自由度光栅干涉仪。团队自主设计具有高光敏度、高频差和高信噪比的双频激光系统，基于二维反射型光栅和采用创新的共光路设计，搭建三自由度位移测量系统，设计并优化外差信号相位检测算法，最终实现了亚纳米的测量分辨率和重复定位精度。这项工作将有效推动多自由度光栅精密定位技术的发展。

## 📋 课后思考与练习

11-1 单项选择题

（1）不能直接用于直线位移测量的传感器是_____。

    A. 长光栅     B. 长磁栅     C. 角编码器

（2）绝对式位置传感器输出的信号是_____，增量式位置传感器输出的信号是_____。

    A. 电流信号     B. 电压信号     C. 脉冲信号     D. 二进制编码

（3）有一只十码道绝对式角编码器，其分辨率为_____，能分辨的最小角位移为_____。

    A. $1/10$     B. $1/2^{10}$     C. $1/10^2$

    D. $3.6°$     E. $0.35°$     F. $0.01°$

（4）有一只 1 024 p/r 增量式角编码器，在零位脉冲之后，光敏元件连续输出 10241 个脉冲，则该编码器的转轴从零位开始转过了_____。

    A. 10 241 圈     B. 1/10 241 圈     C. 10 又 1/1 024 圈     D. 11 圈

（5）有一只 2 048 p/r 增量式角编码器，光敏元件在 30 s 内连续输出了 204 800 个脉冲。则该编码器转轴的转速为_____。

    A. 204 800 r/min     B. 60×204 800 r/min

    C.（100/30）r/min     D. 200 r/min

（6）某直线光栅每毫米刻线数为 50 线，采用四细分技术，则该光栅的分辨力为_____。

    A. 5 μm     B. 50 μm     C. 4 μm     D. 20 μm

（7）光栅中采用 sin 和 cos 两套光电元件是为了_____。

    A. 提高信号幅度     B. 辨向

    C. 抗干扰     D. 作三角函数运算

（8）光栅传感器利用莫尔条纹来达到_____。

    A. 提高光栅的分辨力

    B. 辨向的目的

    C. 使光敏元件能分辨指示光栅移动时引起的光强变化

    D. 细分的目的

（9）当主光栅与指示光栅的夹角为 $\theta$（rad）、主光栅与指示光栅相对移动一个栅距时，莫尔条纹移动_____。

    A. 一个莫尔条纹间距 $L$     B. $\theta$ 个 $L$

    C. $1/\theta$ 个 $L$     D. 一个 $W$ 的间距

（10）容栅传感器是根据电容的_____工作原理来工作的。

    A. 变极距式     B. 变面积式     C. 变介质式

（11）粉尘较多的场合不宜采用_____；直线位移测量超过 1 m 时，为减少接长误差，不宜采用_____。

    A. 光栅　　　　　B. 磁栅　　　　　C. 容栅

（12）测量超过 30 m 的位移量应选用_____。

    A. 光栅　　　　B. 磁栅　　　　C. 容栅　　　　　D. 光电式角编码器

11-2　有一直线光栅，每毫米刻线数为 100 线，主光栅与指示光栅的夹角 $\theta = 1.8°$，采用 4 细分技术，列式计算：

（1）栅距 $W$ = _____mm；

（2）分辨力 $\Delta$ = _____μm；

（3）$\theta$ = _____rad；

（4）莫尔条纹的宽度 $L$ = _____mm；

11-3　一透射式 3 600 线/圈的圆光栅，采用四细分技术，求：

（1）角节距 $\theta$ 为多少度？或多少分？

（2）分辨力为多少度？

（3）该圆光栅数显表每产生一个脉冲，说明主光栅旋转了多少度？

（4）若测得主光栅顺时针旋转时产生加脉冲 1 200 个，然后又测得减脉冲 200 个，则主光栅的角位移为多少度？

11-4　有一增量式光电编码器，其参数为 1 024 p/r，采用四细分技术，编码器与丝杠同轴连接，丝杠螺距 $t$ = 2 mm，如图 11-27 所示。当丝杠从图中所示的基准位置开始旋转，在 0.5 s 时间里，光电编码器后续的细分电路共产生了 4×51 456 个脉冲。请列式计算：

（1）丝杠共转过_____圈，又_____度；

（2）丝杠的平均转速 $n$（r/min）为_____；

（3）螺母从图中所示的基准位置移动了_____mm；

（4）螺母移动的平均速度 $v$ 为_____m/s；

（5）细分之前的分辨力为_____度，而细分之后的分辨力为_____度。

1—光电角编码器；2—联轴器；3—导轨；4—轴承；5—滚珠丝杠；
6—工作台；7—螺母（和工作台连在一起）；8—电动机。

**图 11-27　光电编码器与丝杠的连接**

11-5　绝对式角编码器和增量式角编码器的结构和测量原理有什么不同？

11-6　角编码器可以应用在哪些场合？请举例说明。

11-7　简述莫尔条纹的定义，莫尔条纹有哪些特征？

11-8　根据所学的知识简述光栅传感器、磁栅传感器及容栅传感器在位移测量方面的应用特点。它们各有哪些优势？

# 模块十二　新型传感器

新型传感
器简介

## 学习目标

1. 了解新型传感器的类型；
2. 熟悉新型传感器的用途；
3. 掌握新型传感器的类型特点，使用方法、技巧与注意事项。

## 思政素养

通过对我国传感器新技术发展现状的学习，激发学生的家国情怀及责任担当意识。

## 任务引领

当今社会，传感器早已渗透到诸如工业生产、宇宙开发、海洋探测、环境保护、资源调查、医学诊断、生物工程甚至文物保护等等极其广泛的领域。毫不夸张地说，从茫茫的太空，到浩瀚的海洋，以至各种复杂的工程系统，几乎每一个现代化项目，都离不开各种各样的传感器。自 2000 年起，MEMS 智能传感器开始进入人们的视野，大家对于传感器形态上的变化有了颠覆性的认知。随着传感器以及与之相关的数据存储、储能、新材料、网络基础设备等软硬件技术的发展，制造成本的持续下降，传感器的应用场景将变得越来越丰富。大家对新型传感器的了解有多少呢？

## 知识背景

本模块介绍新型传感器的基本知识，包括智能传感器、无线传感器、生物传感器等，使大家从总体了解新型传感器的性能、应用；通过介绍新型传感器的基本构成及应用实例，使读者对其有一个直观认识。新型传感器和传统的传感器相比精度更高、响应更快、可靠性更强、集成度更高、智能性更好，能够更好地满足现代工业对信号检测的需求。

# 单元一　智能传感器

　　智能传感器在检测及自动控制系统中相当于人的五感（即视、听、触、嗅、味）的重要作用，传感器的智能化是科学技术发展的需要。智能传感器的概念最初是美国宇航局（NASA）在开发宇宙飞船过程中形成的，宇宙飞船在太空中飞行时，需要知道它的速度、姿态和位置等数据。为了宇航员能正常生活，需要控制舱内温度、气压、湿度、加速度、空气成分等，因而要安装大量的传感器，进行科学试验及数据监测。智能传感器自 20 世纪 70 年代初出现以来，已成为当今传感器技术发展中的主要方向之一。智能传感器主要有智能仿生感觉传感器（立体视觉、声觉、嗅觉、触觉）、智能磁场传感器、智能惯性传感器（光纤陀螺、加速度）等。

## 一、智能传感器的特点

　　（1）具有自校零、自标定、自校正功能。
　　（2）具有自动补偿功能。
　　（3）能够自动采集数据，并对数据进行预处理。
　　（4）能够自动进行检验、自选量程、自寻故障。
　　（5）具有数据存储、记忆与信息处理功能。
　　（6）具有双向通信、标准化数字输出或者符号输出功能。
　　（7）具有判断、决策处理功能。
　　智能传感器可以在汽车、船舶、制造系统中用于流量、压力、加速度、振动冲击和温度湿度的测量。相比传统传感器，通过计算机软件技术，智能传感器可实现信息采集的高精度、高稳定性及可靠性、高分辨率以及较好的适应性和非常高的性价比，并且通过系统和网络处理器可以使传感器之间、传感器与执行器之间、传感器与系统之间进行良好的数据交换和共享，从而实现多传感器的信息融合。

## 二、智能传感器的关键技术

（一）间接传感

　　间接传感是指利用一些容易测得的过程参数或物理参数，通过寻找这些过程参数或物理参数与难以直接检测的目标被测变量的关系，建立测量模型，采用各种计算方法，用软件实现待测变量的测量。智能传感器间接传感的核心在于建立传感模型，目前建立模型的方法有基于工艺机理建模、基于数据驱动建模及混合建模等 3 种建模方法。

（二）非线性的线性化校正

　　智能传感器具有通过软件对前端传感器进行非线性自动校正的功能，即能够实现传感器输入-输出的线性化，如图 12-1 所示。其中，传感器、信号调理电路至 A/D 装换器的输入 $x$

输出 $u$ 特性如图 12-2（a）所示，微处理器对输入按图 12-2（b）进行反非线性变换，使其输入 $x$ 与输出 $y$ 呈线性或近似线性关系，如图 12-2（c）所示。

图 12-1　智能传感器线性化校正原理框图

（a）输出特性　（b）反线性变换　（c）近似线性

图 12-2　智能传感器输入-输出特性线性化原理

（三）自诊断

智能传感器自诊断技术俗称自检，要求对智能传感器自身各部件，包括软件和硬件进行检测，如 ROM、RAM、寄存器、插件、A/D 及 D/A 转换电路及其他硬件资源的自检，以及验证传感器能否正常工作，并显示相关信息。

对传感器进行故障诊断主要以传感器的输出值为基础的，主要有 4 种诊断方法：硬件冗余诊断法；基于数学模型的诊断法；基于信号处理的诊断法；基于人工智能的故障诊断法。

（四）动态特性校正

在智能传感器中，对传感器进行动态校正的方法多是用一个附加的校正环节与传感器相连，如图 12-3 所示，使合成的总传递函数达到理想或近乎理想（满足准确度要求）的状态。

图 12-3　动态校正原理示意图

目前，对传感器的特性进行提高的软件方法主要有两种，将传感器的动态特性用低阶微分方程来表示；按传感器的实际特性建立补偿环节。

（五）自校准与自适应量程

1. 自校准

传感器的自校准采用各种技术手段来消除传感器的各种漂移，以保证测量的准确性。自校准在一定程度上相当于每次测量前的重新定标，它可以消除传感器系统的温度漂移和时间漂移。

### 2. 自适应量程

智能传感器的自适应量程，要综合考虑被测量的数值范围，以及对测量准确度、分辨率的要求诸因素来确定增益（含衰减）挡数的设定和确定切换挡的准则，这些都依具体问题而定，自适应量程电路如图12-4所示。

### （六）电磁兼容性

随着现代电子科学技术向高频、高速、高灵敏度、高安装密度、高集成度、高可靠性方面发展，电磁兼容性作为智能传感器的性能指标，受到越来越多的重视。要求传感器在同一时空环境的其他电子设备相互兼容，既不受电磁干扰的影响，也不会对其他电子设备产生影响。

一般来说，抑制传感器电磁干扰可以从以下几个方面考虑，一是削弱和减少噪声信号的能量；二是破坏干扰的路径；三是提高线路本身的抗干扰能力。

图 12-4　自适应量程电路

## 三、智能传感器典型应用

### （一）智能声觉传感器

智能声觉传感器是把外界声场中的声信号转换成电信号的传感器。它在通信、噪声控制、环境检测、音质评价、文化娱乐、超声检测、水下探测和生物医学工程及医学方面有广泛的应用。

智能传感器包括正常声音频率范围内的声觉传感器和超过正常声音频率的声觉传感器即超声波传感器，前者研究较多的是电子耳蜗。

#### 1. 人工耳蜗简介

电子耳蜗，又称人工耳蜗。电子耳蜗是一种经手术植入体内，模拟人体耳蜗功能，将环境中的声音信号转换为电信号，并将电信号传入患者耳蜗，刺激耳蜗残存的听神经细胞，并传送至大脑形成听觉，帮助患有重度、极重度感音性耳聋的成人和儿童重获部分听觉的植入式电子装置。电子耳蜗结构示意图如图12-5所示。

图 12-5　电子耳蜗结构示意图

"人工耳蜗"是目前唯一使全聋患者恢复听觉的装置。近年来，随着电子信息高新技术的飞速发展，人工耳蜗研究也有了很大的进展，从开始只帮助聋哑人唇读的单通道装置，发展到能使半数以上病人打电话的多通道装置。人工耳蜗的关键技术包括语音处理技术、专用集成电路设计技术、体内外电路间无线信号传输技术、电极制造及封装技术等。由于电极制造技术的突破，集成电路设计与制造技术的进一步发展，植入电路使用2~3片集成电路产生刺激信号，可产生多种刺激模式。

2. 电子耳蜗的工作原理

人工耳蜗的主要部分包括体外部分和植入部分。

体外部分包括 ① 外部麦克风：拾取声音并转化为电信号；② 言语处理器：可根据预先设置的编码策略对接收的电信号编程；③ 传输线圈：将言语处理器提供的信号转为射频信号传输给接收-刺激器。

体内植入部分包括 ① 接收-刺激器：接收射频信号并转化为电脉冲，刺激电极阵列；② 多通道电极阵列：电流通过植入的电极直接传送至耳蜗中残存的神经元细胞而产生听觉。

3. 电子耳蜗结构简图

电子耳蜗结构简图如图 12-6 所示。

**图 12-6　电子耳蜗结构简图**

麦克风是将声信号转换为电信号；语音处理器将电信号滤波分析并且数字化成为编码信号。接收-刺激器对编码信号进行编码，使携带相应频率及电流强度的电脉冲刺激电极阵列，通过电极序列特定的位置刺激耳蜗内的听神经纤维，经听神经传到大脑，产生听觉。编码策略定义了声音转化为电信号并能被大脑识别翻译的方法。编码策略的效率越高，效果越好，大脑能从人工耳蜗输入的信息中识别含义的可能性越高,而没有含义的声音只是无用的噪声。

（二）智能压力传感器

霍尼韦尔（Honeywell）SF-3000 系列智能压力传感器是世界上最早实现商品化的智能传感器。它可以同时测量静压、差压和温度 3 个参数，图 12-7 为其原理图。图中包括检测和变送两部分，被测的力或压力通过隔离的膜片作用于扩散电阻上，引起阻值的变化。扩散电阻接在惠斯通电桥中，电桥的输出代表被测压力的大小。在硅片上制成两个辅助传感器分别检测静压力和温度。在同一个芯片上检测出的差压、静压、温度 3 个信号，经多路开关分时地送接到 A/D 转换器中进行模数转换，变成数字信号送到变送部分，由微处理器负责处理这些数字。存储在 ROM 中的主程序控制传感器工作的全过程。PROM 负责进行温度补偿和静压校准。RAM 中存储设定的数据，EEPROM 作为 ROM 的后备存储器。现场通信器发出的通信脉冲叠加在传感器输出的电流信号上。I/O 一方面将来自现场通信器的脉冲从信号中分离出来，送到 CPU 中；另一方面将设定的传感器数据、自诊断结果、测量结果送到现场通信器中显示。SF-3000 系列智能压力传感器可通过现场通信器来设定检查工作状态。

图 12-7　ST-3000 系列智能压力传感器原理图

### （三）智能加速度传感器

如图 12-8 为智能加速度传感器，为二维加速度传感器阵列，每个方向上有 3 个传感器。加速度传感器的信号经过放大器放大，输出模拟信号（$2.5 \pm 0.5$）V，然后经过模数转换成数字信号，原始数据的处理是通过 EEPROM 中的程序来完成的。经过处理的数据存入 RAM 中，然后由串行通信通道将数据传给主系统。传感器通过在电极上加电压产生静电力的方法来实现自检。

### （四）智能红外传感器

智能红外传感器是用来模拟生物眼睛。初期阶段模拟昆虫眼睛，更进一步则用来模拟人的眼睛，加之神经网络技术的发展，允许进行"图样"识别和物体辨识。智能红外传感器可用于军事目标搜索、报警、跟踪、空间飞行和航空监视系统，机器人和工业处理系统，环境监测和污染警告系统。智能红外传感器今后的发展趋势是研制集成化的信号读出和处理电路，以便对信息滤波和提取进行时间和空间相关处理。它可和神经网络相结合，应用前景更为广阔，特别是在机器人、运载工具制导和环境监测中越来越显示它的优越性。

在新型冠状肺炎席卷全球的特殊时期下，红外热成像测温告警系统可在人流密集的公共场所进行非接触式人员体温初筛，快速找出并追踪体温超温人员，帮助排查人体发热症状，如图 12-9 所示。该系统结合了红外人体测温算法和 AI 智能人脸识别等先进技术，测温精准且操作简单方便。它功能强大，多目标跟踪可确保不遗漏目标，自定义报警温区和高温屏蔽设置可避免其他高温物体的干扰，发现超温人员自动报警并拍照存储。

图 12-8　加速度传感器示意图

图 12-9　红外热成像测温告警系统系统

智能传感器的应用日益广泛，类型也越来越多，如智能式驾驶员酒后开车监控器、实用智能湿度传感器、智能型光纤辐射多路温度巡回检测系统等等。

# 单元二　无线传感器

无线传感器可用来检测力（拉压、应变、扭矩）、热、声、光、电等各种参数，给传感器配上电波收发器，就构成了各种各样的无线传感器。无线传感器具有非接触、高可靠性、高精度、反应快、使用方便的特点。因此，广泛用于航天航空、飞机轮船、卫星、手机、家电等领域。

## 一、发射接收原理

无线传感器的发射接收原理，与手机和超外差接收机类似，它是无线传感器的技术关键。

### （一）无线发送设备的组成

无线发送设备的组成框图如图 12-10 所示。

**图 12-10　无线发送设备的组成框图**

图 12-11（a）为载波信号，图 12-11（b）为音频信号，图 12-11（c）为已调波。为方便分析，音频信号取单一频率正弦波。由图可见，已调波幅度随音频信号的变化而变化，但其频率仍为高频。由于已调波的振幅随着音频信号的内容而变化，因此又称调幅波。这种用单一频率调幅的已调波，可用三角函数简单分析。

（a）载波信号

（b）音频信号

（c）已调波

**图 12-11　单音频幅的波形与频谱**

## （二）无线接收设备的组成

超外差接收机方框图如图 12-12 所示。天线接收从空中传来的、微弱的、一般只有几微伏至几十微伏的电磁波；高频放大器一是从接收到的许多电台中选择出一个所需要的电台信号，二是把所选中的信号进行放大；本地振荡器是接收机内部产生正弦信号的自激振荡器，其频率高于接收载波信号频率 465 kHz，它和前级高放部分采用统一调谐机构；混频器利用晶体管的非线性将本振和载波信号混频，通过选频电路选出其差频信号，即为超外差接收机的中频信号 465 kHz，同时，本级对输入信号也有放大作用；中频放大器是中心频率固定在 465 kHz 的选频放大器，滤除无用信号，将有用的中频信号放大到几百毫伏；检波器的任务是解除调制，从中波已调波中提取出音频调制信号；低频放大器将检出的音频信号进行功放，以便推动扬声器发声。

**图 12-12　超外差接收机方框图**

## 二、无线传感器的类型

### （一）无线振动传感器

无线振动传感器，每个节点的最高采样率可设置为 4 kHz，每个通道均设有抗混叠低通滤波器。采集的数据既可以实时地无线传输至计算机，也可以存储在节点内置的 2MB 数据存储器内，保证了采集数据的准确性。有效室外通信距离可达 300 m，节点功耗仅 30 mA，使用内置的可充电电池，可连续测量 18 小时。如果选择带有 USB 接口的节点，既可以通过 USB 接口对节点充电，也可以快速地把存储器内的数据下载到计算机里面。常见的无线振动传感器外形如图 12-13 所示。

**图 12-13　无线振动传感器外形**

### （二）无线应变传感器

图 12-14 为无线应变传感器，其节点结构紧凑，体积小巧，由电源模块、采集处理模块、无线收发模块组成，封装在 PPS 塑料外壳内。节点每个通道内置有独立的高精度桥路电阻和放大调理电路，可以方便地由软件自动切换选择单桥，半桥，全桥测量方式，兼容各种类型的桥路传感器，比如应变、载荷、扭矩、位移、加速度、压力、温度等。节点同时支持 2 线和 3 线输入方式，桥路自动配平，也可以存储在节点内置的 2MB 数据存储器。有效室外通信距离可达 300 m，可连续测量十几个小时。

**图 12-14　无线应变传感器**

### （三）无线扭矩传感器

图 12-15 为无线扭矩传感器，节点结构紧凑，体积小巧，封装在树脂外壳内。节点每个

通道内置有高精度桥路电阻和放大调理电路，桥路自动配平。节点的空中传输速率可以达到 250 kbps，有效实时数据传输率达到 4 kbps，有效室内通信距离可达 100 m。节点设计有专门的电源管理软硬件，在实时不间断传输情况下，节点功耗仅 25 mA，使用普通 9 V 电池，可连续测量几十个小时。对于长期监测应用，以 5 min 间隔发送一次扭矩值，数年不需要更换电池，大大提高了系统的免维护性。

图 12-15　无线扭矩传感器

### 三、无线传感器的应用实例

（一）桥梁健康监测

桥梁结构健康监测（SHM），是一种基于传感器的主动防御型方法，可以添加到安全性能十分重要的结构中，把传感器网络安置到桥梁、建筑和飞机中，利用传感器进行 SHM 是成本低、可靠性高，通过网络可以提早向维修人员报告在关键结构中出现的缺陷，从而避免灾难性事故。

桥梁结构健康监测系统如图 12-16 所示，桥梁结构健康监测点包括振动监测、应力监测、沉降监测、索力监测、GPS 位移监测、风力风向监测等等，可通过桥梁结构健康监测系统及分析软件实时监测桥梁状态。

图 12-16　桥梁结构健康监测

（二）粮仓温湿度监测

无线传感器网络技术，在粮库粮仓温度湿度监测领域应用最为普遍。粮库的粮食存储期间，由于环境、气候和通风条件等因素的变化，粮仓内的温度或湿度会发生异常，这极易造成粮食的腐烂或发生虫害。同时粮仓中粮食储存质量，还受到粮仓粮食的温度中气体、微生物以及虫害等因素的影响。针对粮食存储的特殊性，粮仓监控系统以粮仓和粮食的温度与湿度为主要检查参数，粮仓内气体成分含量为辅助参数实现数据远程监测分析，示意图如图12-17所示。

**图 12-17　粮仓温湿度监测系统示意图**

# 单元三　生物传感器

生物传感器是一门由生物、化学、物理、医学、电子技术等多种学科互相渗透成长起来的高新技术，是一种将生物感应元件与能够产生和待测物浓度成比例的信号传导器结合起来的分析装置。生物传感器的高度自动化、微型化与集成化，减少了对使用者环境和技术的要求，适合野外现场分析的需求，在生物、医学、环境监测、视频、医药及军事医学等领域有着重要的应用价值。

随着传感技术、半导体技术、微机械加工技术、生物工程技术和生物电子学的发展，各种类型的生物传感器相继问世。在21世纪知识经济发展中，生物传感器技术必将是介于信息和生物技术之间的新增长点，而生物传感器技术与纳米技术结合将是生物传感器领域新的方向，其中以生物芯片为主的微阵列技术是研究的重点。

## 一、生物传感器的测量原理和基本组成

生物传感器是在传统传感器转换元件前增加一个生物敏感膜而形成的，敏感膜上固定化生物活性物质作为敏感元件。生物活性物质与被测目标高度选择性地发生反应，通过各种物理化学型信号换能器捕捉反应产生的变化量，将其转化为离散或连续的电信号，从而得到被测物的浓度。生物活性物质由生物成分或生物体构成，具有分子识别能力，有的还能够放大反应信号，通常是固定化的细胞、酶、抗体、微生物、核酸、抗原和抗体、动植物组织切片等，换能器是电化学或光学检测元件，有电极、热敏电阻、离子敏场效应管等。

## 二、生物传感器的应用实例

作为一门在生命科学和信息科学之间发展起来的交叉学科，生物传感器因其具有选择性好、灵敏度高、分析速度快、成本低、在复杂的体系中可在线连续监测，特别是高度自动化、微型化与集成化的特点，使得它在发酵工艺、环境监测、食品工业、临床医学、军事及军事医学等方面得到了广泛应用。

### （一）生物传感器在医学领域的应用

在临床医学中，酶电极是最早研制且应用最多的一种传感器，目前已成功地应用于血糖、乳酸、维生素 C、尿酸、尿素、谷氨酸、转氨酶等物质的检测。其原理是：用固定化技术将酶装在生物敏感膜上，检测样品中若含有相应的酶底物，则反应产生可接收的信息物质，指示电极发生响应转换成电信号的变化，根据这一变化，就可测定某种物质的有无和多少。利用具有不同生物特性的微生物代替酶，可制成微生物传感器，在临床中应用的微生物传感器有葡萄糖、乙醇、胆固醇等传感器，图 12-18 是快速葡萄糖分析仪。

血压监测仪是通过传感器来检测人体动脉血管壁震动引起的袖带压力微小变化，如图 12-19 所示，它最常用的方法是振荡法，其基本原理是利用捆绑在手臂上的袖带，通过充气泵向袖带充气，以阻断血管中脉动的传播，达到一定压力后开始放气，当气压到一定程度，血流就能通过血管，且有一定量振荡波，逐渐放气，振荡波愈来愈大，再放气，袖带与手臂的接触越来越松，压力传感器所检测到的压力及波动则越来越小，压力传感器就能实时检测到袖带内的压力及波动。经过信号处理电路处理，可得出血压的收缩压、舒张压、平均压等数据。

### （二）水质监测中的应用

生化需氧量（BOD）是衡量水体有机污染程度的重要指标。BOD 的研究对于水质监测及处理都是非常重要的，此研究也成为水质检测科技发展的方向。BOD 的传统标准稀释法所需时间长，操作烦琐，准确度差，而 BOD 传感器不仅能满足实际监测的要求，并具有快速、灵敏的特点。目前已有可用于测定废水中 BOD 值的生物传感器和适于现场测定的便携式测定仪。图 12-20 为环境废水 BOD 分析仪。随着 BOD 快速测定研究的不断深入，研究发现 BODst（快速 BOD 测定值）还可作为在线监测生物处理过程的一个重要参数。

图 12-18　快速葡萄糖分析仪

图 12-19　血压检测仪

图 12-20　环境废水 BOD 分析仪

**展望角**

智能传感器在最近几年以及今后若干年的时间内，仍然是世人瞩目的一门科学。今后智能传感器的研究内容主要集中在如下几个方面：

（1）利用微电子学，使传感器和微处理器结合在一起实现各种功能的单片智能传感器，仍然是智能传感器的主要发展方向之一。例如，利用三维集成（3DIC）及异质结技术研制高智能传感器"人工脑"，这是科学家近期的奋斗目标。日本正在用 3DIC 技术研制视觉传感器就是其中一例。

（2）微结构（智能结构）是今后智能传感器的重要发展方向之一。"微型"技术是一个广泛的应用领域，它覆盖了微型制造、微型工程和微型系统等各种学科与多种微型结构。

以各种类型的记忆材料和相关智能技术为基础的初级智能器件（如智能探测器和控制器、智能红外摄像仪、智能天线、太阳能收集器、智能自动调光窗口等）要优先研究，并研究智能材料（如功能金属、功能陶瓷、功能聚合物、功能玻璃和功能复合材料以及分子原子材料）在智能技术和智能传感器中的应用途径，从而达到发展高级智能器件、纳米级微型机器人和人工脑等系统的目的，使我国的人工智能技术和智能传感器技术达到并超过世界先进水平。

 **课后思考与练习**

12-1 智能传感器的定义是什么？

12-2 智能传感器有何特点和用途？

12-3 无线传感器的类型有哪些？

# 模块十三　传感检测技术综合应用

## 学习目标

1. 了解传感器在多个领域中的应用;
2. 掌握传感器在工业机器人应用中的作用;
3. 熟悉汽车中应用的传感器类型;
4. 掌握传感器在数控机床、智能家居、物联网技术中的功能。

## 思政素养

培养学生积极探索的创新意识和勇于担当的奉献精神,增强民族自豪感和职业使命感。

## 任务引领

通过本课程的学习,我们已经学过了十几种传感器的结构和工作原理,但在实际应用中,检测系统并不像各模块的应用例子一样单独使用一个传感器来组成简单的仪表。例如一部小汽车里就配置了几十个传感器,家用电器中也常用到多种类型的传感器。传感器与我们的生活息息相关,大家了解我们生活中传感器的综合应用吗? 让我们一起探究在不同领域中传感器的应用以及传感检测技术对我们生活的改变。

## 知识背景

在学习过程中应注意结合课程前面所学各类传感器,分清传感器测量物理量及特性,掌握简单检测系统中传感器的选型。在日常生活中要善于观察、注重理论联系实际。学会根据现有典型检测系统,分析传感器类型、安装位置、参数调节,为在生产中合理运用传感检测技术奠定基础。

# 单元一　传感器在工业机器人的应用

随着社会的发展，机器人传感器被广泛应用，机器人变得越来越智能化，在工业自动化领域的作用也越来越重要。工业机器人是能够自动执行某种工作的机器装置，它的任务是协助或取代人类的部分工作，例如工农业生产、特殊环境或重体力劳动等。工业机器人技术是一门综合性技术，它涉及多个交叉的学科，例如传感器、新材料、仿生技术、控制工程、计算机、人工智能和电子等，是现代先进制造和服务技术的典型代表。

## 一、工业机器人与传感器技术

工业机器人的基本组成如图 13-1 所示，主要包括机械部分、传感器部分、控制部分等，共分为 6 个子系统：机械结构系统、传感器系统、驱动系统、控制系统、人机交互系统、机器人-环境交互系统。

**图 13-1　工业机器人的基本组成**

（1）机械结构系统，包括机身、手臂和末端操作器。每一组成部分具有一定的自由度，构成一个多自由度的机械系统。若机身同时设计了行走机构便构成行走机器人；若机身不具备行走及腰转机构，则构成单机器人臂。机器人手臂一般由上臂、下臂和手腕组成。末端操作器直接安装在腕部。

（2）传感系统，由内部传感器模块和外部传感器模块组成获取内部和外部环境状态中有意义的信息。智能传感器的使用提高了机器人的机动性、适应性和智能化的水平，它能有效地感知各种内外部的信息。

（3）驱动系统，指让机器人能运动起来而给各个关节即每个运动自由度安置的传动装置。驱动系统可采用液压、气动或电动等传动方式，也可以将它们结合起来组成一个综合应用系统。驱动方式可以分为直接和间接驱动，直接驱动指机器人运动机构直接和动力连接，而间接驱动则指通过同步带、链条和轮系等中间机械传动机构与机器人的运动机构连接。

（4）控制系统，根据机器人的作业指令程序以及从传感器反馈回来的信号，支配机器人的执行机构去完成规定的运动和任务。假如工业机器人不具备信息反馈能力，则为开环控制系统；具备信息反馈能力，则为闭环控制系统。根据控制原理可分为程序控制系统、适应性控制系统和人工智能控制系统。根据控制运动的形式可分为点位控制和轨迹控制。

（5）人机交互系统，是使操作人员参与机器人控制与机器人进行联系的装置，是人与机器人进行对话与互动的媒介。如计算机的标准终端、指令控制台、信息显示板、危险报警器等。

（6）机器人-环境交互系统，是实现工业机器人与外部环境中的设备相互联系和协调的系统。工业机器人与外部设备集成为一个功能单元，如加工制造单元、焊接单元、喷漆单元和装配单元等。当然，也可以是多台机器人、多台机床或设备、多个零件存储装置等集成为一个执行复杂任务的功能单元。

工业机器人传感器必须满足的性能包括：

（1）精度高、重复性好。机器人能否准确无误地工作，往往取决于传感器的测量精度。

（2）稳定性好、可靠性高，保证机器人长期稳定可靠地工作，避免因故障所带来的事故或效率降低。

（3）抗干扰能力强。一般工业机器人常应用于比较恶劣的工作环境，比如高温、高压或高污染环境中，需要承受较强的电磁干扰或机械振动等。

（4）质量小、体积小、安装方便可靠。例如，机器人手臂等运动部件上的传感器，质量要小，避免影响其运动灵巧性；对运动空间有限的机器人，传感器的体积和安装方向也很重要。

（5）价格应比较便宜。用智能机器人取代大量的人类劳动力，效率和成本是重要的因素之一。在满足功能要求的同时，降低传感器的成本，是提高机器人在工业自动化领域竞争力的有效途径。

## 二、传感器在工业机器人中的应用案例

### （一）自动焊接

传统的焊接工艺操作主要依靠人工经验和手工作业，产品质量与生产效率难以得到有效保证，而且劳动强度极大、工作环境非常恶劣。现代焊接技术自诞生的半个多世纪以来，不断吸收传感、控制和信息等新技术发展的成果，经历了从手工焊到自动焊的过渡，焊接自动化、机器人化与智能化已成为焊接技术发展的必然趋势。在机器人自动焊接过程中，以主流的电弧焊工艺为例，通过电弧加热到适当温度，母材和填充材料（一般是金属及其复合材料）就会熔化，形成的液态融合后凝固连接成一定形状与性能构建的制造过程。如图 13-2 所示，焊缝跟踪系统主要由 3 部分组成：传感系统、控制器系统和机器人执行机构。自动焊接机器人系统如图 13-3 所示，主要包括视觉传感器系统、焊机及其外围设备、机器人及其外围设备、中央控制计算机与接口电路等 4 部分。

图 13-2　机器人的焊缝跟踪系统

图 13-3　自动焊接机器人系统结构

（二）自动喷漆

　　传统的喷漆采用人工作业，不但成本高、效率低，质量还难以保证，而且喷漆过程非常危险。由于油漆中含有许多芳香族化合物，如苯、甲苯和苯乙烯等有机溶剂，如果这些颗粒或气体挥发出来，被人体吸入，将会严重损害人体健康。如图 13-4 所示，自动喷漆机器人可以把人们从危害性极大的工作环境中解放出来。喷漆机器人通过传感器检测喷漆工艺过程中的各种参数，机器人的控制装置能在作业过程进行相应调节。其中最重要的是利用压力传感器对喷漆时喷口处的压力进行实时监测。因为喷口气体的压力大小将直接影响喷漆的质量，若压力过小，会导致原料的浪费，而且容易因过喷导致漆料横流而破坏喷漆表面；若压力过大，会因喷漆飞溅而产生浪费且表面显示较强的颗粒感，影响喷漆效果。通过压力传感器对喷嘴处的气体压力进行实时监测和智能调控，不仅节省了原料，而且提高了生产效率和喷涂质量。因此自动喷漆机器人已被广泛用于汽车、仪表、电器和瓷器等工业自动化生产过程。

图 13-4　喷漆机器人的应用

（三）自动装配

　　在汽车的装配中，零件多、工序复杂，有些零部件非常笨重，如果采用人工方式进行装配，则需要大量的熟练技术工人；而在智能移动设备（如手机等）的装配中，零件小、要求精度高，装配工作烦琐，工人在装配时需要长期保持极高的专注度，容易导致疲劳和误操作等问题。

　　如图 13-5 所示，安装了传感器的智能机器人已经大规模地应用于装配生产线，它极大地保障了产品的质量、提高了生产效率并带来了可观的经济效益。智能装配机器人需要采用视觉、触觉和力觉的多传感器融合控制系统来完成装配工作，原理图如图13-6所示。装配机器人主要利用 CCD 图像传感器完成对物体外形的认识，包括边缘提取、周线跟踪、特征点提取、曲线分割及分段匹配、图形描述与识别等；超声波传感器通过检测发射和接收的声波信号，经过处理后得到工件的深度或工件的外形信息；计算机将视觉信息和深度信息融合推断后，进行图像匹配、识别，并控制机械手以合适的位姿准确地抓取物体；腕力传感器主要测试执行器与工件之间的力或力矩的大小和方向，从而确定装配机械手的握力和运动方向。

图 13-5　机器人传感器在汽车装配中的应用

图 13-6　装配机器人工作原理

随着劳动力数量的持续减少与科学技术的飞速发展，机器人传感器在工业自动化中的应用将变得更加广泛和深入。技术的进步将促进社会更大的发展，需要人们通过不断的学习进行转型。机器人技术发展的目的是将人们从烦琐的、重复性的体力劳动中解放出来，有更多的时间和精力去学习更有意义的知识。

# 单元二　传感器在现代汽车中的应用

传感器在现代
汽车中的应用

随着生活水平的提高，大量汽车造成拥堵，引发环境噪声、大气污染、能源消耗等问题，这也是目前各工业发达国家和发展中国家面临的严峻问题。近十年来，为解决这一问题，围绕智能交通系统（Intelligent Transport System）的研究引起国内外专家学者的高度重视。它将先进的信息技术、传感器技术、自动控制理论运筹学及人工智能等综合有效地运用于交通运输、服务控制和车辆制造等方面，通过强化车辆、道路、管理者之间的联系，形成一种实时、准确、高效的综合运输系统，使得交通运输服务和管理趋于智能化。

智能汽车将成为未来智能交通的主要载体，它由三大感知系统、两大身份识别和两大通信网络构成。其中，三大感知系统主要包括车辆自身状态（如胎压、温度、车速、尾气、油耗等）的感知系统；交通环境（如位置信息、道路信息、相邻汽车状态信息等）的感知系统；驾驶员状态（如疲劳状态、注意力预警）的感知系统。目前，一辆普通家用汽车安装的传感器近百个，豪华轿车则超过两百个。正是由于集成了如此众多的传感装置，才保证了汽车的安全性。图 13-7 所示为汽车所涉的主要传感器。

图 13-7　汽车所涉及的主要传感器

## 一、汽车传感器概述

### （一）传感器在发动机上的应用

发动机控制系统用传感器是整个汽车传感器的核心，包括温度传感器、压力传感器、位置和转速传感器、流量传感器、气体浓度传感器和爆震传感器等。这些传感器向发动机的电子控制单元（ECU）提供发动机的工作状况信息，供 ECU 对发动机工作状况进行精确控制，以提高发动机的动力性、降低油耗、减少废气排放和进行故障检测。

由于发动机工作在高温（发动机表面温度可达 150 ℃、排气管可达 650 ℃、振动（加速度 30$g$）、冲击（加速度 50$g$）、潮湿（100%RH，－40～120 ℃）以及蒸气、盐雾、腐蚀和油泥污染的恶劣环境中，因此发动机控制系统用传感器耐恶劣环境的技术指标要比一般工业用传感器高 1～2 个数量级，其中最关键的是测量精度和可靠性。否则，由传感器带来的测量误差将最终导致发动机控制系统难以正常工作或产生故障。

## 1. 温度传感器

温度传感器主要用于检测发动机温度、吸入气体温度、冷却水温度、燃油温度以及催化温度等。温度传感器有线绕电阻式、热敏电阻和热电偶等类型。线绕电阻式温度传感器的精度高，但响应特性差；热敏电阻式温度传感器灵敏度高，响应特性较好，但线性差，适应温度较低；热电偶传感器的精度高，测量温度范围宽，但需要配合放大器和冷端处理一起使用。

## 2. 压力传感器

压力传感器主要用于检测气缸负压、大气压、涡轮发动机的升压比、气缸内压、油压等。吸气负压式传感器主要用于吸气压、负压、油压检测。汽车用压力传感器应用较多的有电容式、压阻式、差动变压器式（LVDT）、表面弹性波式（SAW）。

电容式压力传感器主要用于检测负压、液压、气压，测量范围 20 ~ 100 kPa，具有输入能量高，动态响应特性好、环境适应性好等特点；压阻式压力传感器受温度影响较大，需要另设温度补偿电路，但适应于大量生产；LVDT 式压力传感器有较大的输出，易于数字输出，但抗干扰性差；SAW 式压力传感器具有体积小、质量轻、功耗低、可靠性高、灵敏度高、分辨率高、数字输出等特点，用于汽车吸气阀压力检测，能在高温下稳定地工作，是一种较为理想的传感器。

## 3. 流量传感器

流量传感器主要用于发动机空气流量和燃料流量的测量。空气流量的测量用于发动机控制系统确定燃烧条件、控制空燃比、起动、点火等。空气流量传感器有旋转翼片式（叶片式）、卡门涡旋式、热线式、热膜式等 4 种类型。旋转翼片式（叶片式）空气流量计结构简单，测量精度较低，测得的空气流量需要进行温度补偿；卡门涡旋式空气流量计无可动部件，反应灵敏，精度较高，也需要进行温度补偿；热线式空气流量计测量精度高，无须温度补偿，但易受气体脉动的影响，易断丝；热膜式空气流量计和热线式空气流量计测量原理一样，但体积少，适合大批量生产，成本低。

## 4. 位置和转速传感器

位置和转速传感器主要用于检测曲轴转角、发动机转速、节气门的开度、车速等。目前汽车使用的位置和转速传感器主要有交流发电机式、磁阻式、霍尔效应式、簧片开关式、光学式、半导体磁性晶体管式等。车速传感器种类繁多，有敏感车轮旋转的、也有敏感动力传动轴转动的，还有敏感差速从动轴转动的。当车速高于 100 km/h 时，一般测量方法误差较大，需采用非接触式光电速度传感器，测速范围 0.5 ~ 250 km/h，重复精度 0.1%，距离测量误差优于 0.3%。

## 5. 气体浓度传感器

气体浓度传感器主要用于检测车体内气体和废气排放。其中，最主要的是氧传感器，实用化的有氧化锆传感器（使用温度 - 40 ~ 900 ℃，精度 1%）、氧化锆浓差电池型气体传感器（使用温度 300 ~ 800 ℃）、固体电解质式氧化锆气体传感器（使用温度 0 ~ 400 ℃，精度 0.5%），另外还有二氧化钛氧传感器，与氧化锆传感器相比，二氧化钛氧传感器具有结构简单、轻巧、价格便宜，且抗铅污染能力强的特点。

6. 爆震传感器

爆震传感器用于检测发动机的振动，通过调整点火提前角控制和避免发动机发生爆震。可以通过检测气缸压力、发动机机体振动和燃烧噪声等3种方法来检测爆震。爆震传感器有磁致伸缩式和压电式。磁致伸缩式爆震传感器的使用温度为 -40~125℃，频率范围为 5~10 kHz；压电式爆震传感器在中心频率 5.417 kHz 处，其灵敏度可达 200 mV/g，在振幅为 0.1~10g 范围内具有良好线性度。

（二）传感器在车身上的应用

车身控制用传感器主要用于提高汽车的安全性、可靠性和舒适性等。由于其工作条件不像发动机和底盘那么恶劣，一般工业用传感器稍加改进就可以应用。主要有用于自动空调系统的温度传感器、湿度传感器、风量传感器、日照传感器等；用于安全气囊系统中的加速度传感器；用于门锁控制中的车速传感器；用于亮度自动控制中的光电传感器；用于倒车控制中的超声波传感器或激光传感器；用于保持车距的距离传感器；用于消除驾驶员盲区的图像传感器等。

在车身上应用的各种传感器：有防撞加速度传感器、超声近距离目标传感器和红外热成像传感器，毫米波雷达和环境气体电化学传感器。新型的传感器有超声阵列反向传感器、侧面路面偏距报警和红外热成像夜视传感器。

（三）传感器在底盘上的应用

底盘控制用传感器是指用于变速器控制系统的车速传感器、加速踏板位置传感器、加速度传感器、节气门位置传感器、发动机转速传感器、水温传感器、油温传感器等；悬架控制系统应用的传感器有车速传感器、节气门位置传感器、加速度传感器、车身高度传感器、方向盘转角传感器等；动力转向系统应用的传感器主要有车速传感器、发动机转速传感器、转矩传感器、油压传感器等。

底盘应用的主要传感器类型，即旋转位移和压力传感器。惯性加速度传感器和角速率传感器取代了温度传感器而成为在车底盘上应用的4种主要传感器。其中4种是压力传感器，3种旋转位移传感器，5种加速度传感器和3种角速率传感器。目前底盘应用的新型传感器有侧路面角速率传感器、车轮角位置传感器和悬架位移位置传感器。

（四）传感器在控制系统中的应用

发动机控制系统用传感器主要有温度传感器、压力传感器、位置和转速传感器、流量传感器、气体浓度传感器和爆震传感器等。这些传感器向发动机的电子控制单元（ECU）提供发动机的工作状况信息，以提高发动机的动力性、降低油耗、减少废气排放和进行故障检测。

汽车控制系统应用的主要传感器类型，即旋转位移传感器、压力传感器和温度传感器。在北美，这3种传感器的销售数量分别占第一、第二和第四位。目前大概有40余种不同的汽车传感器，其中有8种压力传感器，4种温度传感器和4种旋转位移传感器。近年来研制的新型传感器是气缸压力传感器，踏板加速计位置传感器和油质量传感器。

（五）其他系统用传感器

随着基于 GPS/GIS（全球定位系统和地理信息系统）的导航系统在汽车上的应用，导航用传感器这几年得到迅速发展。导航系统用传感器主要有：确定汽车行驶方向的罗盘传感器、陀螺仪和车速传感器、方向盘转角传感器等。

自动变速器系统用传感器主要有：车速传感器、加速踏板位置传感器、加速度传感器、节气门位置传感器、发动机转速传感器、水温传感器、油温传感器等。制动防抱死系统用传感器主要有：轮速传感器、车速传感器；悬架系统用传感器主要有：车速传感器、节气门位置传感器、加速度传感器、车身高度传感器、方向盘转角传感器等；动力转向系统用传感器主要有：车速传感器、发动机转速传感器、转矩传感器、油压传感器等。

## 二、汽车传感器发展趋势

未来的汽车传感器技术的发展趋势是微型化、多功能化、集成化和智能化。20 世纪末期，设计技术、材料技术，特别是 MEMS（微电子机械系统）技术的发展使微型传感器提高到了一个新的水平，利用微电子机械加工技术将微米级的敏感元件、信号处理器、数据处理装置封装在同一芯片上，它具有体积小、价格便宜、可靠性高等特点，并且可以明显提高系统测试精度。

汽车传感器和电子系统向着采用 MEMS 传感器的方向发展。MEMS 传感器成本低、可靠性好、尺寸小，可以集成在新的系统中，工作时间达到几百万个小时。MEMS 器件最早的是绝压传感器和气囊加速度传感器。随着微电子技术的发展和电子控制系统在汽车上的应用迅速增加，以 MEMS 技术为基础的微型化、多功能化、集成化和智能化的传感器将逐步取代传统的传感器，成为汽车传感器的主流。

无人驾驶是近几年智能交通领域的一个重要研究热点，旨在实现汽车等交通载体在无人干预的情况下自主行驶。目前，围绕无人驾驶展开的研究主要包括传感器数据处理、环境感知与建模、任务规划、行为生成、运动规划等。涉及外部设备的关键技术是传感器技术，只有利用多种传感器获取环境和自身状态信息，才能完成后续工作。

微机械加工技术（MEMS）和微米/纳米技术将得到高速发展，将成为 21 世纪传感器领域中带有革命变化的高新技术。随着新型敏感材料的加速开发，微电子、光电子、生物化学、信息处理等各学科、各种新技术的互相渗透和综合利用，可望研制出一批新颖、先进的传感器。

# 单元三  传感器在数控机床中的应用

传感器在数控
机床中的应用

近年来，随着社会生产和科学技术的迅猛发展，对机械产品的精度和机床的加工效率提出了更高的要求，数控机床得到了越来越广泛的应用。而这种精度的决定与数控机床中的各种传感器的应用是密不可分的。传感器监视和测量着数控机床的每一步工过程，它在数控机床中占据重要的地位，例如：数控机床的加工精度，可以说主要由检测系统的精度决定。数控机床的各种运动和状态通过传感器测量、监视后输入给数控系统加以控制、补偿或调整，以提高机床的加工精度和稳定度。

## 一、位置检测传感器

位置检测传感器，在保证数控机床高精度方面起了重要作用，数控机床很重要的一个指标就是进给运动的位置定位误差和重复定位误差，要提高位置控制精度就必须采用高精度的位置检测装置。在数控机床中广泛应用数字式角编码器、光栅传感器、感应同步器、旋转变压器、磁栅等来实现位置检测。

## 二、数控转塔刀架中的传感器

数控机床的回转刀台常用接近开关、霍尔开关、绝对编码器等传感器来作检测刀号到位信号。当数控系统发出刀位指令控制刀架回转时，刀架在回转过程中，每转过一个刀位，就发出一个信号，该信号与数控系统的刀位指令要求一致时，表示选刀完成。图 13-8 为某全功能数控刀架组成图。

**图 13-8　某全功能数控刀架组成简图**

刀架回转由刀架电机通过传动机构来实现，刀架回转时，与刀架同轴的二进制绝对编码器也一起转动。此编码器是四位二进制绝对编码器，每一个编码对应一个刀位，最多可有 16 个刀位，例如：0011 对应 3 号刀位，1100 对应 12 号刀位。编码器还有两根信号线：选通信号、奇偶校验信号。当主轴转到预选位置时，编码器发出信号，电磁铁将插销压入主轴，主轴停止转动，预分度接进开关给电机发出开始反转信号。电机开始反转，刀台锁紧，锁紧到位后，由锁紧接近开关发出信号，切断电机电源。转位结束，主机可以开始工作。图 13-9 所示为选刀的控制流程图。接近开关除了用在刀架选刀控制外，还在数控机床中用作工作台、油缸及汽缸活塞的行程控制。

**图 13-9　选刀的控制流程图**

### 三、温度检测传感器

在数控机床上，常用温度传感器来检测温度从而进行温度补偿或过热保护。在加工过程中，电动机的旋转、移部件的移动、切削等都会产生热量，这些热量在数控机床全身进行传导，从而造成温度分布不均匀，形成温差，使数控机床产生热变形，影响到零件加工精度。为了避免温度产生的影响，可在数控机床某些部位上如高精度的导轨等，装设温度传感器，当它感受温度信号后就转换成电信号并送给数控系统进行温度补偿。此外，在数控机床中，需要过热保护的部位有几十处，主要是监测一些轴温、压力油温、润滑油温、冷却空气温度、各个电动机绕组温度、变压器绕组温度等。例如，在主轴和进给电动机中就埋设有热敏电阻，当电动机过载、过热时，温度传感就会发出信号，通过数控系统进行过热报警信号。

此外，在数控机床中，需要过热保护的部位有几十处，主要是监测一些轴温、压力油温、润滑油温、冷却空气温度、各个电动机绕组温度、变压器绕组温度等。例如，在主轴和进给电动机中就埋设有热敏电阻，当电动机过载、过热时，温度传感器就会发出号，通过数控系统进行过热报警信号。

### 四、压力检测传感器

压力传感器是一种将压力转变成电信号的传感器。常用的有压电式传感器、压阻式传感器和电容式传感器。在数控机床加工前，自动将毛坯送到主轴卡盘中并夹紧，可用压力传感器对工件夹紧力进行检测，当夹紧力小于设定值时，会导致工件松动，系统发出报警，停止走刀。有些产品加工时需要用尾座顶紧，当顶紧力小于设定值时，系统也会发出报警信号，停止走刀。另外，还可用压力传感器检测车刀切削力的变化。再者，它还在润滑系统、液压系统、气压系统中被用来检测油路或气路中的压力，当油路或气路中的压力低于设定值时，其触点会动作，将故障信号送给数控系统。

### 五、刀具磨损监控

刀具在切削工件的过程中，由于摩擦和热效应等作用，刀具会产生磨损。刀具磨损到一定程度会影响到工件的尺寸精度和表面粗糙度，因此，对刀具磨损要进行监控。当刀具磨损时，机床主轴电动机负荷增大，电动机的电流和电压也会变化，功率随之改变，功率变化可通过霍尔传感器检测。功率变化到一定程度，数控系统发出报警信号，车停止运转，此时，应及时进行刀具调整或更换。

### 六、其他传感器

数控装置中还有很多的传感器的应用，如：光纤、光电耦合器、电流接近开关、流量传感器等。光纤具有抗电磁干扰能力强、质量轻、速度快等特点，常用于控制单元与主轴驱动单元、伺服单元等通信连接。光电耦合器便于数控系统信号与机床侧的信号联系。这样两者在电气上是完全隔离的，可以提高整个系统的抗干扰能力。在润滑、液压、气动等系统中，均安装有压力传感器、液位传感器、流量传感器，对这些辅助系统随时进行监控，保证数控机床的正常运行。

# 单元四　传感器在智能家居中的应用

　　智能家居是近几年发展最快的物联网技术应用。它以住宅为平台，综合应用 RFID、计算机、网络通信等技术，集服务与管理于一体，根据用户的个性需求，将物联网技术与家居生活有机结合，通过网络化智能实时管理，实现对照明、音视频、家电、安防、电表、水表、煤气表等设备的监控，具有使用方便、操控安全、舒适度高的特点。图 13-10 为智能家居基本配置。

**图 13-10　智能家居基本配置**

　　智能家居的基本内容包括中央控制系统、家庭安防监控、家电控制、多媒体控制、环境监控、家庭供暖控制、家庭网络控制、自动远程抄表等。中央控制系统是整个智能家居的核心，根据客户的要求向各个控制单元下达控制指令。家庭安防监控系统承担防火（如烟雾监测）、防盗、防入侵（如门窗监测）、防煤气泄漏（如煤气监测），以及对老人和儿童的远程监护，并能及时发出事件报警。家电控制是对智能冰箱、智能微波炉、智能洗衣机和智能空调等电器的控制。多媒体控制包括对家庭影院中的电视机、音响、DVD、录像机、游戏机、照相机及笔记本电脑等设备的管理和控制。环境控制是对室内环境，包括灯光、温湿度、窗帘、电热水器等的控制。家庭供暖控制是对水暖系统或电暖系统进行控制。家庭网络控制是对用户家庭内的网关和网络的控制，包括每个智能设备的添加与删除。自动远程抄表包电表、水表、煤气表的远程收费与缴费管理。

　　图 13-11 所示为基于物联网的智能家居安防系统示意图。室内可燃气体传感器、火焰传感器、烟雾传感器通过 ZigBee 组网构建无线传感器网络，并与中央控制系统建立数据通信。

当火灾发生时，无线传感器网络发出报警信号。室外运动探测器、监控摄像头和门窗控制传感器通过有线或无线方式连接到中央控制系统，结合室内人体感传感器，当有陌生人试图进入室内时，系统会发出报警信号。

图 13-11　智能家居安防系统示意图

扫地机器人是智能家居中的一个典型应用，它利用雷达、地磁和惯性传感器实现室内的自我定位、避障以及路径规划，还能通过循迹完成自主充电。扫地机器人体积较小，可完成室内隐蔽狭小空间的清洁。烹饪机器人是另一种智能家居应用，由于人们生活节奏变快，很多家庭成员无暇烹饪，利用烹饪机器人可烹饪不同口味的菜肴，如图 13-12 所示。

图 13-12　烹饪机器人

# 单元五  传感器在物联网技术中的应用

传感器在物联网
技术中的应用

## 一、基于物联网技术的农业环境监测

在现代农业领域，物联网技术可在监控农作物生长状况、土壤灌溉墒情、环境生态因子变化、畜禽水产养殖场环境状况以及农产品安全溯源等方面发挥作用。通过收集温度、湿度、养分、风力、大气、降雨、pH 等土壤、植物、水体和环境数据信息，进行远程监控和管理，从而进行科学预测，防灾减灾，科学种植，提高农业生产和综合效益。基于无线传感网络的土壤墒情与温湿度等环境信息监测系统近年来时有报道，其中 ZigBee 技术由于模块功耗和成本较低，时延较短，组网节点容量较大，且安全可靠，因而在农业信息采集和远程监控中得到了广泛的应用。物联网技术可广泛应用于温室等栽培设施的精准化管理中，采用不同的传感器和机械控制装置对设施温室中土壤含水量和氮磷钾元素含量，空气温湿度和光照强度，pH 和 $CO_2$ 浓度等影响作物生长的环境信息进行实时监测，控制系统根据监测到的实时数据将温室内水、肥、气、光、热等植物生长所必需的条件调节到最佳状态以保证栽培作物的产量和品质，同时达到最佳的经济效益。

图 13-13 采用的传感器为土壤水分温度一体化传感器和 TDC3021 环境空气温湿度传感器。土壤水分传感器采用晶体振荡器产生高频信号，并传输到平行金属探针上，产生的信号与返回信号叠加，通过测量信号的振幅来测量土壤水分含量。在传感器探头外圈其中一个探针内安装了铂温度传感器，可以同时测量土壤温度。将土壤水分和温度传感器整合为一体化，可避免对土壤产生较大扰动，以获得更准确的测量结果。运用物联网技术的土壤环境远程监测系统可连续在线监测不同试验小区土壤剖面温度水分及相关环境背景值数据，具有无人值守、实时性和高可靠性等特点。该系统包括 3 个部分：物联网传感器节点和采集终端，野外监控站，监控数据中心。

### （一）传感器节点和采集终端

采集终端的作用是根据不同的测试目的，配置相应的测试仪器，将被测对象数据转换为标准信号，并通过数据采集器将测量结果传输到监控计算机。在本系统中，每个采集终端均配置土壤水分和温度传感器，分别实时测量土壤水分温度数值，测量结果通过标准信号传输到数据采集器。对于距离监控中心较近的采集点，通过有线数据采集器，将数据传输到监控计算机；而对于距离相对较远，不便于铺设线路的监控点，使用无线数据采集器和无线定向天线，将数据传输到监控计算机。

### （二）野外监控站

监控站主要配置无线网桥、网络交换机以及监控计算机等设备。其中无线网桥接收无线数据采集器发送的土壤剖面和环境监测实时数据，通过网络交换机发送给监控计算机。监控计算机中安装定制开发的监控管理软件平台，实现对监控数据连续采集、查看和存储。

（三）监控数据中心

为实现远程监控和提高系统的自动化水平，建立一个远程监控数据中心，利用虚拟专用网（Virtual Private Network，VPN）技术，具有访问权限的用户通过 Internet 即可远程监控秭归监控站中的所有历史和实时数据，提高了监控的实时性和准确性。由于采用 VPN 技术，在保证数据的安全性的同时，能够有效降低系统成本。通过终端计算机安装监控管理软件，可实现对监测数据的远程查看、转换导出和存储分析，同时对野外硬件设备的运行状况进行在线管理和智能控制。

## 二、基于物联网的节能减排系统

近年来，我国经济快速增长，经济发展与资源环境被破坏的矛盾日趋尖锐。只有坚持节约、清洁、安全策略，才能实现经济稳步发展。

节能减排，抗击气候变化，与人们的日常生活息息相关。我国 70%以上的电力来自煤炭燃烧发电，不仅发电过程造成了大量污染，发电导致的二氧化碳排放和温室效应更是导致气候变化的元凶。节能可以减排二氧化碳，帮助减缓气候变化。

节能减排系统的架构如图 13-13 所示。

图 13-13　节能减排系统构架图

从图 13-13 可知，节能减排系统主要包含以下部分：

数据采集系统和无线传输系统：负责电量采集，包括温度、平均功率和瞬时功率等物理量的采集，并负责将模拟量转换为数字量，传送给处理节点；同时，传感节点可以接收处理节点发送的控制信息，对设备进行控制。

物联网网关系统：负责接收传感节点发送的信息，并将这些信息发送给服务器；同时，处理节点可以接收服务器控制信息，转发给对应的处理节点。

数据分析系统：负责参数采集，将接收到的数据存入本地数据库；接收用户对各传感节点的阈值设置和控制指令。同时，服务器也提供接口，供其他互联网设备访问。

终端控制系统：用于实时地显示传感端采集到的数据，再通过专家系统进行数据融合和分析，提出节能建议，同时可以通过 GSM 和 WSN 网络远程控制家用电器，实现远程监控。

智能节能系统的总体功能模块图如 13-14 所示。

智能节能系统主要由终端控制系统、物联网网关以及家庭内部的家电网络和传感器网络几部分组成。网络总体上分为家庭外部网络和家庭内部网络两部分，分别对应因特网和 ZigBee 网络。物联网网关是系统的灵魂和核心控制所在，它一般是一台装载了嵌入式操作系统平台的专用主机，并且外接一个 ZigBee 短程无线收发模块，以实现对家庭区域网内的各种信息家电和传感器的控制。物联网网关对外可以提供各种远程智能控制接口，操作者可以通过任何一台连接 Internet 的 PC 访问 Web 页面，通过该网关，对家中的终端节点进行数据访问或控制。终端节点单元包括以下 3 个部分：射频收发模块、传感器或受控终端以及两者之间的接口控制模块。射频收发模块作为系统中网络节点的通信接口，负责网络中各节点设备的网络无线连接和无线数据或指令的收发。系统的终端传感或受控单元主要负责电量、温度等各种数据的采集以及对各种家电的控制。这种控制或检测功能需要通过接口控制模块直接操作并完成。

图 13-14　智能节能系统的总体功能模块图

## 三、基于物联网的智能交通系统

智能交通主要是指将先进的信息技术、计算机技术、数据通信技术、传感器技术、电子控制技术、自动控制理论、运筹学、人工智能等技术有效地综合应用于整个交通服务、管理与控制中，从而建立起一种大范围、全方位发挥作用的实时、准确、高效的运输综合管理系统，解决日趋恶化的道路交通拥挤、交通事故和环境污染问题。

### （一）基于物联网的智能交通系统总体架构

我国城市智能交通系统示范工程主要包括城市交通控制与管理系统；城市综合信息智能交通系统理论的研究与实现；公交管理系统；城市综合物流系统。

一般而言，基于物联网的智能交通系统包括如下组成部分：

1. 先进的交通管理系统

该系统包括路径引导子系统、路测子系统、交通预测子系统、电子收费子系统等。对道路系统中的交通状况、交通事故、气象状况和交通环境进行实时监视，获得有关交通状况的信息，并根据收集到的信息对交通进行控制，如信号灯时长控制、引导信息发布、交通管制、紧急事故处理与救援等。

2. 先进的公共交通系统

该系统包括公交信息子系统、公交智能调度子系统、公交需求管理子系统（在公交管理中心，可以根据车辆的实时状态合理安排发车、收车等计划，提高工作效率和服务质量）、公交定位子系统、公交电子车票子系统、公交专用道子系统，实现公交系统安全、便捷、经济、运量大的目标。可以通过 PC、公共媒体、手机通信网等向公众就出行方式、路线及车次选择等提供信息服务和相关交通信息咨询服务，在公交车站通过电子显示器向候车者提供车辆的实时运行信息，方便人们出行。

### 3. 交通信息服务系统

该系统包括车辆交通信息服务子系统、社会交通信息服务子系统、行人信息服务支持子系统以及个人信息的接入子系统。如高速公路路边设立的实时信息通告牌或者利用导航系统、移动通信网通告道路使用者当前的交通情况，城市道路路边设置的人行道和交通信息通告牌等。

### 4. 电子监控系统

该系统包括电子标签检测子系统、视频检测子系统、交通电视监控子系统等。

### 5. 车辆安全系统

该系统包括对驾驶员给予帮助和警告的车辆自动驾驶子系统、车辆防碰撞子系统等。

### 6. 物流管理系统

该系统包括货物集散子系统、物流计算机管理子系统等。利用物流理论进行管理的智能化的物流管理系统，综合利用卫星定位、地理信息系统、物流信息及网络通信技术有效组织货物运输，提高货运效率。

### 7. 紧急救援系统

该系统提供排除车辆事故、故障紧急处理、现场救护等服务。

## （二）核心网络设备

### 1. 不停车收费系统装置

不停车收费系统主要基于专用短程通信技术（Dedicated Short Range Communication，DSRC），基于DSRC的不停车收费系统通过安装在道路两侧的信号发射与接收装置识别通行车辆的身份，并自动从识别出的车主专用账户中扣除相应的道路通行费。在该过程中，并不需要车主停车进行人工缴费，从而使得交通流畅、高效。DSRC系统主要由车载单元（On-Board Unit，OBU），路侧单元，（Road-Side Unit，RSU）以及专用短程通信协议组成，如图13-15所示。

（1）车载单元OBU。主要应用于电子自动收费系统中。OBU最初的形式是单片式的电子标签，目前发展到了双片式的、整合了IC卡加CPU模块的单元。CPU模块用于为OBU和RSU之间提供高速数据传输支持并存储了车辆的相关信息，如车主、车型、车辆牌照等信息；IC卡存储账户、账户交易记录、账户余额等信息。

（2）路侧单元RSU。RSU指安装在车道旁或车道上方所架设设施上的通信和信息处理装置，其功能是完成与OBU的实时、高速通信、实时车辆

图 13-15 SDRC 系统示意图

自动识别、特定目标检测及图像抓拍等，通常由设备控制器、天线、抓拍系统、计算机系统及其他辅助设备等组成。

（3）专用通信链路——行链路。从 OBU 到 RSU，RSU 的天线不断向 OBU 发射 5.8 GHz 连续波，其中一部分作为 OBU 的载波，将数据进行 BPSK 调制后又反射回 RSU；下行链路：从 RSU 到 OBU，采用 ASK 调制，NRZI 编码方式，数据通信速率为 500Kbps。

## 2. 地理信息系统

地理信息系统（Geographic Information System，GIS）同样是物联网环境下支持 ITS 发展的一项重要技术。GIS 以地理空间数据库为基础，在计算机软件的支持下，对空间相关数据进行采集、管理、操作、分析、模拟和显示，实时地提供动态信息。早在 20 世纪，人们就已经构想和探索把 GIS 融入 Internet 中，以便于把各种信息同地理位置和有关的视图结合起来，并把地理学、几何学、计算机科学及各种应用对象、Internet 及多媒体技术等融为一体，利用计算机图形与数据库技术采集、存储、编辑、显示、转换、分析和输出地理图形及其属性数据。这样，在智能交通系统中，地图匹配、路径查询、路径引导等功能模块得以实现。数据库技术是 GIS 的主要支撑技术，计算机中的地理信息地图是以数据库的形式进行存储的，地图包含两种信息：说明性信息特征属性表、空间地理信息。而空间信息的表征则是通过二维坐标来体现的，将地理上的点、线、面对应到二维平面，利用坐标（$X$，$Y$）确定地图上的位置和地理上的位置。

## 3. 物联网设备

在基于物联网的智能交通系统中，利用传感技术可以实现多种扩展功能，如自动化驾驶、车流量监测、车辆定位、交通环境监等。其中，最为典型的是利用磁阻传感器监测交通流量。

如 Honeywell 公司生产的磁阻传感器芯片具有一定的代表性。将加载了磁阻传感器的物联网设备埋入道路下，当有车辆从道路上方行驶通过时，车上的磁体物质所产生的磁场将对传感器上方的地磁场产生扰动，此时磁阻传感器设备捕捉到扰动信息,并将扰动信号进行 A/D 转换，再通过射频模块发送到道路旁的物联网汇聚节点处，汇聚节点收集到信息后通过各种网络将数据传输到后台管理系统，后台管理系统对数据进行处理、分析，进而对道路的交通流量进行判断，如图 13-16 所示。

图 13-16　物联网环境下的智能车流量监控系统

#### 4. RFID 设备

RFID 技术是物联网环境下最为核心的基础技术之一。可以通过 RFID 技术为需要感知的车辆贴上标签，构建基于 RFID 身份识别的交通要素信息采集体系。系统通常由电子标签（射频标签）和阅读器组成，阅读器和电子标签之间按照约定的通信协议互传信息。应用中将电子标签附着在待识别车辆上，由阅读器向电子标签发送命令，将电子标签中一定格式的电子数据传给阅读器，从而达到监测道路信息的作用。

## 四、基于物联网技术的医患信息系统

随着计算机在医院管理应用中的普及，利用计算机实现医院管理势在必行。对于大中型医院来说，利用计算机支持医院高效率完成日常事务管理，是适应现代化医院管理制度要求、推动医院管理走向科学化、规范化的必要条件。

采用物联网技术，将医患之间信息不对称的现状进行改进，构建医患信息系统（Hospital Information System，HIS），将医院与患者之间通过 RFID 标签、EPC 码、解读器以及网络连接起来，避免因病患的信息与病患分离而造成重复检查、治疗时间延误或在医嘱执行过程中出现服错药、打错针甚至开错刀的重大医疗过失。每次看完病、做完身体检查，医院会将患者的检查报告记入带 RFID 芯片的社保卡中，这样可以实现医生和患者之间的信息对称。

医患信息系统由门诊信息系统、护理信息系统、住院信息系统和手术信息系统等子系统组成，如图 13-17 所示。

**图 13-17  医患信息系统的构成**

物联网下医患信息系统的信息流动如图 13-18 所示。在由 RFID 标签、解读器、Savant 服务器、Internet、ONS 服务器、PML 服务器以及众多数据组成的物联网中，解读器读出患者的 RFID 信息，即 EPC 信息，该信息经过网络传到 ONS 服务器，找到与该 EPC 对应的 IP 地址并获取该地址中存放的相关患者或药品信息。采用 Savant 软件系统处理和管理由解读器读取的一串 EPC 信息，Savant 将 EPC 传给 ONS，ONS 指示 Savant 到一个保存着患者档案文件夹的 PML 服务器中查找，该文件可由 Savant 复制，因而文件中的患者信息便可传到整个医患信息系统中，并且伴随患者整个的治疗过程。

**图 13-18  患者信息在物联网下医患信息系统中的流动**

展望角

硅传感器的研究、生产和应用将成为主流，半导体工业将更加有力地带动传感器的设计及工艺制造技术；而微处理器和计算机将进一步带动新一代智能传感器和网络传感器的数据管理和采集。敏感元件与传感器的更新换代周期将越来越短，其应用领域将得到拓展，二次传感器和传感器系统的应用将大幅度增长，廉价传感器的比例将增大，必将促进世界传感器市场的迅速发展。

高科技在传感技术中的应用比例逐步增大。传感技术涉及多学科的交叉，它的设计需要多学科综合理论分析，常规方法已难于满足，CAD 技术将得到广泛应用。如：国外在 90 年代初就研究出了用于硅压力传感器设计的 MEMS CAD 软件，大型有限元分析软件 ANSYS，包含了力、热、声、流体、电、磁等分析模块，在 MEMS 器件的设计和模拟方面取得了成功。

传感器产业将进一步向着生产规模化、专业化和自动化方向发展。工业化大生产的平面工艺技术将是促进传感器价格大幅度降低的主要动力。而传感器制造的后工序——封装工艺和测试标定（两者的费用约占产品总成本的 50%以上）的自动化，将成为关键生产工艺予以突破。

传感器产业的企业结构仍将呈现"大、中、小并举"、"集团化、专业化生产共存"的格局，集团化的大公司（含跨国集团公司）将越来越显示出它的垄断作用，而专业化生产的中、小企业因其能适应市场小批量产品的需求，仍有其生存、发展的空间和机遇。如：新一代光纤传感器、超导传感器、焦平面阵列红列探测器、生物传感器、诊断传感器、智能传感器、基因传感器以及模糊传感器等。

 课后思考与练习

13-1 根据所学的知识总结工业机器人用到哪些传感器，各起什么作用？

13-2 根据所学知识总结现代汽车中大约用到多少个传感器？可分成多少种类型？

13-3 请上网查阅有关汽车的 ABS 系统资料，写出 ABS 的主要工作原理。

13-4 请复习所学的传感器技术知识，分析现代汽车还可以如何提高汽车的操纵性、转向性能、行驶的安全性能、乘坐的舒适性及智能化等。

13-5 根据你所了解的数控机床结构及自动控制功能，分析数控机床中用到了哪些传感器？

13-6 根据你所了解的传感器类型，划分智能家居中的传感器类型。

13-6 简述物联网技术在智能交通系统中的组成部分。

# 附录一　工业热电阻分度表

| 工作端温度/°C | 电阻值/Ω Cu50 | 电阻值/Ω Pt100 | 工作端温度/°C | 电阻值/Ω Cu50 | 电阻值/Ω Pt100 | 工作端温度/°C | 电阻值/Ω Cu50 | 电阻值/Ω Pt100 |
|---|---|---|---|---|---|---|---|---|
| -200 | | 18.52 | 150 | 82.13 | 157.33 | 500 | | 280.98 |
| -190 | | 22.83 | 160 | | 161.05 | 510 | | 284.30 |
| -180 | | 27.10 | 170 | | 164.77 | 520 | | 287.62 |
| -170 | | 31.34 | 180 | | 168.48 | 530 | | 290.92 |
| -160 | | 35.54 | 190 | | 172.17 | 540 | | 294.21 |
| -150 | | 39.72 | 200 | | 175.86 | 550 | | 297.49 |
| -140 | | 43.88 | 210 | | 179.53 | 560 | | 300.75 |
| -130 | | 48.00 | 220 | | 183.19 | 570 | | 304.01 |
| -120 | | 52.11 | 230 | | 186.84 | 580 | | 307.25 |
| -110 | | 56.19 | 240 | | 190.47 | 590 | | 310.49 |
| -100 | | 60.26 | 250 | | 194.10 | 600 | | 313.71 |
| -90 | | 64.30 | 260 | | 197.71 | 610 | | 316.92 |
| -80 | | 68.33 | 270 | | 201.31 | 620 | | 320.12 |
| -70 | | 72.33 | 280 | | 204.90 | 630 | | 323.30 |
| -60 | | 76.33 | 290 | | 208.48 | 640 | | 326.48 |
| -50 | 39.24 | 80.31 | 300 | | 212.05 | 650 | | 329.64 |
| -40 | 41.40 | 84.27 | 310 | | 215.61 | 660 | | 332.79 |
| -30 | 43.56 | 88.22 | 320 | | 219.15 | 670 | | 335.93 |
| -20 | 45.71 | 92.16 | 330 | | 222.68 | 680 | | 339.06 |
| -10 | 47.85 | 96.09 | 340 | | 226.21 | 690 | | 342.18 |
| 0 | 50.00 | 200.00 | 350 | | 229.72 | 700 | | 345.28 |
| 10 | 52.14 | 103.90 | 360 | | 233.21 | 710 | | 348.38 |
| 20 | 54.29 | 107.79 | 370 | | 236.70 | 720 | | 351.46 |
| 30 | 56.43 | 111.67 | 380 | | 240.18 | 730 | | 354.53 |
| 40 | 58.57 | 115.54 | 390 | | 243.64 | 740 | | 357.59 |
| 50 | 60.70 | 119.40 | 400 | | 247.09 | 750 | | 360.64 |
| 60 | 62.84 | 123.24 | 410 | | 250.53 | 760 | | 363.67 |
| 70 | 64.98 | 127.08 | 420 | | 253.96 | 770 | | 366.70 |
| 80 | 67.12 | 139.90 | 430 | | 257.38 | 780 | | 369.71 |
| 90 | 69.26 | 134.71 | 440 | | 260.78 | 790 | | 372.71 |
| 100 | 71.40 | 138.51 | 450 | | 264.18 | 800 | | 375.70 |
| 110 | 73.54 | 142.29 | 460 | | 267.56 | 810 | | 378.68 |
| 120 | 75.69 | 146.07 | 470 | | 270.93 | 820 | | 381.65 |
| 130 | 77.83 | 149.83 | 480 | | 274.29 | 830 | | 384.60 |
| 140 | 79.98 | 153.58 | 490 | | 277.64 | 840 | | 387.55 |

说明：教材为节省篇幅，分度表摘录了一部分，温度间隔为 10 °C，供教学时读者练习查表用，附录二亦如此。若需获知每 1 °C 对应的电阻值或毫伏数，可查阅有关 ITS-1990 国际温标的手册。

# 附录二 镍铬-镍硅（镍铝）K 型热电偶分度表（冷端温度为 0 °C）

| 工作端温度/°C | 热电动势/mV | 工作端温度/°C | 热电动势/mV | 工作端温度/°C | 热电动势/mV | 工作端温度/°C | 热电动势/mV |
|---|---|---|---|---|---|---|---|
| -270 | -6.458 | 100 | 4.096 | 470 | 19.366 | 840 | 34.908 |
| -260 | -6.441 | 110 | 4.509 | 480 | 19.792 | 850 | 35.313 |
| -250 | -6.404 | 120 | 4.920 | 490 | 20.218 | 860 | 35.718 |
| -240 | -6.344 | 130 | 5.328 | 500 | 20.644 | 870 | 36.121 |
| -230 | -6.262 | 140 | 5.735 | 510 | 21.071 | 880 | 36.524 |
| -220 | -6.158 | 150 | 6.138 | 520 | 21.497 | 890 | 36.925 |
| -210 | -6.035 | 160 | 6.540 | 530 | 21.924 | 900 | 37.326 |
| -200 | -5.891 | 170 | 6.941 | 540 | 22.350 | 910 | 37.725 |
| -190 | -5.730 | 180 | 7.340 | 550 | 22.776 | 920 | 38.124 |
| -180 | -5.550 | 190 | 7.739 | 560 | 23.203 | 930 | 38.522 |
| -170 | -5.354 | 200 | 8.138 | 570 | 23.629 | 940 | 38.918 |
| -160 | -5.141 | 210 | 8.539 | 580 | 24.055 | 950 | 39.314 |
| -150 | -4.913 | 220 | 8.940 | 590 | 24.480 | 960 | 39.708 |
| -140 | -4.669 | 230 | 9.343 | 600 | 24.905 | 970 | 40.101 |
| -130 | -4.411 | 240 | 9.747 | 610 | 25.330 | 980 | 40.494 |
| -120 | -4.138 | 250 | 10.153 | 620 | 25.755 | 990 | 40.885 |
| -110 | -3.852 | 260 | 10.561 | 630 | 26.179 | 1 000 | 41.276 |
| -100 | -3.554 | 270 | 10.971 | 640 | 26.602 | 1 010 | 41.665 |
| -90 | -3.243 | 280 | 11.382 | 650 | 27.025 | 1 020 | 42.053 |
| -80 | -2.920 | 290 | 11.795 | 660 | 27.447 | 1 030 | 42.440 |
| -70 | -2.587 | 300 | 12.209 | 670 | 27.869 | 1 040 | 42.826 |
| -60 | -2.243 | 310 | 12.624 | 680 | 28.289 | 1 050 | 43.211 |
| -50 | -1.889 | 320 | 13.040 | 690 | 28.710 | 1 060 | 43.595 |
| -40 | -1.527 | 330 | 13.457 | 700 | 29.129 | 1 070 | 43.978 |
| -30 | -1.156 | 340 | 13.874 | 710 | 29.548 | 1 080 | 44.359 |
| -20 | -0.778 | 350 | 14.293 | 720 | 29.965 | 1 090 | 44.740 |
| -10 | -0.392 | 360 | 14.713 | 730 | 30.382 | 1 100 | 45.119 |
| 0 | 0.000 | 370 | 15.133 | 740 | 30.798 | 1 110 | 45.497 |
| 10 | 0.397 | 380 | 15.554 | 750 | 31.213 | 1 120 | 45.873 |
| 20 | 0.798 | 390 | 15.975 | 760 | 31.628 | 1 130 | 46.249 |
| 30 | 1.203 | 400 | 16.397 | 770 | 32.041 | 1 140 | 46.623 |
| 40 | 1.612 | 410 | 16.820 | 780 | 32.453 | 1 150 | 46.995 |
| 50 | 2.023 | 420 | 17.243 | 790 | 32.865 | 1 160 | 47.367 |
| 60 | 2.436 | 430 | 17.667 | 800 | 33.275 | 1 170 | 47.737 |
| 70 | 2.851 | 440 | 18.091 | 810 | 33.685 | 1 180 | 48.105 |
| 80 | 3.267 | 450 | 18.516 | 820 | 34.093 | … | … |
| 90 | 3.682 | 460 | 18.941 | 830 | 34.501 | 1 370 | 54.819 |

# 参考文献

[ 1 ] 梁森，王侃夫，黄杭美. 自动检测与转换技术[M]. 4 版. 北京：机械工业出版社，2019.

[ 2 ] 梁森，欧阳三泰，王侃夫. 自动检测技术及应用[M]. 3 版. 北京：机械工业出版社，2018.

[ 3 ] 周润景. 常用传感器技术及应用[M]. 2 版. 北京：电子工业出版社，2020.

[ 4 ] 张洪润，傅瑾新. 传感器技术大全[M]. 北京：北京航空航天大学出版社，2007.

[ 5 ] 陈宁，徐树凡. 智能汽车传感器技术[M]. 北京：机械工业出版社，2020.

[ 6 ] 姜立标. 汽车传感器及其应用[M]. 北京：电子工业出版社，2013.

[ 7 ] 赖申江. 自动检测技术[M]. 4 版. 北京：机械工业出版社，2017.

[ 8 ] 张俊哲. 无损检测技术及其应用[M]. 2 版. 北京：科学出版社，2019.

[ 9 ] 徐熙平. 光电检测技术及应用[M]. 2 版. 北京：北京航空航天出版社，2016.

[10] 冯成龙. 传感器与检测电路设计项目化教程[M]. 北京：机械工业出版社，2021.

[11] 王庆有. 图像传感器应用技术[M]. 北京：电子工业出版社，2019.

[12] 魏虹. 传感器与物联网技术[M]. 2 版. 北京：电子工业出版社，2019.

[13] 张春晓，夏林中，罗德安. 智能机器人与传感器[M]. 西安：西安科技大学出版社，2020.

[14] 许毅. 无线传感器网络技术原理及应用[M]. 2 版. 北京：清华大学出版社，2018.